2007—2008同济都市建筑年度作品

EARBOOK OF TONGJI URBAN ARCHITECTURAL DESIGN 2007-2008

济大学建筑设计研究院（集团）有限公司都市建筑设计分院

编　吴长福　汤朔宁

图书在版编目（CIP）数据

2007～2008同济都市建筑年度作品 / 吴长福，汤朔宁主编. —上海：同济大学出版社，2009.12
ISBN 978-7-5608-4230-1

Ⅰ. ①2… Ⅱ. ①吴…②汤… Ⅲ. ①建筑设计－作品集－中国－2007～2008 Ⅳ. ①TU206

中国版本图书馆CIP数据核字（2010）第003764号

2007—2008同济都市建筑年度作品

主编 吴长福 汤朔宁

责任编辑 江 岱 荆 华 责任校对 杨江淮 封面设计 陈益平

出版发行 同济大学出版社（www.tongjipress.com.cn 地址：上海四平路1239号 邮编 200092 电话 021-65985622）
经 销 全国各地新华书店
印 刷 上海精英彩色印务有限公司
开 本 889mm x 1194mm 1/20
印 张 13.5
印 数 1-4100
字 数 281000
版 次 2009年12月第1版 2009年12月第1次印刷
书 号 ISBN 978-7-5608-4230-1

总 定 价 50.00元

本书若有印装质量问题，请向本社发行部调换 版权所有 侵权必究

2007—2008同济都市建筑年度作品

同济大学建筑设计研究院（集团）有限公司都市建筑设计分院

主　编：吴长福　汤朔宁

编委会：（按姓氏拼音为序）

常　青　戴复东　胡　玎　黄一如　李茂海　李振宇　卢济威　莫天伟
钱　锋　孙彤宇　汤朔宁　王伯伟　吴长福　谢振宇　赵秀恒　郑孝正
支文军　庄　宇

YEARBOOK OF TONGJI ARCHITECTURAL DESIGN 2007-2008

Edited by the Urban Architectural Design Institute in the Architectural Design Research Institute of Tongji University

Editors-in-Chief: Wu Changfu, Tang Shuoning

Editiorial Committee:

Chang Qing, Dai Fudong, Hu Ding, Huang Yiru, Li Maohai, Li Zhenyu, Lu Jiwei, Mo Tianwei, Qian Feng, Sun Tongyu, Tang Shuoning, Wang Bowei, Wu Changfu, Xie Zhenyu, Zhao Xiuheng, Zheng Xiaozheng, Zhi Wenjun, Zhuang Yu

序

继《2006同济都市建筑年度作品》之后，《2007—2008同济都市建筑年度作品》又问世了，它收录了同济大学建筑设计研究院（集团）有限公司都市建筑设计分院在2007、2008两年中承担的一百余项工程设计的案例。

2007、2008年对于我们国家来说是一个极不平凡的时期，既经历了北京奥运会的积极筹备与成功举办，也遭遇了汶川大地震等浩大的自然灾难，更面临世界范围内金融危机的蔓延。同济都市建筑置身于此特定的历史背景之中，承接了巨大的挑战，也开创了新的局面。依托同济大学建筑与城市规划学院深厚的学术积淀与学科优势，秉承其一以贯之的面向社会、面向国家建设的历史使命感，努力投身于奥运会、抗震救灾以及上海2010年世博会工程等国家重大项目的设计创作。尤其是在“5·12”汶川大地震发生后，设计师们在第一时间赶赴灾区，克服了各种困难条件，忘我投入，全力奉献，为灾区恢复重建提供了迅速有效的援助。都市建筑设计分院的设计师全面参与了举世瞩目的北川国家地震遗址博物馆的概念策划与规划工作，并承担了上海市重点援建项目——都江堰市“壹街区”建设等多项工程的设计。收录于本辑的作品，不但凝聚着同济都市建筑人的专业理想与追求，也熔铸了他们的社会责任与信念。

作为连续的年度性选集，《2007—2008同济都市建筑年度作品》依然力求通过作品来反映设计师的创作理念与思想，以供读者交流。愿更多的新老朋友都来继续关注同济、关注同济都市建筑。

编委会

Preface

Tongji Urban Architecture: Tongji Urban Architectural Design 2007-2008, is published to present more than one hundred projects commissioned to the Urban Architecture Branch, Architectural Design and Research Institute of Tongji University between 2007 and 2008.

The year from 2007 to 2008, which witnessed the success of Beijing Olympic Games, the calamity of Wenchuan earthquake and the world financial crisis, is an unprecedented period of time in the history for the whole country. Confronted with such great challenges, Tongji Urban Architecture, with its inherent academic tradition, prominent disciplinary advantages and the sense of social responsibility, engaged itself in a series of big events and projects of momentous significance, including the Bejing Olympic Games, the post-disaster reconstruction for Wenchuan earthquake areas, and the Shanghai World Expo 2010, etc.The group of professionals from Tongj arrived in the disaster area instantly after the outbreak of 5·12 earthquake, and devoted themselves to reconstructing the earthquake-stricken area. The designers of Urban Architecture Branch participated in a great deal of post-disaster reconstruction projects, and took full charge of the conceptual research and planning of Beichuan National Earthquake Museum, and Dujiangyan First Residential Community, which was one of the key projects patronized by the Shanghai municipal government. Fused into the works collected in this book is not only the everlasting pursuit of professional prominence, but also the deep belief in public commitment.

We hope that *Tongji Urban Architecture: Yearbook 2007-2008* could also serve as a platform for the communication and interaction of diverse design conception and thinking and attract more interest in the professional realm.

Editorial Committee

目　　录
CONTENTS

北川国家地震遗址博物馆策划与整体方案设计

CONCEPTUAL PLANNING OF NATIONAL EARTHQUAKE RUINS MUSEUM OF BEICHUAN

本项目为上海市支援北川国家地震遗址博物馆规划的前期研究性工作，主要包括北川国家地震遗址博物馆现场调研、建设的目标、定位、内容、规模及投资、管理、建设周期等的概念策划和北川国家地震遗址博物馆的整体可行性方案设计。对北川国家地震遗址博物馆建设各阶段可能涉及的规划、地质、水文、生态、景观、建筑保护、旅游、建筑、结构材料及展示等专业问题进行较为全面的系统性分析研究，总体定位为：一个人类历经特大地震灾害的纪念性遗址博物馆。

纪念功能：将人类一次大灾难的记忆留存，纪念死者，告知后代。

展示功能：将大灾难的发生状况展示给观者，以认识自然的破坏威力。

宣传功能：展现大灾难面前人类的英勇无畏和大爱无疆，颂扬民族精神和人道主义精神。

教育功能：以多种方式呈现大灾难带来的教训和经验，推崇科学、智慧地面对自然灾害。

科研功能：利用典型的地质灾害环境，为相关领域科学研究提供科研条件，加深人类对自然灾害的认识。

设 计 者：吴长福　张尚武　汤朔宁　谢振宇　吴承照　卢永毅　王方戟　王　一　王桢栋　刘宏伟　卓　健　戴仕炳　范圣玺　宋善威　邵　勇　胡　玎　李立敏　程　晓　胡军锋　周　旋　陈　磊

工程规模：占地面积156hm^2

设计阶段：方案设计

委托单位：上海市人民政府 绵阳市人民政府

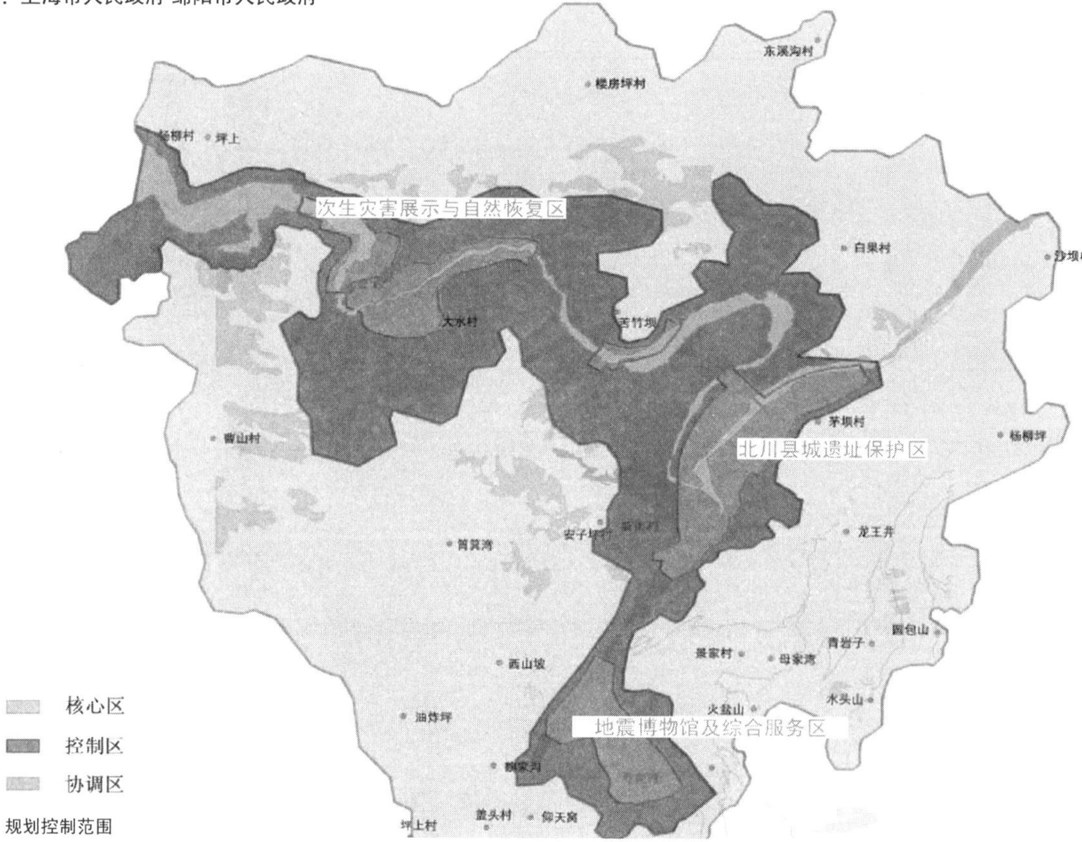

次生灾害展示与自然恢复区

北川县城遗址保护区

地震博物馆及综合服务区

核心区

控制区

协调区

规划控制范围

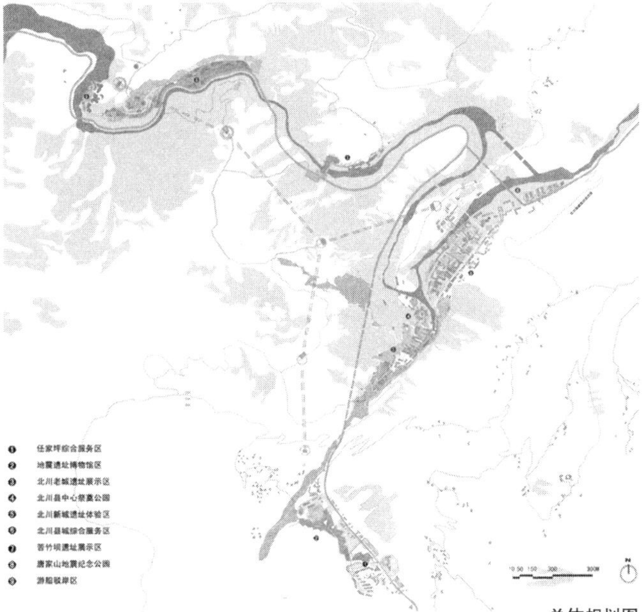

1 任家坪综合服务区
2 地震遗址博物馆区
3 北川老城遗址展示区
4 北川县中心祭奠公园
5 北川新城遗址体验区
6 北川县城综合服务区
7 苦竹坝遗址展示区
8 唐家山地震纪念公园
9 游船靓岸区

总体规划图

图例
任家坪综合服务区
北川地震博物馆
老城遗址保护区
中心祭奠园
新城遗址保护区
龙尾山自然保护分区
县城北部综合服务区
堰塞湖抢险纪念馆
次生灾害展示与自然恢复区
唐家山自然风光与羌族文化展示区
过境交通
区内主要交通

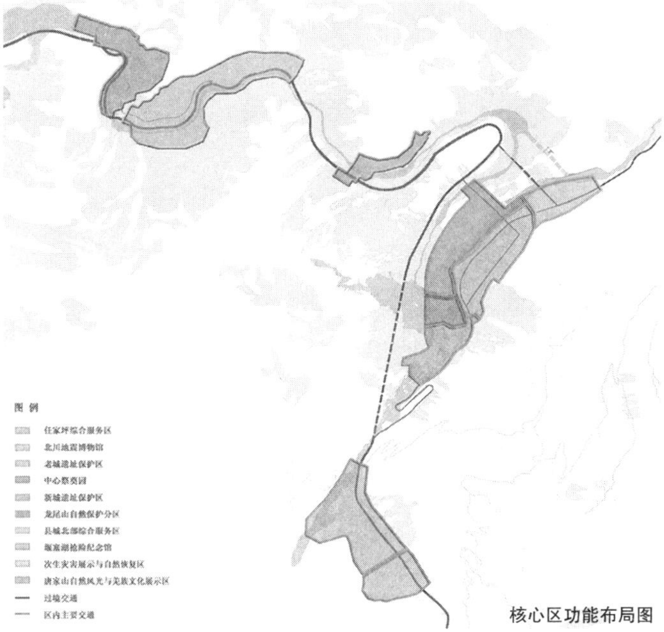

核心区功能布局图

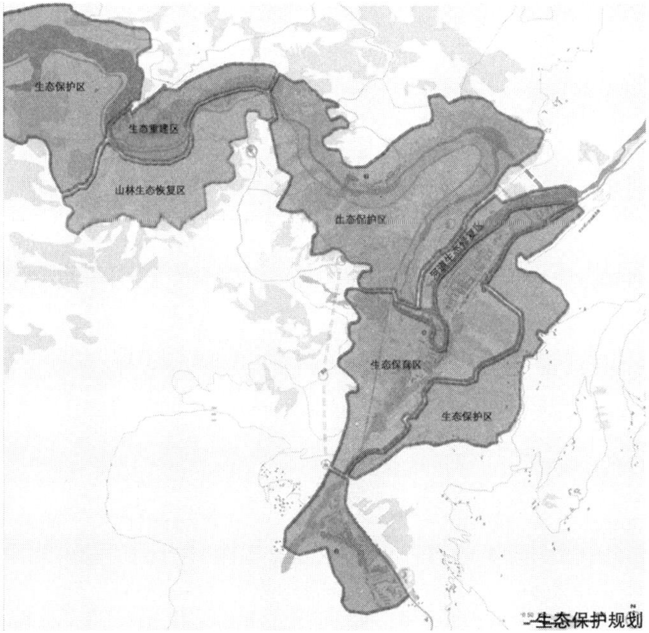

生态保护区
生态重建区
山林生态恢复区
生态保护区
河道生态修复区
生态保育区
生态保护区

生态保护规划

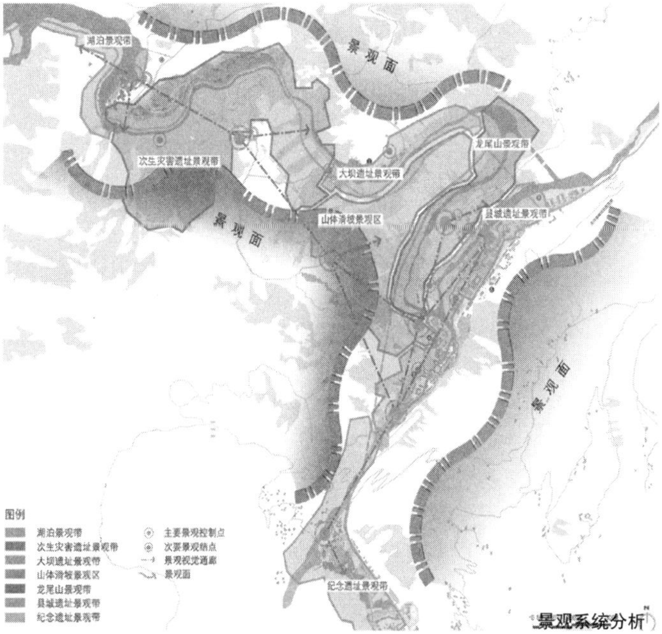

湖泊景观带
景观面
次生灾害遗址景观带
大坝遗址景观带
龙尾山景观带
山体滑坡景观区
县城遗址景观带
景观面
景观面
纪念遗址景观带

图例
湖泊景观带
次生灾害遗址景观带
大坝遗址景观带
山体滑坡景观区
龙尾山景观带
县城遗址景观带
纪念遗址景观带
主要景观控制点
次要景观结点
景观视觉通廊
景观面

景观系统分析

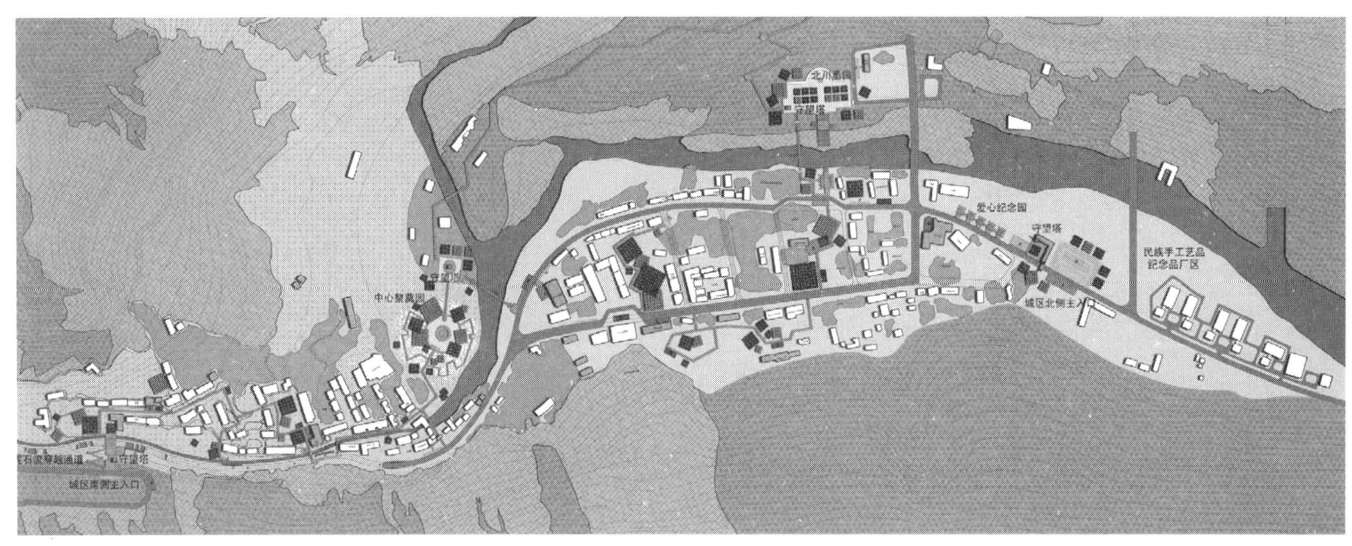

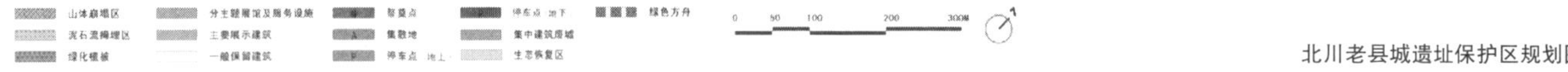

北川老县城遗址保护区规划图

震后城市空间现状评估

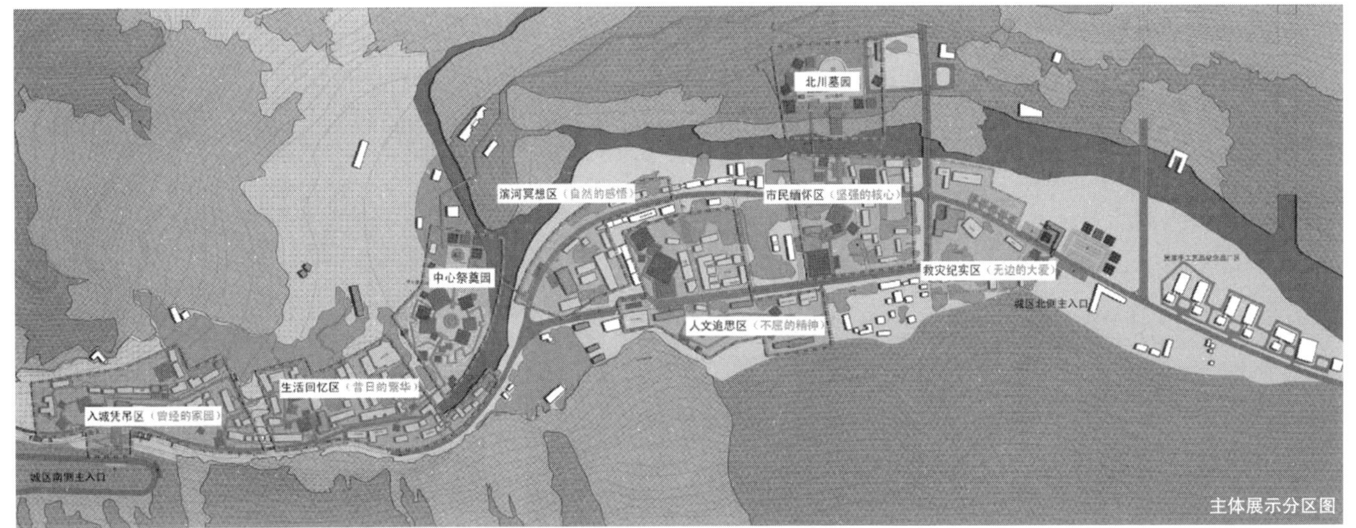

主体展示分区图

房屋震害勘查

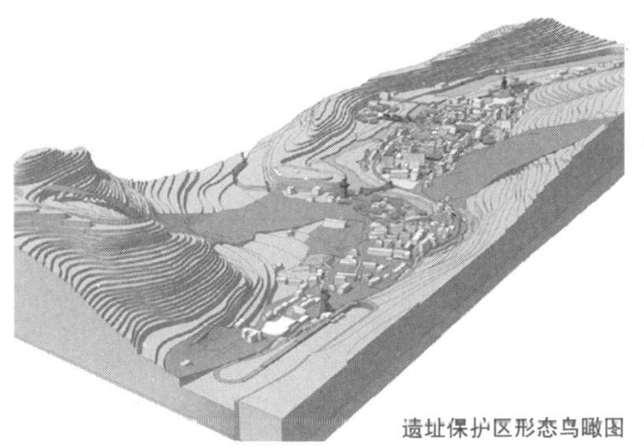

遗址保护区形态鸟瞰图

功能分区图

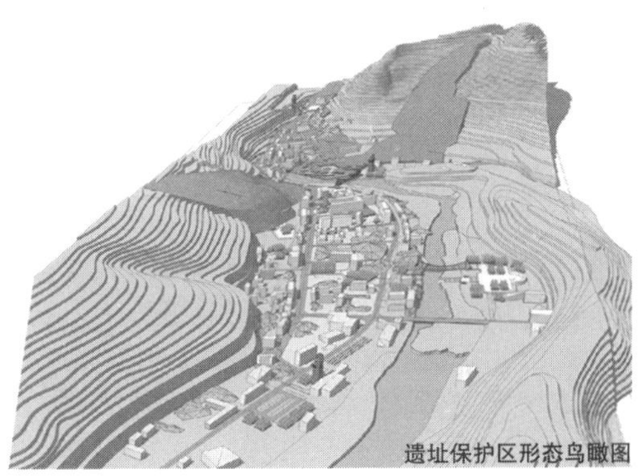

遗址保护区形态鸟瞰图

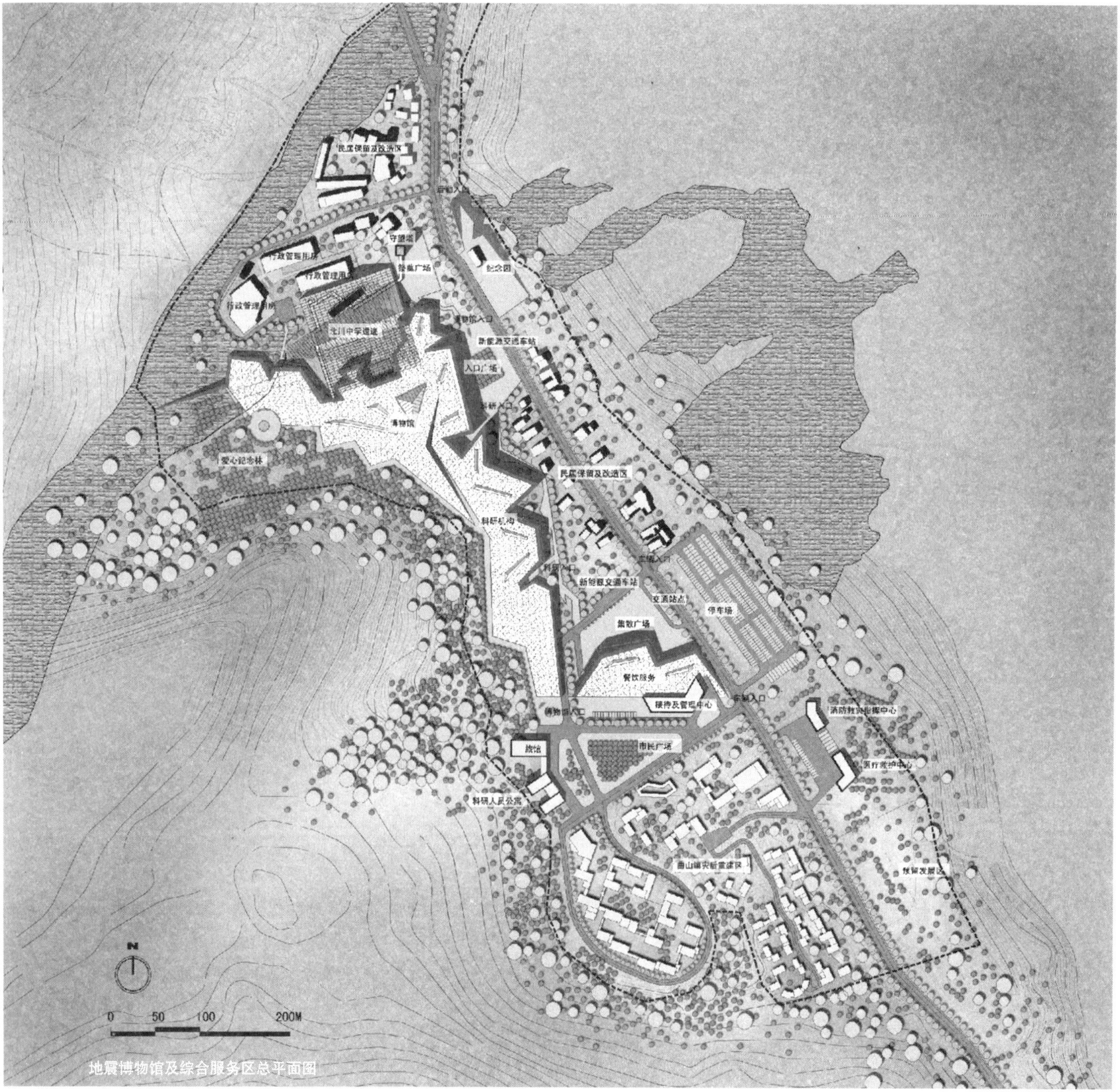

地震博物馆及综合服务区总平面图

地震博物馆形态概念分析——错动

地震博物馆形态概念分析——错动

地震博物馆及综合服务区鸟瞰图

都江堰“壹街区”安居房灾后重建项目建筑设计

THE ARCHITECTURAL DESIGN OF “NO1 DISTRICT” RELIEF RESIDENCE, DUJIANGYAN

以体现川西风貌、上海风情、时代风尚为引导核心，在整体目标下，实现生活形态与空间形态的多样化，营建街道界面完整、院落围而不合、畅而不透的特色城市街坊空间。

（1）把握世界趋势：通过着力打造特色的城市景观、丰富的公共生活等方面，加强城市的游览性，塑造国际性旅游休闲目的地城市；引入“11+4”的多团队设计组织方式，营造的城市多样性。

（2）体现上海理念：优质资源引进，“两馆三中心”与妇幼保健院、学校等城市公共设施；工业遗产再利用，保留都江堰的工业文明；交通与社区商业综合建设概念，停车商业综合楼模式；社会融合，混合居住模式；街坊文化，街道生活与建筑文化。

（3）反映都江堰特色：山水城市，引水建湖，提升生活环境；川西风貌，院落型街坊，街坊林盘，地方性建筑材料；安逸生活，建设滨河自然郊野公园，营造户外公共场所。

设 计 者：吴长福（总建筑师）　周　俭（总规划师）　汤朔宁（项目总协调），各地块设计人员详见各单体项目

工程规模：建筑面积28万m^2

设计阶段：方案设计 扩初设计 施工图设计

委托单位：上海市对口支援都江堰市灾后重建指挥部

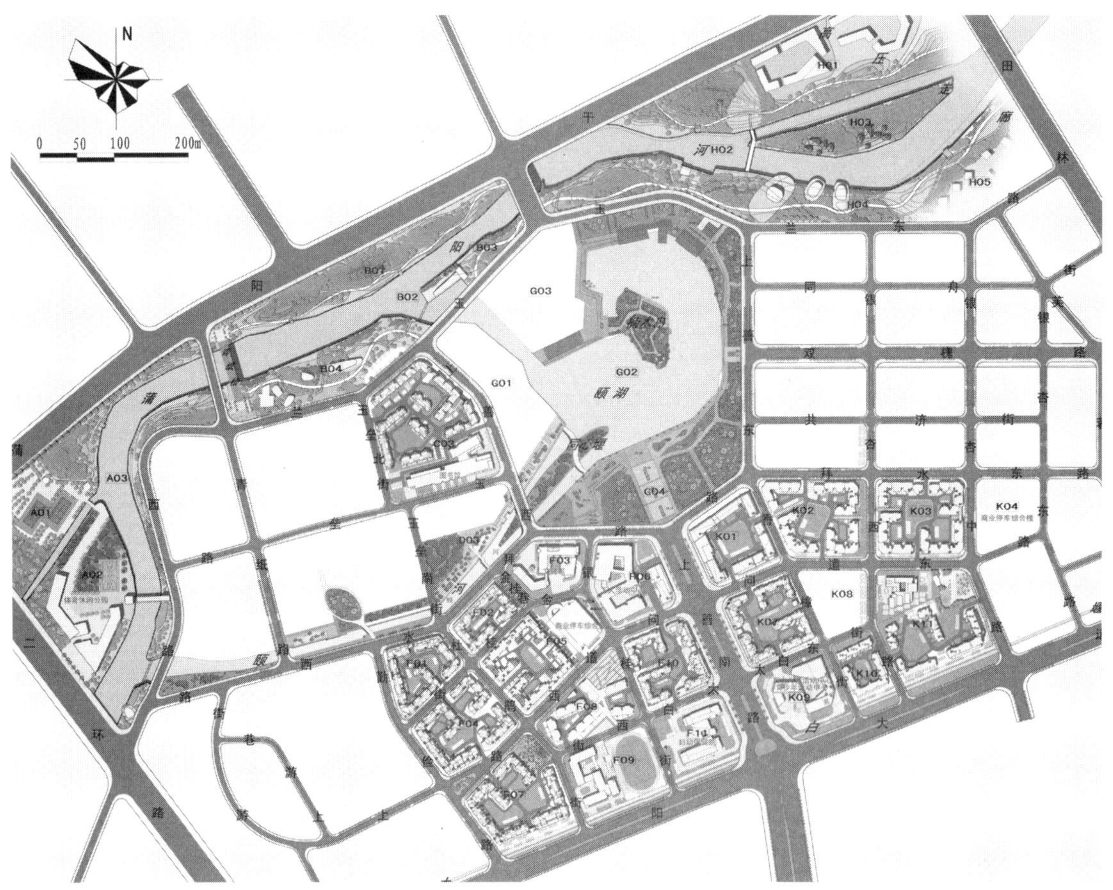

总平面图

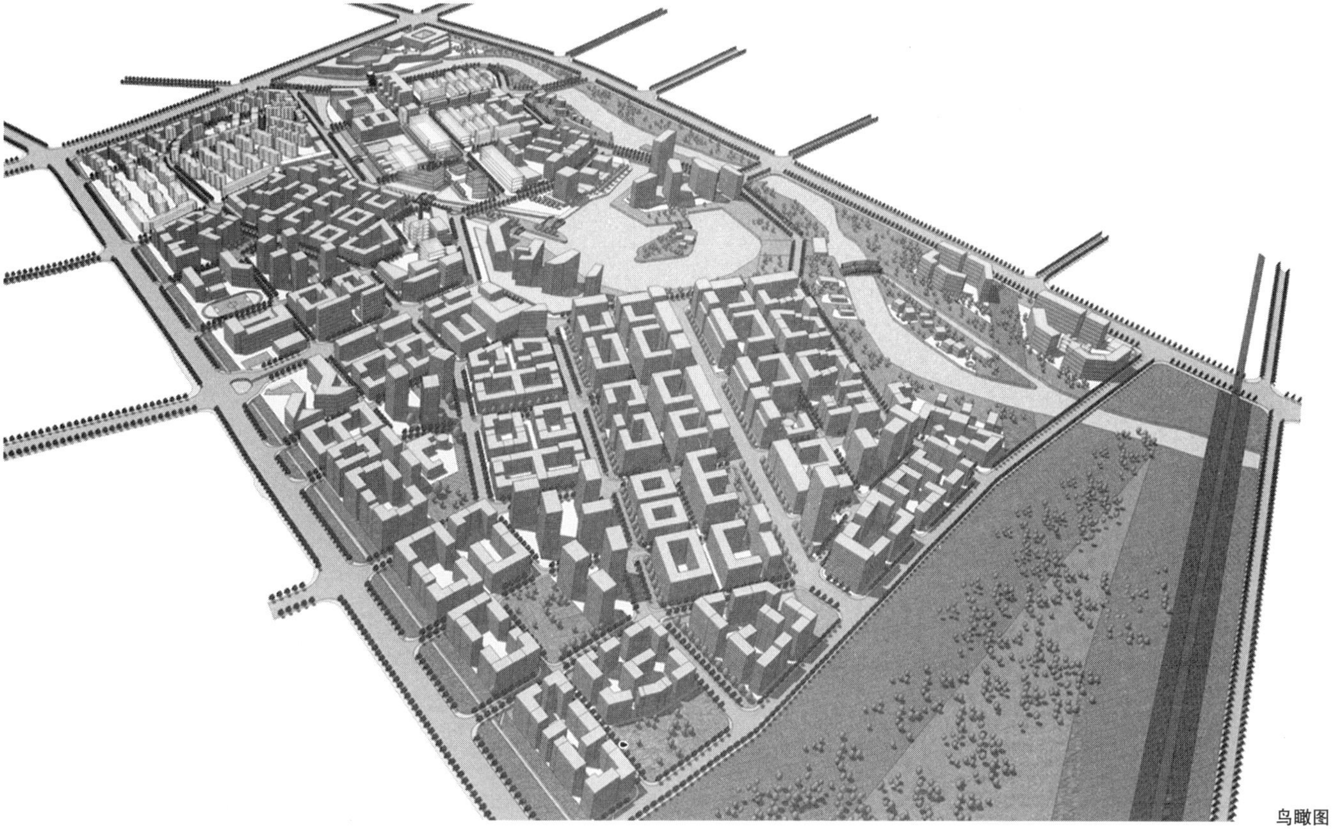

鸟瞰图

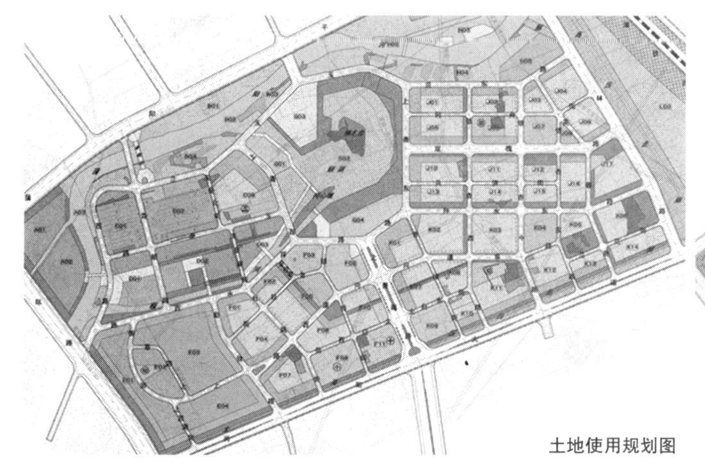

土地使用规划图

设计团队分工图

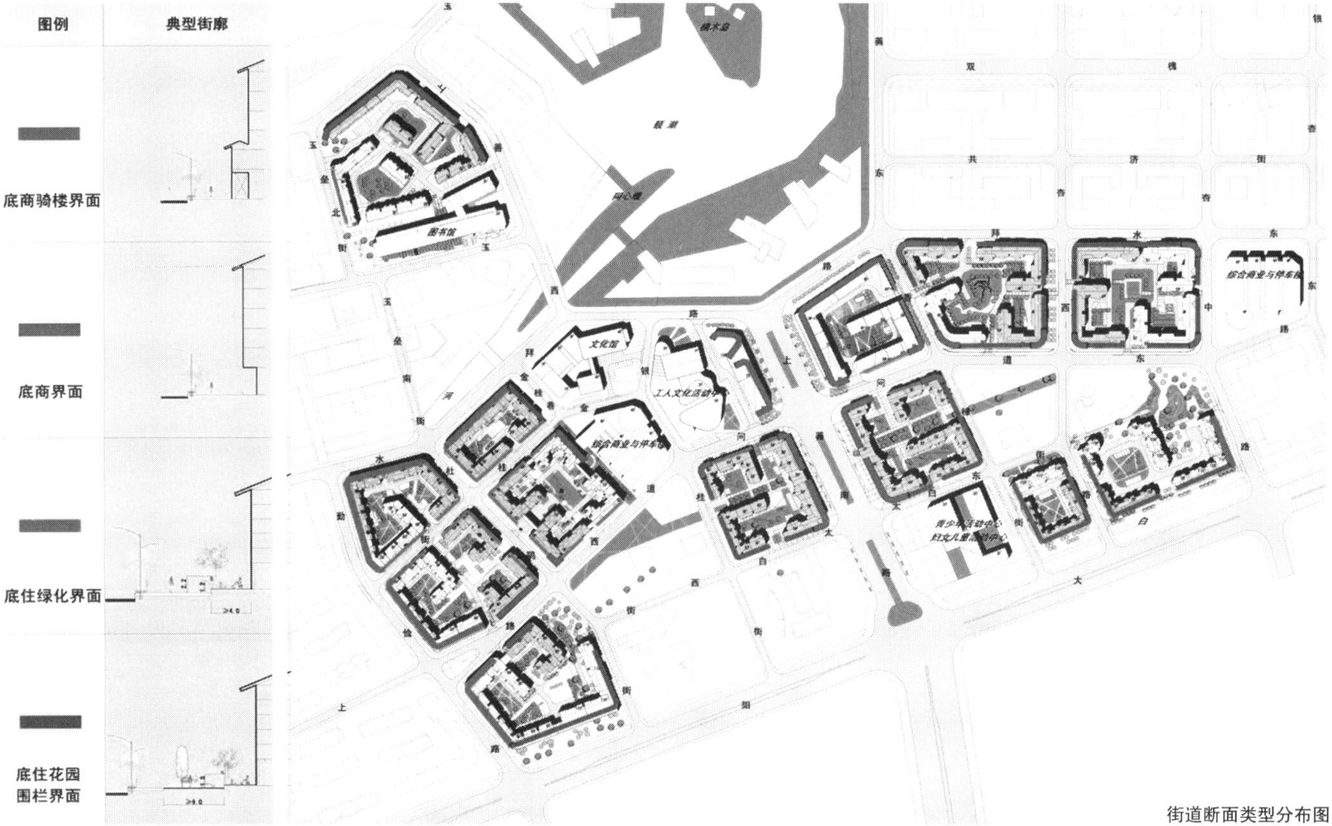

图例	典型街廊
底商骑楼界面	
底商界面	
底住绿化界面	
底住花园围栏界面	

街道断面类型分布图

玉垒北街立面图

上善西路立面图

问道西路立面图

问道东路立面图

都江堰市“壹街区”安居房灾后重建项目（F10，F11地块）

“NO1 DISTRICT”RELIEF RESIDENCE F10 F11 BLOCK, DUJIANGYAN

该项目位于“壹街区”东南侧，总用地面积14490m^2，总建筑面积32918m^2。总体布局以内聚院落为主要空间组织方式，采用“一”字形小高层、“U”字形多层、“L”形多层小高层围合形成的内部花园是居民休闲娱乐的活动中心。

连续丰富的街道界面、围合感强的内聚花园充分体现了该居住区沉稳、文雅而细腻的气质。建筑面材以面砖和涂料为主，配以棕红、米黄和中性灰及深色金属灰等色彩，营造丰富、温暖的社区气氛和品质感。

设 计 者：庄 宇 黄 凯 张瑞雪 牛 涛 张灵珠 熊雪君 宋晓宇 祝狄烽
工程规模：建筑面积32918m^2
设计阶段：方案设计
委托单位：上海市对口支援都江堰市灾后重建指挥部

鸟瞰图

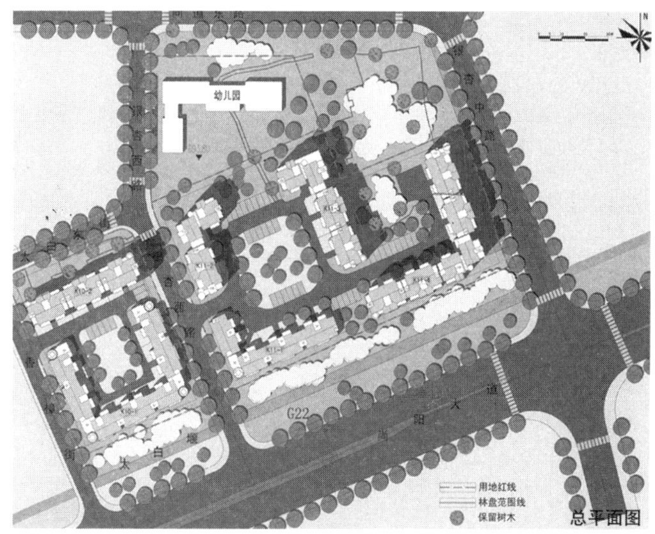

总平面图

沿街立面图

都江堰市“壹街区”安居房灾后重建项目（F05地块）

“NO1 DISTRICT”RELIEF RESIDENCE F05 BLOCK, DUJIANGYAN

设计重视所在街坊与周围地块的衔接对应关系，对于不同性质的地块采取不同的手法处理该地块相应的界面空间。发挥公共绿化带对该地块带来的景观空间优势，营造对应城市公共活动的空间与景观节点。

通过建筑群院落空间组织，单体形体空间塑造，特色户型设计等方面打造具有上海风格的川西新型住宅小区。力图在与整个“壹街区”维持整体性的前提下，保持F05地块设计的相对独立性和自身的特色。

建筑布局上，探索合理的住宅组团空间尺度与围合模式，将地块划分成6个院落，采取建筑沿组团周边式布局，由3～5个建筑单元组成一个带有邻里间共享的、半围合院落的居住组团。在中央景观花园和城市街角处设置节点建筑。地块内共设计了5种基本户型，通过这5种基本户型及其延伸户型的拼接组合来完成丰富的院落式建筑群的平面布置。

设 计 者：谢振宇　张建龙　周　旋　胡军锋

工程规模：建筑面积23 620m^2

设计阶段：方案设计

委托单位：上海市对口支援都江堰市灾后重建指挥部

鸟瞰图

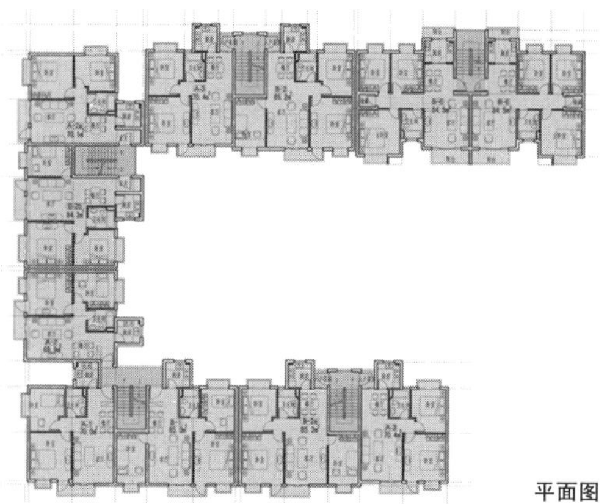

平面图

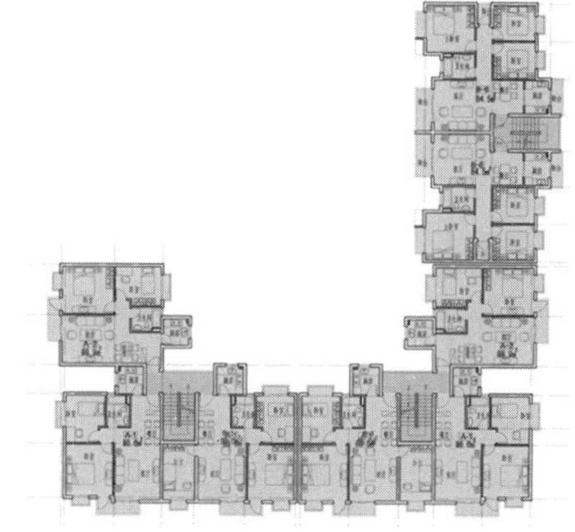

透视图

总平面图

都江堰市“壹街区”安居房灾后重建项目（C03–01 / 02地块）

"NO1 DISTRICT"RELIEF RESIDENCE C03-01/02 BLOCK, DUJIANGYAN

C03–01 / 02地块位于整个“壹街区”项目的中北部分，总用地面积15 427m²，总建筑面积24 660m²。街区地块中共有7栋住宅建筑，住宅281套。为体现和谐一家人的总体规划理念，灵感源自中国古代吉祥图案——雲纹。雲纹呈现出由里向外逐渐散开的云状图案，有一种“和”、“向心”的意味，也暗合了此次“壹街区”规划的核心理念——向心聚合的形态，势如紧紧相握的双手，寓意上海人民与都江堰人民心手相连。楼前后为独立的底层住户“自家花园”，通过街坊建筑立面围合排布创造出街坊中三个和谐共享的邻里院落；三个邻里院落由各自经过设计的道路穿插连接起来，在空间相互呼应而彼此和谐共生，催生出人居、建筑、自然人造景观荟萃之地—苑。

街坊定位为开放型街区，地块北临蒲阳河沿河景观带，西北出口处距离河岸仅百米，东侧上善西路一街之隔既为规划中的核心商业区。便捷的可达性，使多样性及休闲生活模式成为了可能。项目最大限度地保留了原有地块中的一块“林盘”。利用此块“林盘”处在街坊的道路入口处自然优势，将其定义为街坊入口的地标。此手法既保留了原有生态的多样性，又利用其树木竖向高度及颜色的亲和力等优势塑造了“雲之尚”生态地标，映衬出“林寄苑中，人居云上”的惬意川西生活。

设 计 者：徐　甘　李兴无　李　嵘　王闻悟　师任远　黄伟立　丘兆达　李熙万

工程规模：建筑面积24 660m²

设计阶段：方案设计

委托单位：上海市对口支援都江堰市灾后重建指挥部

透视图

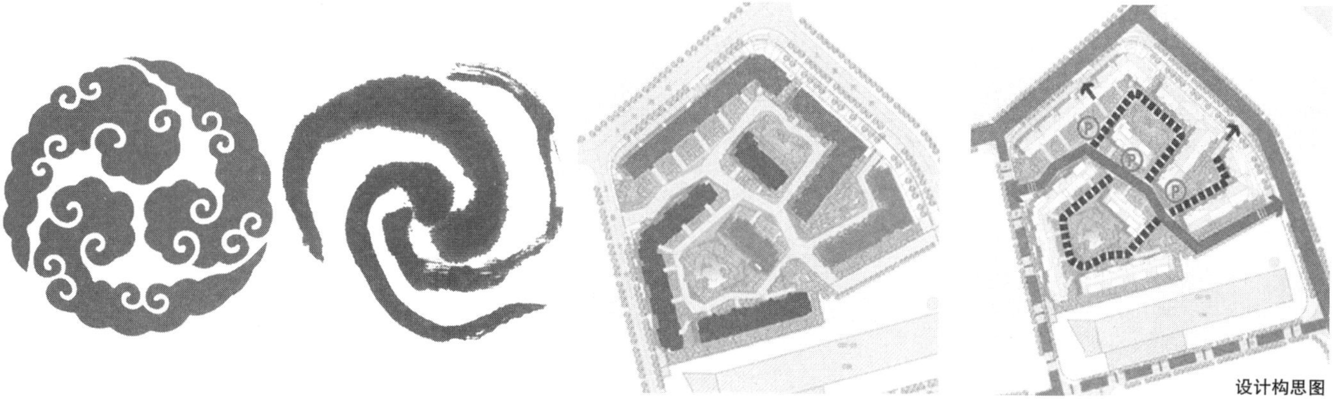

设计构思图

平面图

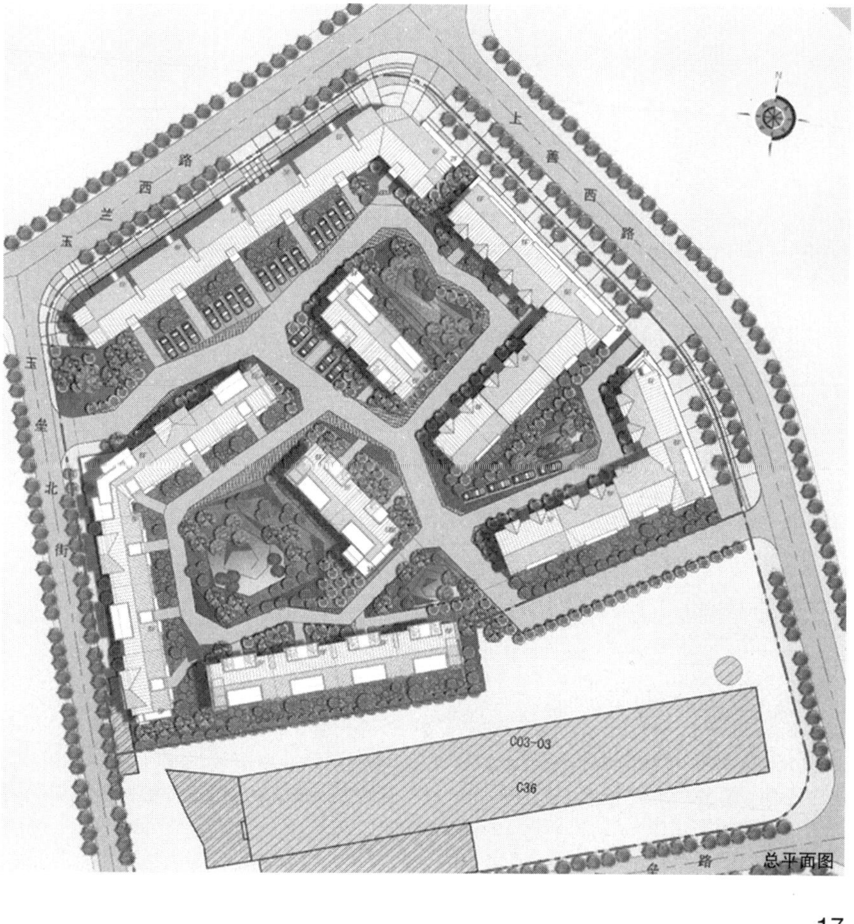

总平面图

都江堰市“壹街区”安居房灾后重建项目（F01，F02，F03，F04地块）

"NO1 DISTRICT"RELIEF RESIDENCE F01F02F03F04 BLOCK, DUJIANGYAN

采用周边式建筑布局，围合内庭院。将地块划分成尺度适宜的10个居住组团，同时形成10个院落空间，塑造城市街道、公共庭院和私人住宅三个空间层次。沿城市主要道路底层设置骑楼，设置商业和社区服务设施。

建筑高度以6层为主、9层和11层为辅。采用周边围合布局，形成10个居住组团和10个院落空间。注重街道转角形态的特殊处理，塑造整体而丰富的城市界面。

整体造型上综合运用了坡屋顶、退台等元素，以上海风情为基调，强调经典的比例及建筑的整体性，同时考虑转角建筑的处理，注重空间的转换关系。通过线角、栏杆和抽象化的老虎窗等细节元素突出上海传统生活环境的意境。

在材料的运用上，抽取上海传统民居中的红砖作为突出元素，同时配合灰墙、玻璃等共同形成冷暖对比、富有节奏感的建筑立面，使建筑既能体现现代居住风格，又能体现传统的内含。

设 计 者：李振宇　蔡永洁
工程规模：建筑面积71 209m^2
设计阶段：方案设计
委托单位：上海市对口支援都江堰市灾后重建指挥部

鸟瞰图

总平面图

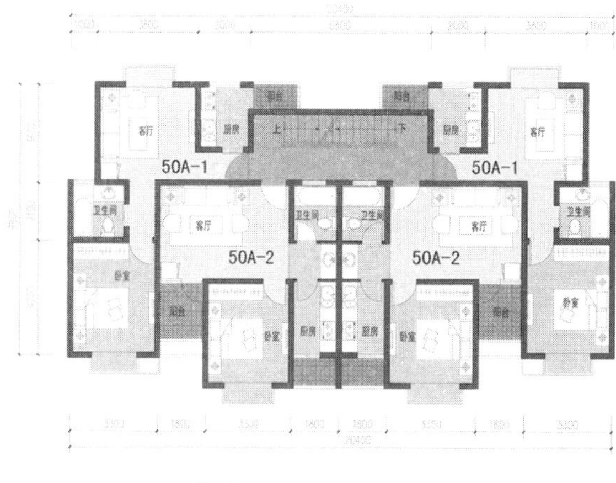

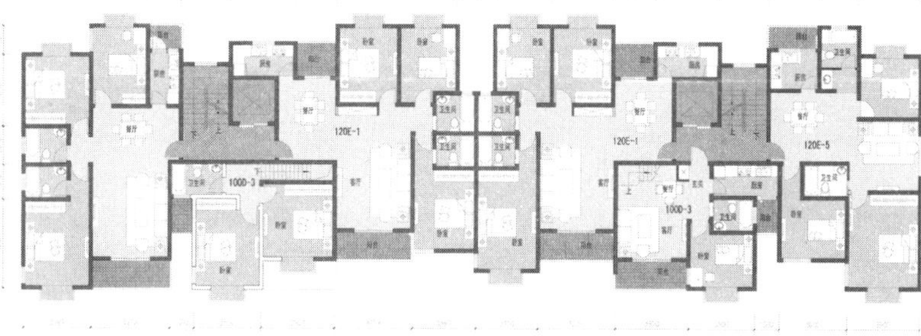

平面图

F01北立面图

都江堰市“壹街区”安居房灾后重建项目（K01 / F06-02地块）

“NO1 DISTRICT”RELIEF RESIDENCE K01/F06-02 BLOCK, DUJIANGYAN

此项目的概念构思为“开放街区、绿化平台；川西风格、上海风情”。K01/F06-02地块处于城市中心区与住宅区交界处，两地块之间由城市干道上善南路一分为二，遥相呼应。其中K01地块总用地面积10190m^2，F06-02地块总用地面积3616m^2。区域内包含住宅和商业两大功能。设计拟将两个地块综合考虑，形成立体式混合街区。

总体布局：两个地块采用围合的群落式布局，隔路相望，沿上善南路形成区域门户空间的态势。基地底层均为沿街商业，充分强化街区的混合性。其中，沿上善南路周边布置2层商业，沿其他街道为一层店铺，店铺上方为6层和9层单元式住宅。居住区包括6层住宅和9层住宅4种基本户型。主要由85m^{2}和100m^{2}两种套型平面组成。在套型设计中，充分考虑面积需求和当地气候特点，适当引入当今住宅设计的新理念。两地块从空间角度分为平面和垂直两个层次。平面层次：K01地块为围合式布局，形成严整且高度不断变化的街廓；F06-02地块沿街布置，充分利用场地宽度，形成沿上善南路连续的商业空间。垂直层次：K01地块底层设置半地下停车库，车库顶部为公共景观平台，平台上为6～9层单元式住宅。其中，6层住宅顶部为空中花园，9层住宅顶部为复式住宅的阁楼。街区整体形成丰富错落的空间层次。平台上为6～9层住宅，形成高度围合的空间态势。内部住宅底层架空，景观平台视野全部开敞，为居民提供一个休憩、交流的公共场所。

设 计 者：李麟学　刘　旸　任鹏飞

工程规模：建筑面积33684m^2

设计阶段：方案设计

委托单位：上海市对口支援都江堰市灾后重建指挥部

鸟瞰图

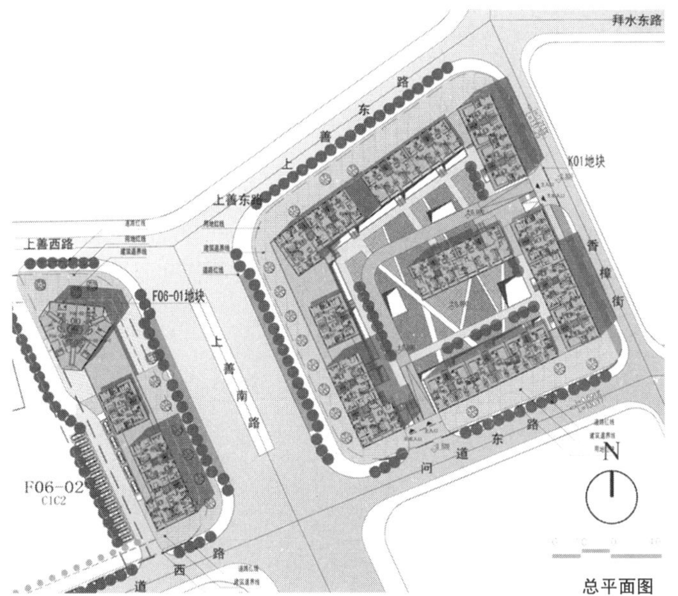

总平面图

平台上景观

效果图

都江堰市“壹街区”安居房灾后重建项目（F10，K07地块）

“NO1 DISTRICT”RELIEF RESIDENCE F10 K07 BLOCK, DUJIANGYAN

城市由院落聚集而成，随着城市人口的不断增多，建筑逐渐向垂直方向发展，院落逐渐走向消亡，邻里关系也逐渐被消解。当高楼大厦取代院落成为了人们生活的主要载体，我们还有权享受昔日古人的“明月时至清风自来，行无所牵止无所泥”的生活乐趣吗?

本方案通过建筑群体的拼接，使各组团形成围合与半围合的院落空间，并且通过对基地原有绿化的保留，形成公共的绿化走廊，将两个地块有机串联，形成和谐完整的小区形象，完成城市院落模式的诗意回归，它让生活在其中的人们重新享受庭院中的生活乐趣，由于协同共建院落及“公共绿化走廊”的出现，无形之间加强了邻里的交流，为人们提供舒适的居住环境。

设 计 者：赵　颖　肖艳文
工程规模：建筑面积18 260m^2
设计阶段：方案设计
委托单位：上海市对口支援都江堰市灾后重建指挥部

透视图

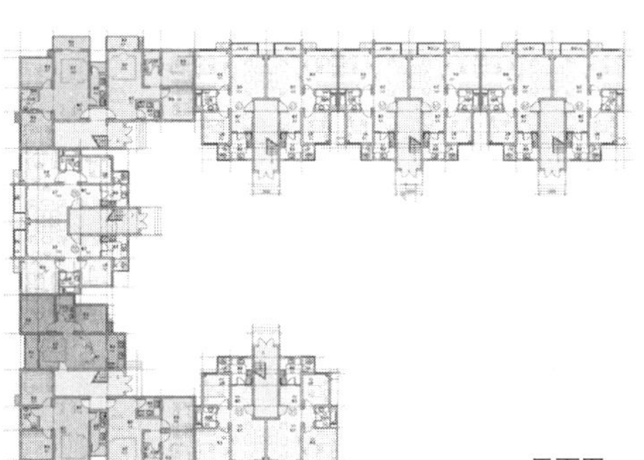

平面图

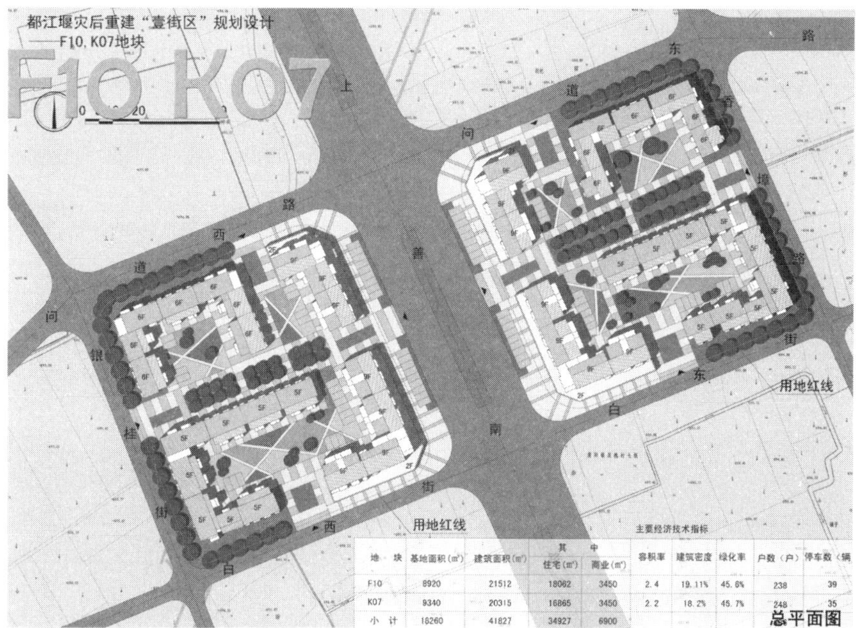

地块	基地面积(m²)	建筑面积(m²)	其中		容积率	建筑密度	绿化率	户数（户）	停车数（辆
			住宅(m²)	商业(m²)					
F10	8920	21512	18062	3450	2.4	19.11%	45.6%	238	39
K07	9340	20315	16865	3450	2.2	18.2%	45.7%	248	35
小计	18260	41827	34927	6900					

总平面图

立面图

透视图

都江堰市“壹街区”安居房灾后重建项目（K02–03地块）

"NO1 DISTRICT"RELIEF RESIDENCE K02-03 BLOCK, DUJIANGYAN

本设计位于“壹街区”的K02–03地块。为了满足灾后重建对于住宅的大量需求，本地块建筑布局采用围合式布局。同时在保证集中绿化的前提下，尽量安排地上停车。建筑设计采用了传统特色与当地居住模式结合的方式，建筑具有当地川西传统民居与海派风情相结合的住住宅风貌。

地块住宅转角处底层设置商业，满足地块内居民的日常消费品需求。地块内院住宅底层架空，使得集中绿化景观与组团内景观形成渗透。地块内住宅主要为70m²及120m²两种户型。120m²户型主要设置在转角处，并设置了入户花园，在解决围合式布局转角处采光通风较差问题的同时，提升了住宅的品质。

设 计 者：黄一如　姚　栋　贺　永
工程规模：建筑面积4.2万m²
设计阶段：方案设计
委托单位：上海市对口支援都江堰市灾后重建指挥部

透视图

透视图

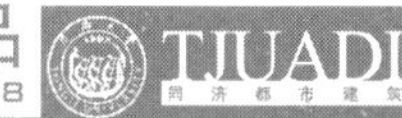

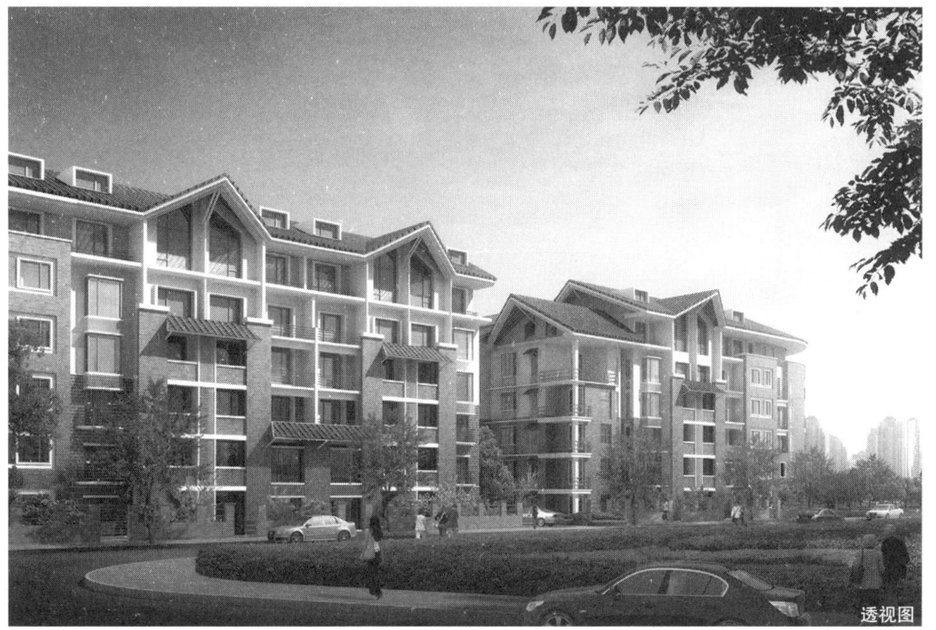

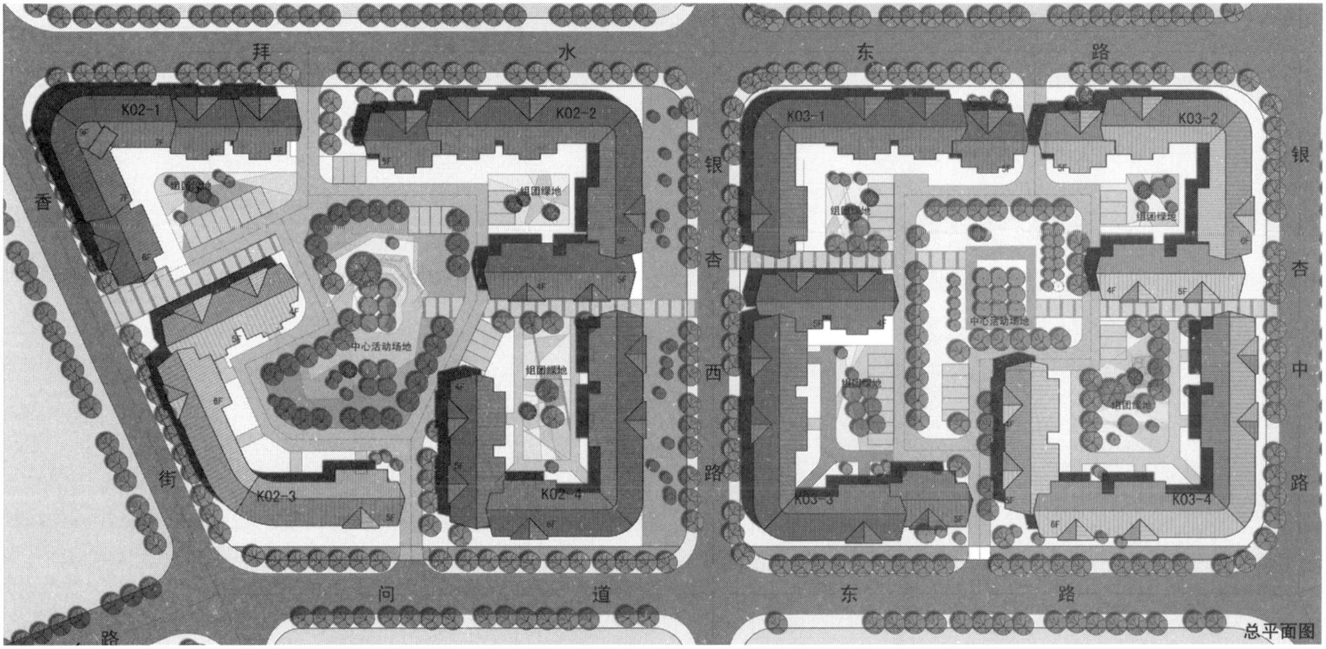
拜 水 东 路
银 杏 西 路
银 杏 中 路
香 街
问 道 东 路
K02-1
K02-2
K02-3
K02-4
K03-1
K03-2
K03-3
K03-4
组团绿地
中心活动场地
总平面图

都江堰市“壹街区”安居房灾后重建项目景观设计

“NO1 DISTRICT”RELIEF RESIDENCE LANDSCAPE DESIGN, DUJIANGYAN

都江堰市又名灌县，地处成都平原的西北边缘，西北为山地，东南为成都平原；属中亚热带湿润气候区，雨量充沛，四季分明。年降水量1 225.4mm，年均温15.7℃。有幽甲天下的道家胜地青城山，是一座具有悠久历史的水利名城。本项目位于二环线外侧，蒲阳大道南侧1km^{2}左右区域。蒲阳河沿地块西侧、北侧半环形流过。规划中2条主干道从地块南侧和东侧经过。基地内一家造纸厂需要功能性搬迁、若干村落需要整体拆迁、一条110kV高压线需要迁移，二条35kV高压线需要下地改造或迁移。针对整个地块中13个地块进行景观设计。

在整体景观规划设计构思中，在总体规划设计的前提下，充分融合川西风情与上海区域的特点，建造成为犹如涅槃重生的宜居新城，展现富有时代气息的现代新城，营造山水共依的宜居新城，达到国泰民安的和谐生态新城。在各地块的景观细节设计上，融合中西方文化元素，在有限的生活空间利用建筑、小品、地形、植物等元素，寻求人与建筑、小品、植物之间的和谐共处，达到宜居之城的景观效果。

在总体空间布局上，充分结合各地块建筑设计风格，融合中西方文化，使景观与建筑相互渗透，相辅相成。形成“三轴、四区、八园”的空间布局。

设 计 者：周向频　董楠楠　陈喆华
工程规模：建筑面积49 006m^2
设计阶段：方案设计
委托单位：上海市对口支援都江堰市灾后重建指挥部

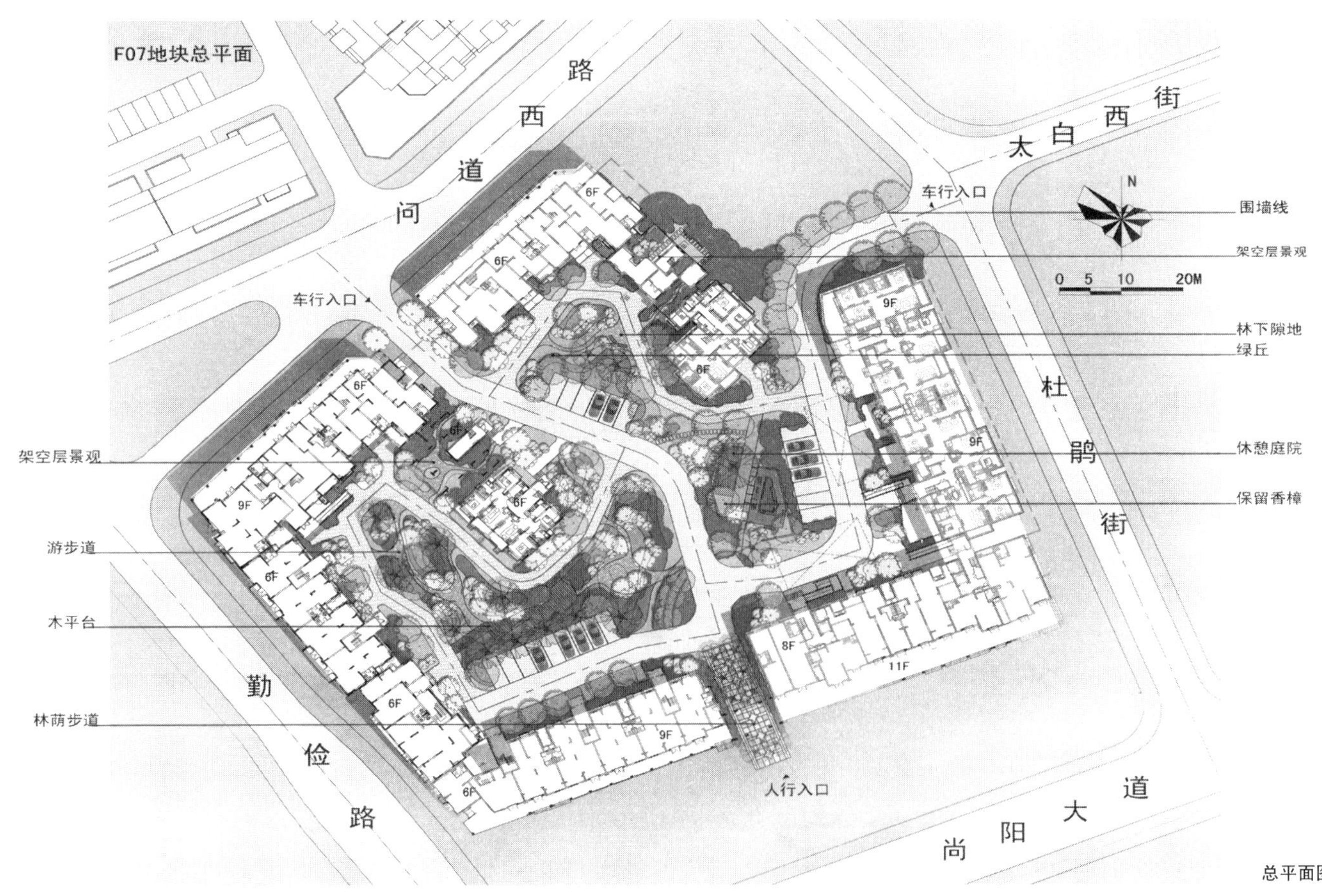

总平面图

实景照片

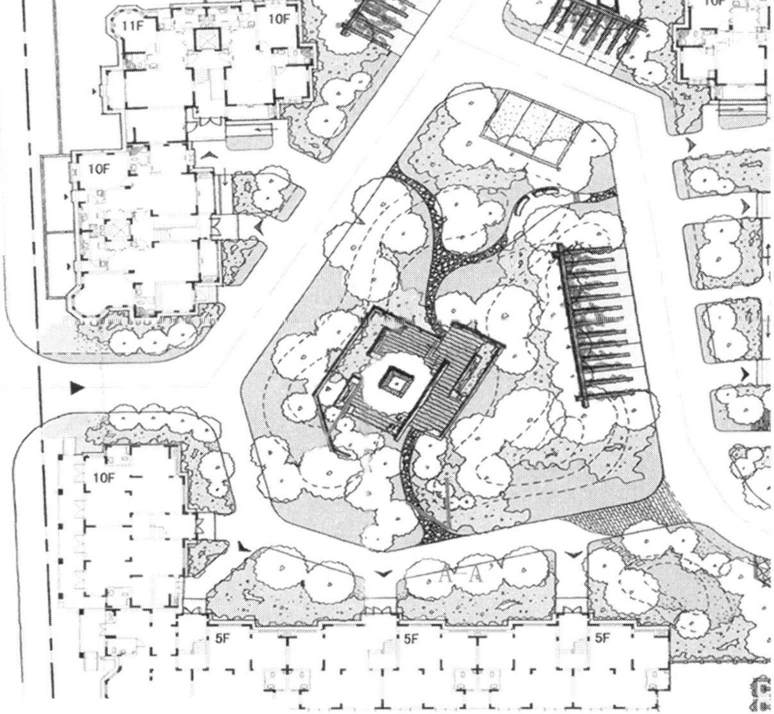

实景照片

都江堰市文化馆

HOUSE OF CULTURE, DUJIANGYAN

本文化馆项目位于“壹街区”F03–01地块内，北侧为拜水西路，西临金桂巷，东靠银桂街，北侧为金桂街。基地内现存一座砖砌烟囱，高约30m，最大直径约7m，主体结构尚好，作为基地及周边范围内至高点，适于通过加固改造成为该地区内的地标性构筑物。

本方案以“公共空间营造”为主题，通过转折的建筑体量围合构建入口公共广场与活动内院两大公共空间；保留烟囱并加以再生利用，巧妙利用其组织入口广场，在表达新老建筑融合的同时，尊重和延续了基地原有的历史记忆；强调建筑与城市道路的对景关系，通过视线联系组织建筑外部形象；运用建筑材料和细部等建筑语汇，体现文化馆建筑的文化性、公共性、时代感。

设 计 者：吴长福　程　骁　滬龑喆
工程规模：建筑面积5 500m^2
设计阶段：方案设计
委托单位：上海市对口支援都江堰市灾后重建指挥部

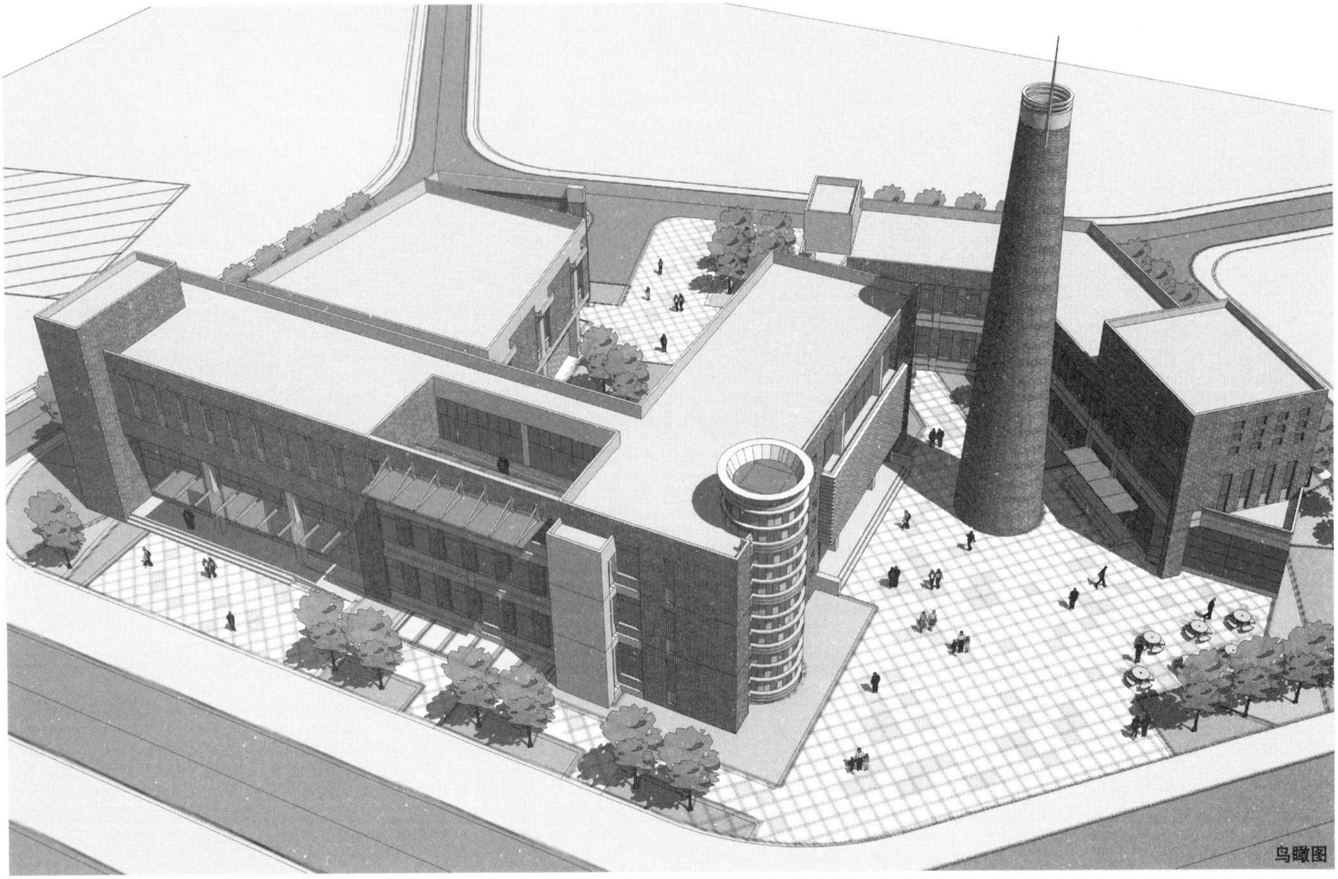

鸟瞰图

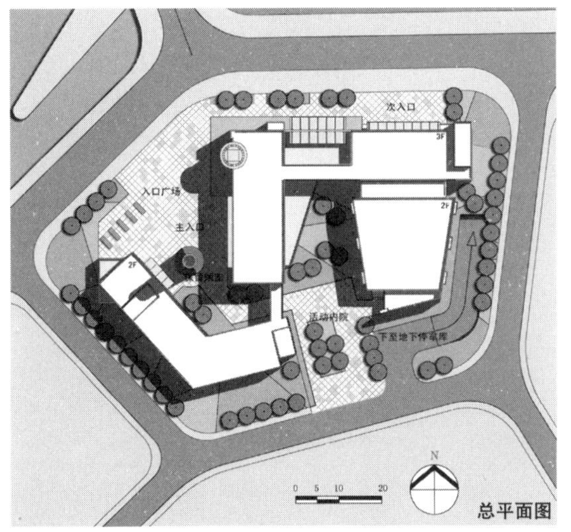

总平面图

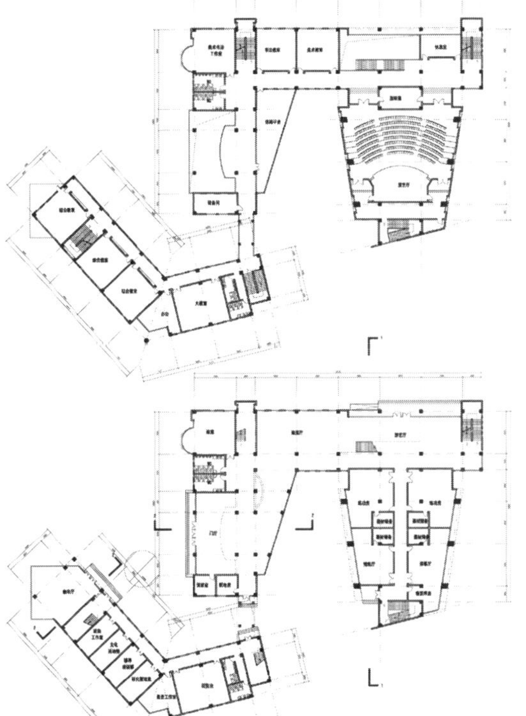
平面图

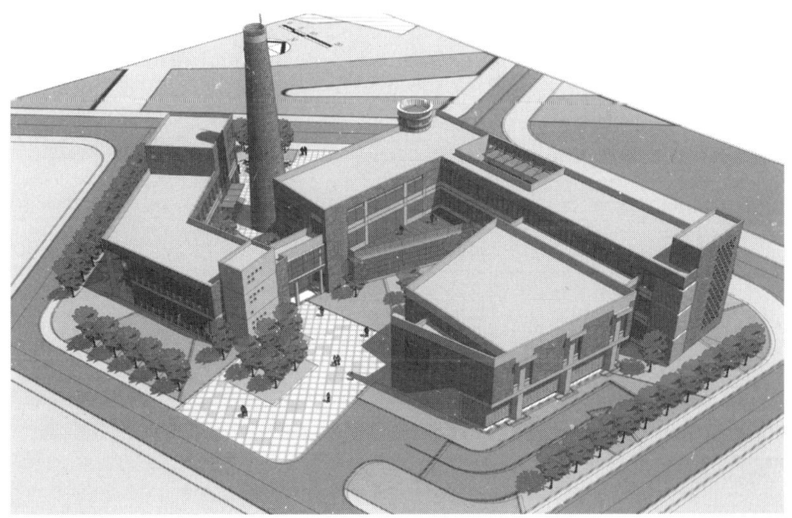

都江堰市图书馆

PUBLIC LIBRARY, DUJIANGYAN

本图书馆项目位于“壹街区”C03-03地块内，南侧为玉垒路，西临玉垒北街，东靠上善西路，北侧为新建住宅组团。基地内现存一座建于20世纪50年代的排架结构单层厂房，厂房东西长120m，跨度约15m，主体结构尚好，有一定的历史底蕴，大空间适于改造利用。

本方案以“建筑再生”为主题，通过对保留厂房空间的再利用：历史建筑材料、细部等形态语汇的重新表述，体现建筑的文化性和时代性。

强调新旧建筑的融合，既尊重和延续了基地原有的历史记忆，同时又为老厂房赋予了新的文化内涵，也与图书馆建筑的文化精神相契合。

强调与城市空间的相互渗透、有机融合，强化建筑外部空间的公共性。布局以保留纸厂为主，新建报告厅为辅，形成一长一短、一新一旧的“Y”形布局。既照应了南面主马路玉垒路的城市界面关系，又利用新旧建筑之间的开口创造了宜人的内院空间。

设 计 者：谢振宇　张建龙　胡军锋　周　旋

工程规模：建筑面积5 500m^2

设计阶段：方案设计

委托单位：上海市对口支援都江堰市灾后重建指挥部

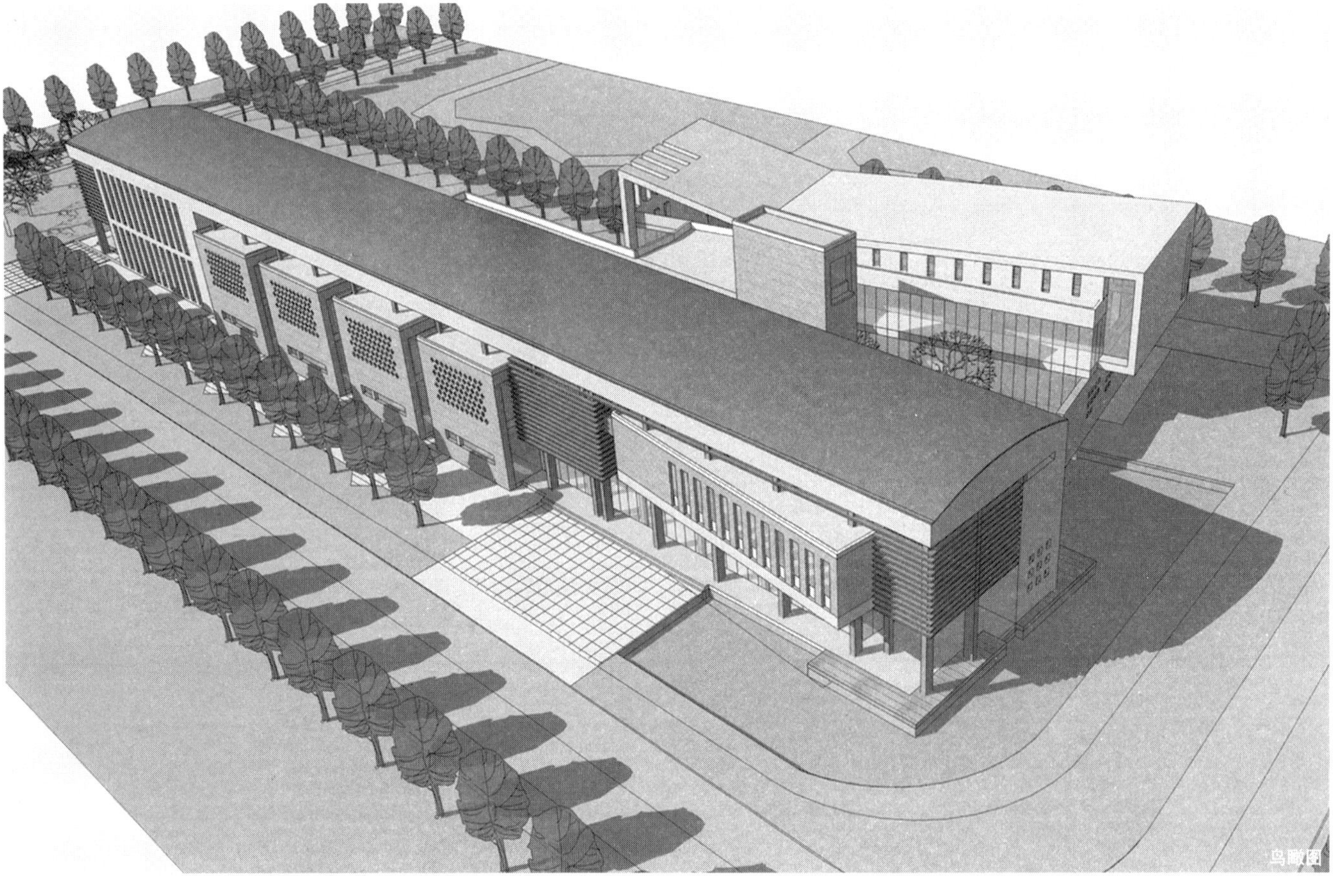

鸟瞰图

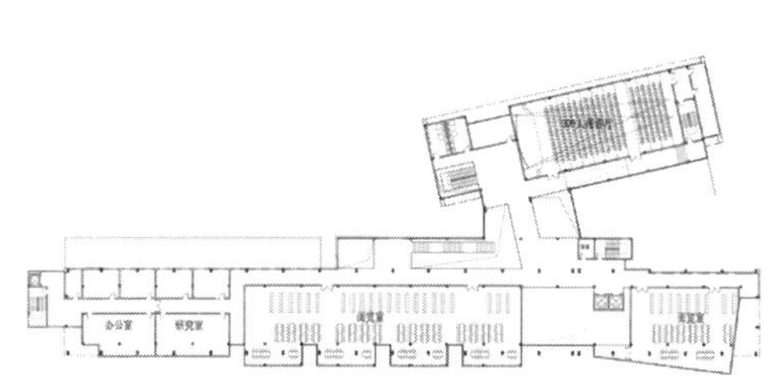

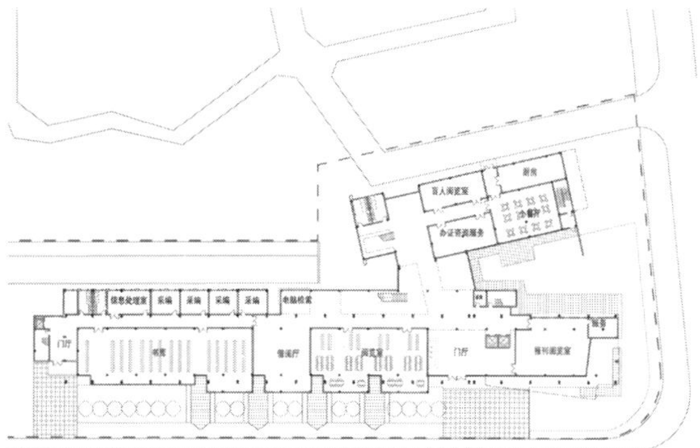

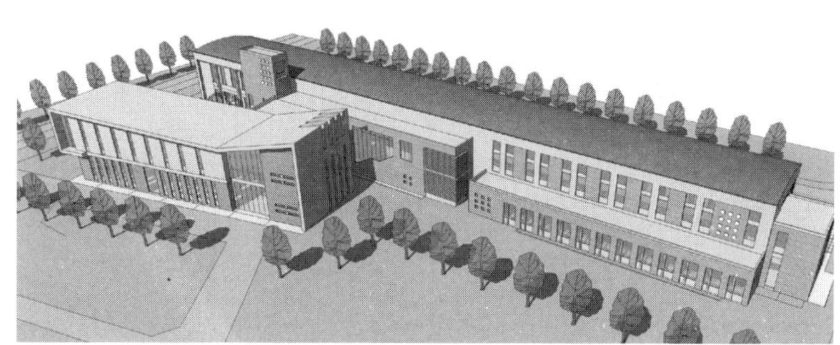

一层平面图

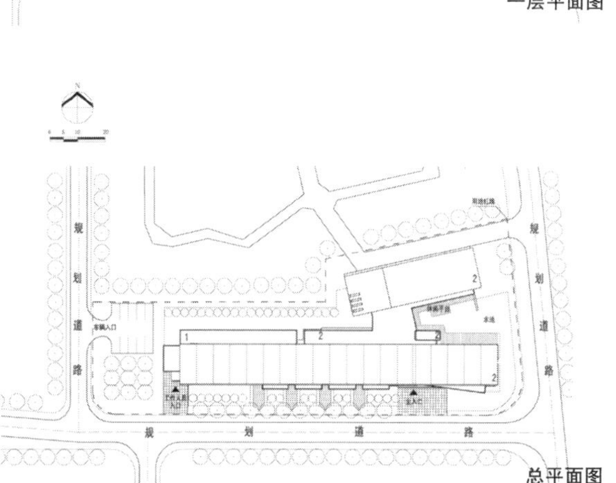

总平面图

效果图

都江堰市工人文化活动中心

CULTURE ACTIVITY CENTRE FOR WORKERS, DUJIANGYAN

基地位于“壹街区”F06地块内，文化馆地块东侧、地块南为问道西路，西临银桂街，东靠拜水西路，东侧为新建住宅。

设计理念：本方案以“场所营造”为主题，强调通过建筑外部空间与城市空间的相互渗透、有机融合，创造多层次、充满活力和吸引力的市民文化生活空间。

总体布局：建筑采取反“S”形的总体布局，形成舒展、连续的建筑形态。在总体布局上同银桂街西侧文化馆建筑呼应。

功能组织：总体上功能分为三个部分，北侧以职工教育、会议空间为主；南侧以娱乐和健身空间为主；中间部分为公共活动空间。

空间特点：建筑空间同外部空间相互穿插，结合场地标高重塑，形成层次丰富的公共活动空间。入口广场整合台阶、绿化等，营造富有变化的公共活动空间。南侧院落空间相对内向，通过建筑界面围合，形成宜人的休憩、交流空间。

建筑造型：以线性体量为控制要素，形成相对连续的城市界面，延续“壹街区”围合式街坊的外部界面特征。

材料与细部：外立面统一采用砖红色面砖、外墙涂料、纤维水泥板、玻璃幕墙，空间丰富，立面充满逻辑性。

设 计 者：王 一 王 翔

工程规模：用地面积7 342m^2；建筑面积12 800m^2

设计阶段：方案设计 扩初设计 施工图设计

委托单位：上海市对口支援都江堰市灾后重建指挥部

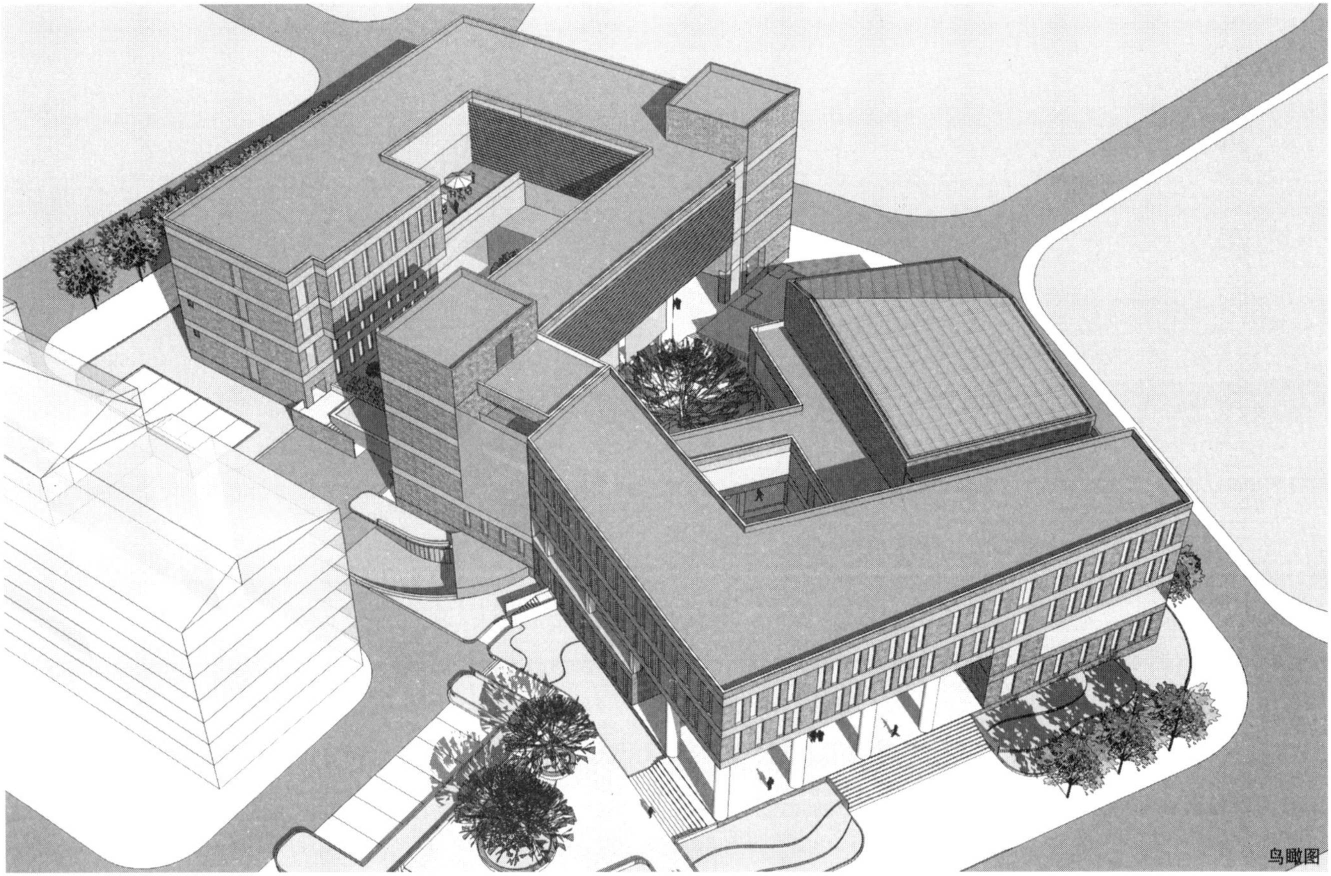

鸟瞰图

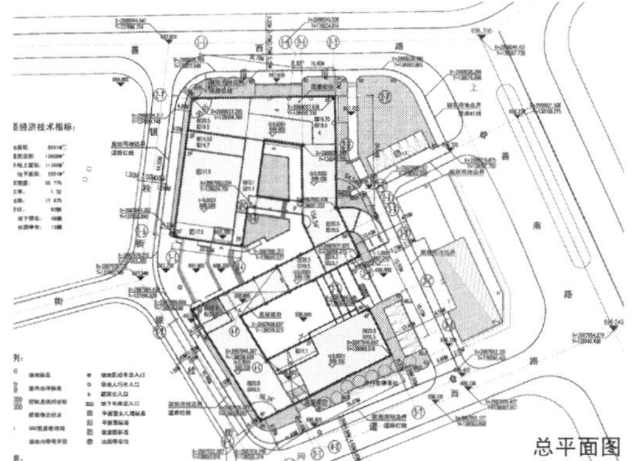

总平面图

透视图

都江堰妇女儿童活动中心

WOMEN'S CHILD'S ACTIVITY CENTER, DUJIANGYAN

都江堰妇女儿童活动中心、青少年活动中心项目位于都江堰市“壹街区”。基地西邻上善南路，南靠尚阳大道，坐落于“壹街区”主入口东北角地块。本建筑设计项目包括了妇女儿童活动中心、青少年活动中心与公共使用部分，总建筑面积为8314m²。建筑设计将三部分的功能进行分区：妇女、儿童活动中心坐北朝南，设置在基地西北角的四层主体建筑内，南侧留出大面积软质铺装与草地供亲子活动及儿童嬉戏；青少年活动中心与基地南侧天然河道比邻而居，设置在基地东南角的四层主体建筑内，与西北侧妇女、儿童活动中心形成可供青少年活动的广场院落；北侧的二层作为妇女、儿童、青少年活动中心公共部分，与两中心相连的同时保持独立，避免之间的干扰，同时保证风雨时期功能使用的便捷。

建筑造型结合城市环境，同时突出建筑物的风格与特征：基地西南角通过建筑物的退让与体块变化形成城市广场，并通过建筑的空间体量变化与内部院落广场形成过渡；基地中央通过建筑单体围合，形成青少年活动广场，使得内院空间体现出与外部环境截然不同的文化氛围；内院一侧通过连廊连接妇女儿童活动中心、青少年活动中心及公共使用部分；主要材质使用素混凝土、红砖与小面积玻璃幕墙，与“壹街区”其他公共建筑相协调。

设 计 者：岑 伟 李 恒

工程规模：建筑面积8314m²

设计阶段：方案设计 扩初设计 施工图设计

委托单位：上海市对口支援都江堰市灾后重建指挥部

鸟瞰图

透视图

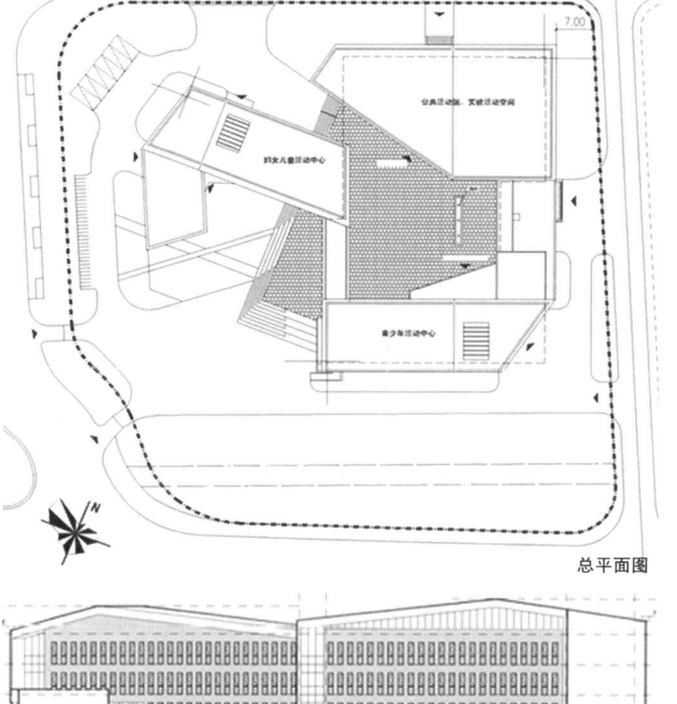

总平面图

立面图

汶川映秀镇灾后恢复重建二台山项目

HOUSING PROJECT IN YINGXIU TOWN, WENCHUAN

该项目属于“5・12”汶川特大地震之后灾区援建项目的一部分，位于汶川县映秀镇二台山（10-11-12）地块。建筑布局继承发扬了传统建筑文化，充分考虑山地与风貌因素，因地制宜，采取独幢建筑有机组合的方式，每幢建筑由4～5户独立入户住宅组成，根据道路和山势布置；同时考虑传统羌寨民居建筑风格，自然、有机、错落、灵活布置。交通采用类似街坊式的道路系统，场地间高差用灵活设置的步行台阶来解决。小区道路走向则依据山势起伏、转折，避免单调、平直的传统住区道路形象。

建筑设计采用传统特色与当代居住模式的结合：建筑具有地域特色的传统住宅风貌，同时注重建筑节能、设备、电气等设计。用材因地制宜、就地取材，因材设计，既经济节约，又与环境十分协调，相映成趣，乡土气息格外浓郁。呈现出一种相互的质感美、自然美。住宅特别设计了灵活扩展的空间，今后村民可以根据自己的需要加以改建，如底商、旅游纪念品商店、小餐馆等，为将来创造“农家乐”的旅游接待模式提供了可能。

设 计 者：黄一如　姚　栋　周晓红　贺　永　张　磊　胡润芝　陈　珊

工程规模：建筑面积21175m^2

设计阶段：方案设计 扩初设计 施工图设计

委托单位：东莞市对口支援映秀镇恢复重建工作小组

鸟瞰图

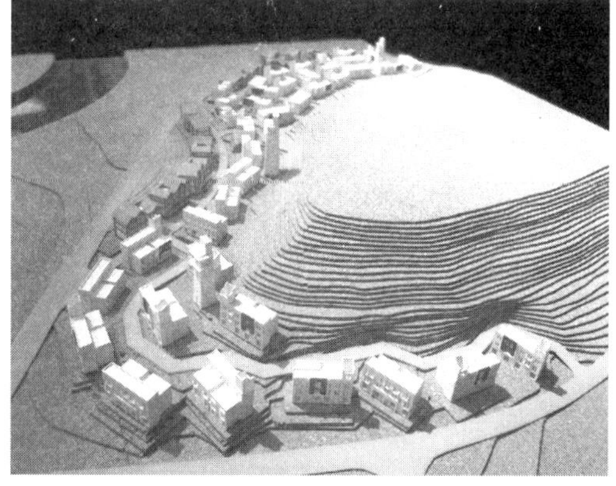

透视图

透视图

汶川县映秀镇中心13号地块民房重建

REGENERATION OF RESIDENTIAL AREA, BLOCK13, YINGXIU, WENCHUAN

该项目位于“5·12”地震重灾区北川县映秀镇，作为灾后重建项目，不仅强调抗震、节能等新技术的应用，也充分吸取了川西民居的建筑风格和生活习惯，采用了以围合院落为主，结合商业步行街、滨水休憩空间、开放广场等空间组织形式，建筑则以白墙与毛石、岩瓦、木饰面为主要面材，烘托古朴、雅致的川西风情，并于周围高山流水相映成趣。

设 计 者：庄 宇 黄 凯 牛 涛 赵 川 张瑞雪 于建辉
工程规模：建筑面积12 000m^2
设计阶段：方案设计 扩初设计
委托单位：映秀镇人民政府

透视图

透视图

鸟瞰图

汶川县映秀镇中心15号地块民房重建

REGENERATION OF RESIDENTIAL AREA, BLOCK15, YINGXIU, WENCHUAN

本项目用地位于汶川县映秀镇中心镇区，南邻渔子溪，东接岷江，北枕二台山，景色优美，位置优越，交通便利。基地北侧为滨河东路，东侧为岷江西一路基地由东纵路和二台山路分为三块，南部紧接渔子溪景观带。规划用地面积为16 188m^2，用地性质为居住用地，设计为映秀镇灾后民房重建居住小区。

本项目规划为小区、组团两级区划。地块分为两轴、四个组团。由于用地被市政道路分为三块，在设计中每块用地入口布置景观，作为由镇区进入各组团的过度，同时在南面临渔子溪景观带处展开布置线性界面，做到连续统一创造良好的商业与休闲游憩空间。每个组团自成体系，同时相互关联形成小区，分合得宜，以满足使用者归属感及领域感，并触发其交流。

规划中沿外部街道和景观轴线最大量设置带商铺户型，形成商业街，提高外部活力，提升外围价值。内部通过围合形成安静宜居的居住空间，做到内外有别动静区分。

设 计 者：孙彤宇　俞　泳　陈　奕

工程规模：建筑面积21 012m^2

设计阶段：方案设计 扩初设计 施工图

委托单位：映秀镇人民政府

鸟瞰图

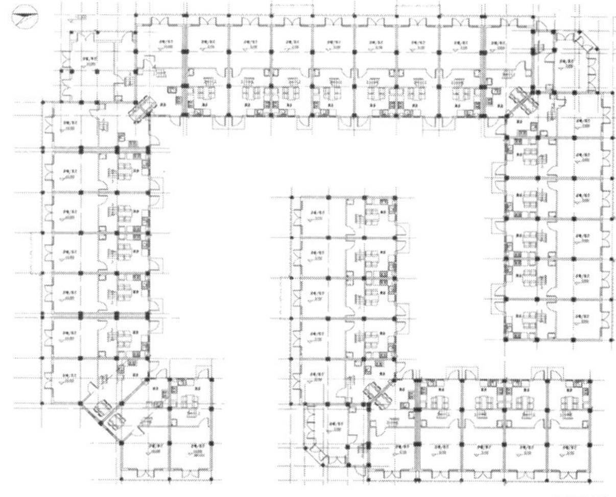

平面图

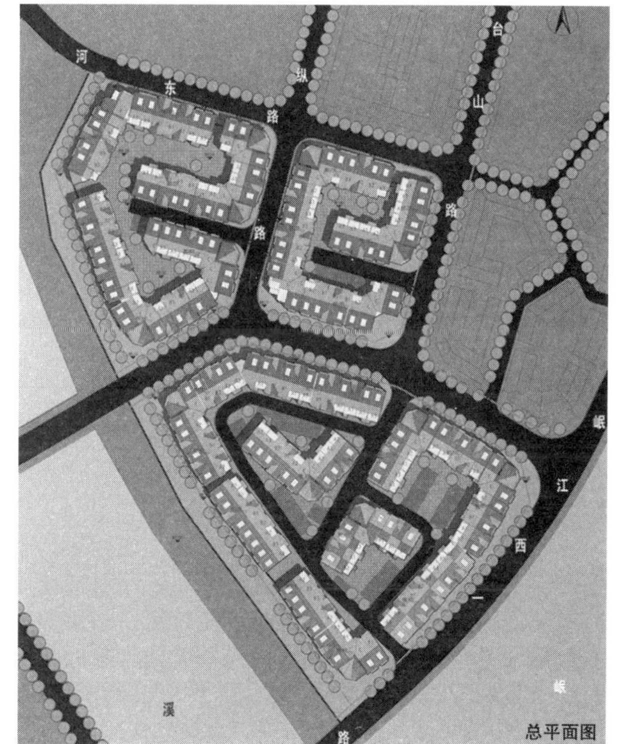

总平面图

透视图

都江堰神州旅游宾馆

SHENZHOU TOURIST HOTEL, DUJIANGYAN

本项目是灾后重建项目之一。2008年，“5·12”大地震之后，都江堰市受灾严重，众多楼房在地震中毁坏，众多百姓失去了家园。因此，灾后重建工作迫在眉睫。本项目正是在这样一个大背景下，由都江堰市清凯木材综合制品厂委托同济大学来进行的宾馆设计。也正是由于这样的原因，所以本项目时间紧，任务急。

空间布局：基地形状不规则，因此根据各条道路的退界规定，将建筑设计为不规则的条状体量，较好地结合基地形状，同时退让出位于北侧入口前的小广场。体量内部局部放大成为通高的中厅共享空间。

空间造型：都江堰是具有悠久历史的古城，因此采取了体现地域传统的造型原则。主要通过以下方法实现：建筑结合形体及屋顶设置四个具有川西风格的山墙面，其中两个山墙面由正立面变异而成。屋顶层墙体后退形成生动的檐下空间，配以具有传统木构架寓意的通高百叶。底层采用吊脚楼意向暴露结构，结合水面使之具有传统韵味。进入主入口需要通过横跨水面的木桥。墙面以及转折处通过横向及竖向窗交替得到传统的编织意向。

设 计 者：蔡永洁　李振宇　王志军　陈　燕　刘墨烟　张红革
工程规模：建筑面积14 992m^2
设计阶段：方案设计
委托单位：都江堰市清凯木材综合制品厂

透视图

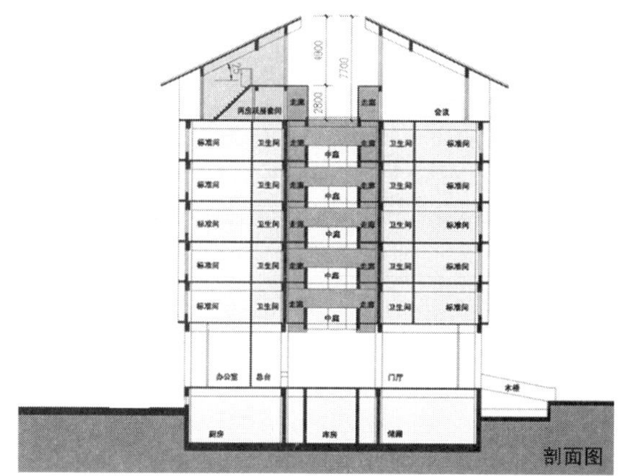

剖面图

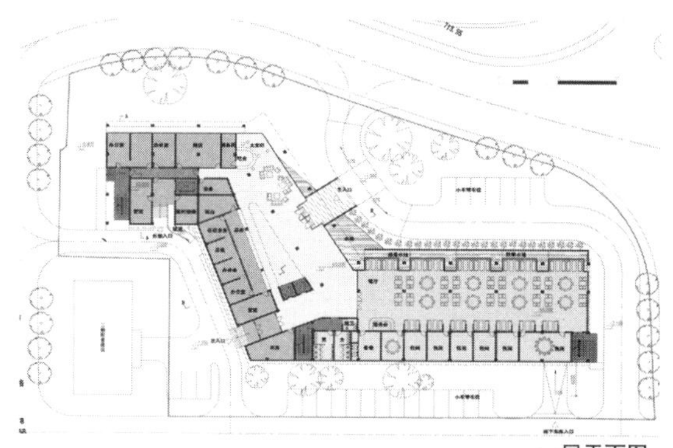

一层平面图

鸟瞰图

总平面图

都江堰玉垒山庄

"VILLA YULEI", DUJIANGYAN

玉垒山庄位于都江堰玉垒山，背山面水，具有非常良好的自然生态环境。基地北侧，西侧依山，南侧与东侧接城市道路，基地，顺应地势，平面呈不规则矩形，总用地面积8912m²，该地块地势陡峭，地形起伏大。该项目拟开发为高档住宅区。

由于该地块地理位置极佳，具有不可复制的独特性，因此设计中紧紧抓住地形这一独特之处，依托自然环境，使建筑融于自然，归属于环境，力求用质朴简洁的手法达到建筑与自然共生的目的。设计上提出的思路是“打造山水园林中的家”，“让每一扇窗户都看得见风景”。

总平布局顺应地势起伏，利用基地内现有道路将地块自然的分为两个部分，南向部分为联排别墅区，并有物管用房等公共活动区域，建筑围绕在入口广场四周，以求最大程度达到景观共享。物管用房位于小区角落，在方便服务的同时又将对住户的影响降到最低。

北侧部分地势较高，为独立别墅区，九栋别墅沿道路两侧有机排放，疏密有致，自然的围合出几个通透的院落空间，使住户产生居住的归属感，也促进邻里间的交往。南北两部分通过一条景观步道连接起来，在设计中充分考虑到视线的可穿越性，几个组团景观之间视线相通，有效地加大了景深，也实现了景观共享。

设 计 者：孙彤宇　俞　泳　陈　奕

工程规模：建筑面积4120m²

设计阶段：方案设计

委托单位：成都市智汇房地产开发有限公司

鸟瞰图

透视图

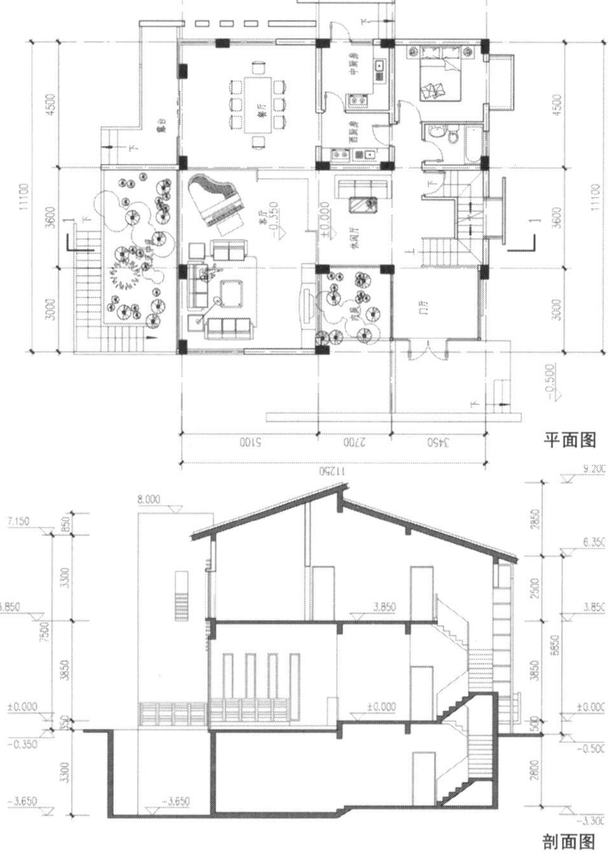

平面图

剖面图

总平面图

都江堰钢结构住宅小区

STEEL STRUCTURE RESIDENTIAL AREA, DUJIANGYAN

2008年“5·12”大地震之后，都江堰市受灾严重，众多楼房在地震中毁坏，无数居民失去家园。随后全国范围内掀起一股抗震救灾的热潮，而灾后的重建工作也紧接着如火如荼地展开了。本住宅项目正是在这样一个大背景下，由宝钢设计和承建，并由同济大学参与合作。项目用地位于进入都江堰的主要干道二环路的东侧，其余三面为已建成或正在建设中的多层住宅楼，总用地面积为54300m²。其中，一期土地面积约36100m²，二期土地面积约18200m²。

整个地块的规划构架力求统一，正中求变，建筑空间与景观相互协调，相互依存。各建筑单体之间形成适宜的对位关系，避免在不同角度形成建筑重叠造成“钢筋混凝土森林”的感觉。整体布局结合日照分析、地下停车、绿化布置、空中限高和消防要求等。根据设计任务书和容积率的要求，地块中部由南至北布置4栋18层住宅，构成线型高层组团，充满动势。同时，利用高层建筑间因日照间距形成的大面积开敞空间布置大片集中绿地，在容积率较高的情况下，高效而合理地利用土地，为小区居民提供舒适宜人的室外活动空间。

设 计 者：李振宇　蔡永洁　卢　斌
工程规模：建筑面积114554m²
设计阶段：方案设计
委托单位：上海宝钢建筑工程设计研究院

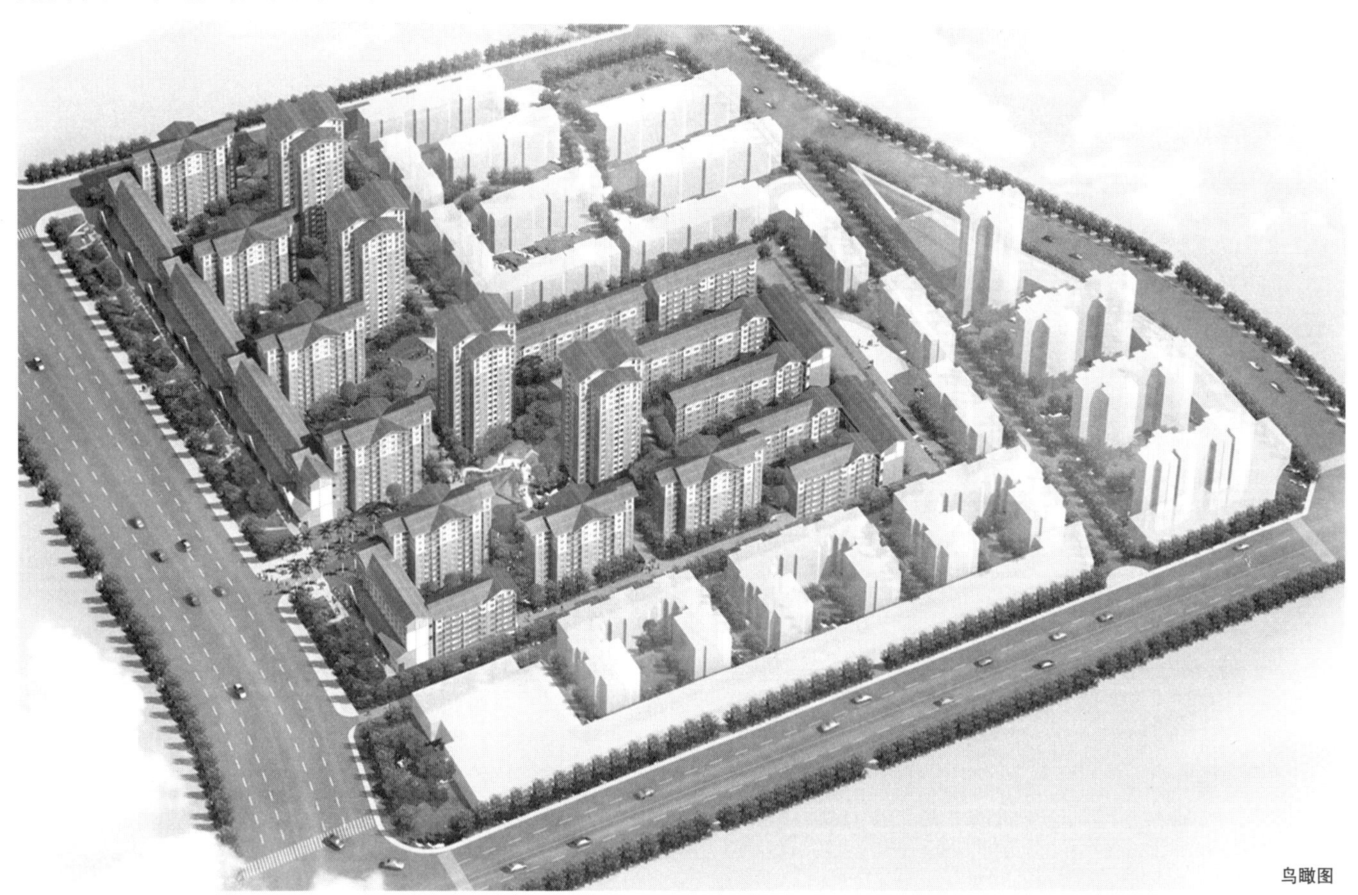

鸟瞰图

平面图

透视图

彭州市灾后恢复重建规划展示馆

PLANNING EXHIBITION HALL, PENGZHOU

本工程用地呈规整矩形，位于彭州市行政中心西侧。东侧对称地块内为已建档案馆，故设计应充分考虑与周边城市布局、空间的整体性。

在功能方面，建筑主要由两部分组成，靠近西侧城市主要干道布置面向城市公众的展厅部分，而基地东北两侧则分别布置“L”形的展示辅助以及规划办公部分。两个部分通过院落和屋顶花园隔离，并产生视觉上的联系。

设计从“生态的呵护，城市的展盒”的主题出发，以融入城市的“外壳”和展示城市的“内盒”组成城市的展盒，诠释建筑的功能和形式的意义。充满生机的绿景组织和理性、稳健的建筑形象，隐喻灾后恢复重建的精神意义。

设 计 者：谢振宇　张建龙　胡军锋　周　旋
工程规模：建筑面积7000m^2
设计阶段：方案设计
委托单位：彭州市规划局

鸟瞰图

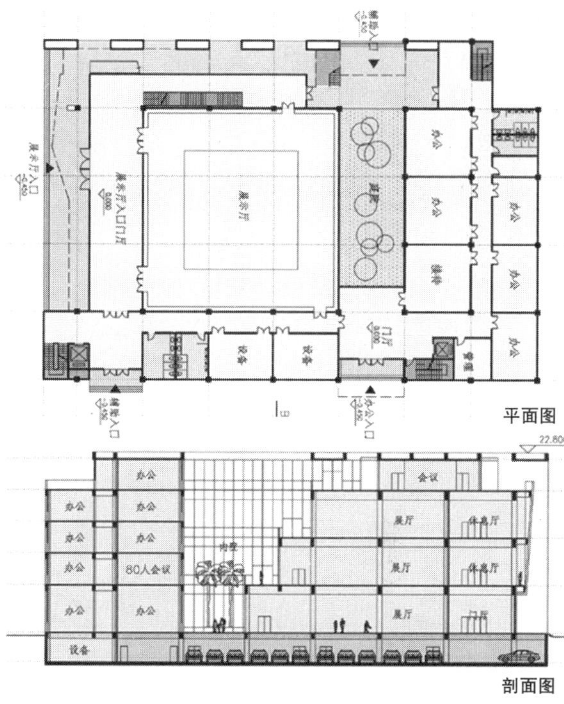

平面图

剖面图

效果图

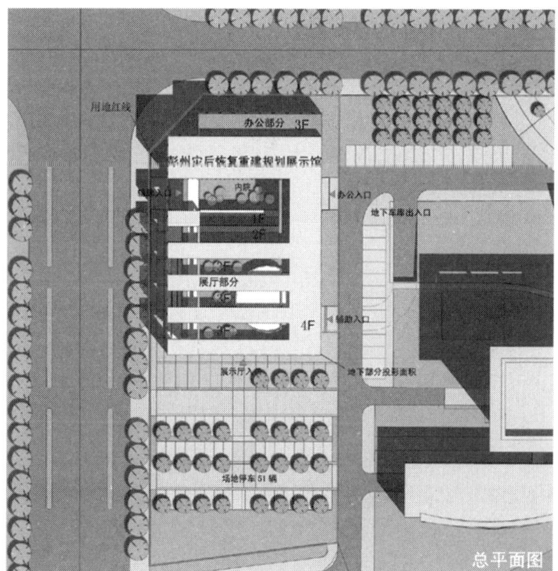

总平面图

2010年世博会中国馆（投标方案）

CHINESE BUILDING(BID PROJECT), EXPO 2010, SHANGHAI

本项目位于中国2010年世博会规划区核心区，处于世博会园区主入口的突出位置。设计控制范围北起北环路，南至南环路，西起上南路，东至云台路，其中有轨道交通8号线穿越，有过道与磁悬浮车站相接。

本项目与同区的世博轴、公共活动中心、演艺中心、主题馆等建筑构成“一轴四馆”，是世博会园区的核心。中国2010年上海世博会中国馆区由中国国家馆、中国地区馆、港澳台馆三个部分组成。其中，港澳台馆是临时建筑物，世博会后将被拆除，而中国国家馆、中国地区馆（合称“中国馆”），将作为世博园区核心建筑物之一，永久保留。中国地区馆将为全国31个省、直辖市、自治区提供展览场所，展示中国多民族的不同风采及各省、直辖市、自治区的城市的成就，进一步让世界了解中国、让中国向世界更开放。

世博会后，中国国家馆将作为我国中华历史文化艺术的展示基地。中国地区馆将转型为标准展览场馆，与周边主题馆、星级酒店、世博中心、世博轴和演艺中心共同打造以会议、展览、活动和住宿为主的现代化服务业聚集区。

设 计 者：徐　风　马长宁

工程规模：地上53 230m^2；地下25 608m^2

设计阶段：方案设计

委托单位：上海市世博局

鸟瞰图

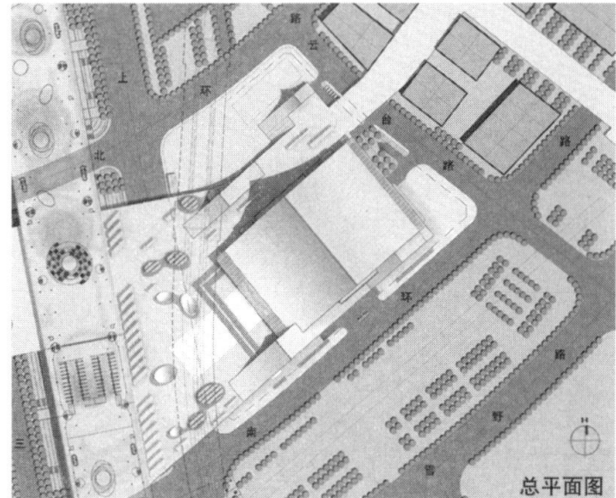

总平面图

透视图

2010上海世博会C片区非洲联合馆规划修改方案研究

THE PLANNING STUDY OF JOINT-AFRICA PAVILION AT AREA C, EXPO 2010, SHANGHAI

2010上海世博会非洲联合馆用地位于世博围栏区内C04地块，紧临黄浦江。为了便于后期建筑设计工作的顺利进行，通过一系列可行性方案，在规划层面对该地块作了深入的研究。

非洲联合馆用地面积34 500m^2；按照控规的要求， 地块覆盖率在0.6～0.8之间，建筑限高20m；如建设非洲联合馆，建筑占地面积应大于20 700m^2，小于27 600m^2。非洲共有53个国家、预计需要使用非洲联合馆的为42～45个，按照《参展指南》要求估计，总建筑面积估计在22 000～27 000m^2之间。

可行性方案从不同角度出发，适当控制形体，明确功能分区，同时满足非洲联合馆的具体办展需求。

设 计 者：莫天伟　王　珂　汤凤龙　郑　勇　史晨鸣

工程规模：建筑面积24 000m^2

设计阶段：方案设计

委托单位：上海世博土地控股有限公司

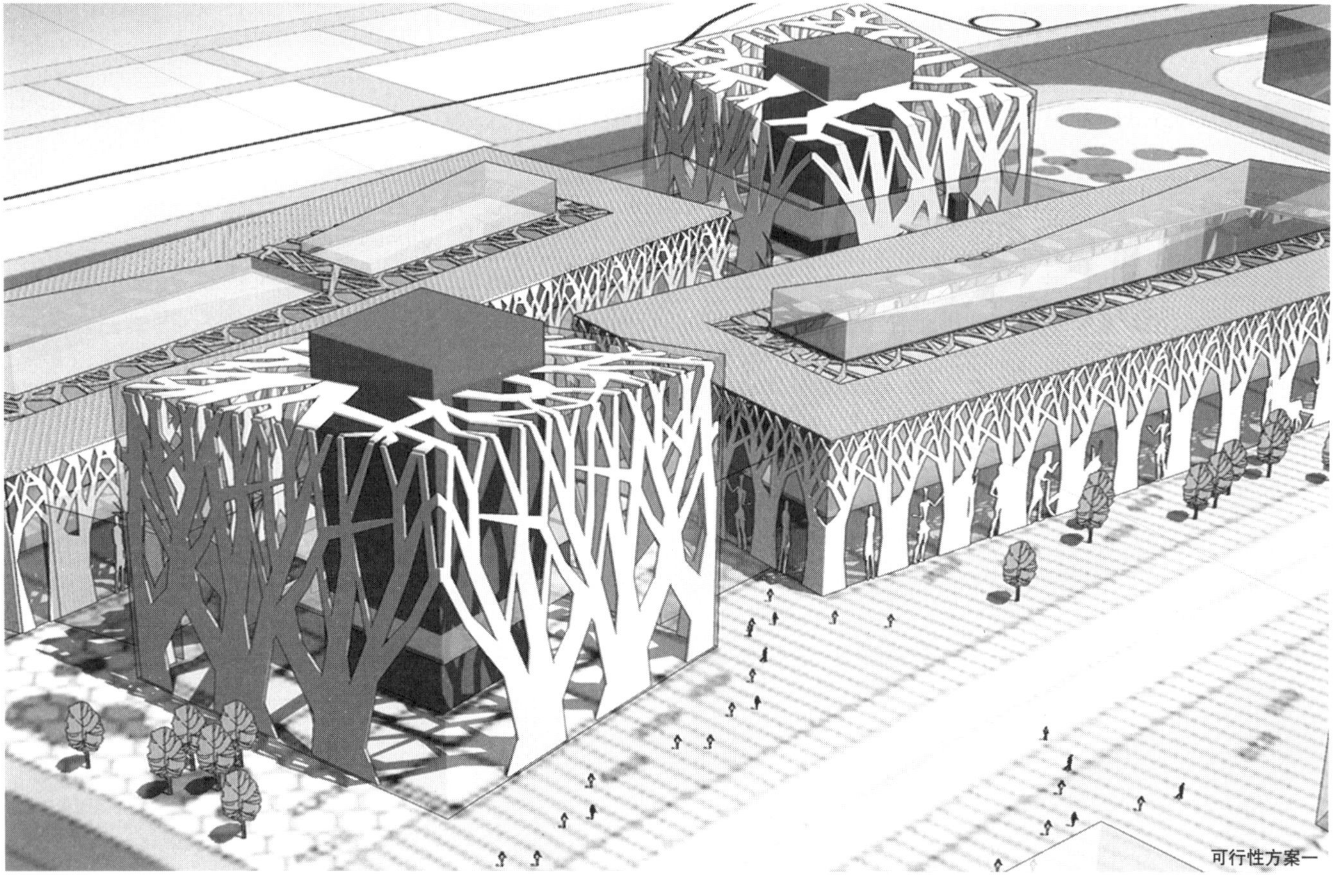

可行性方案一

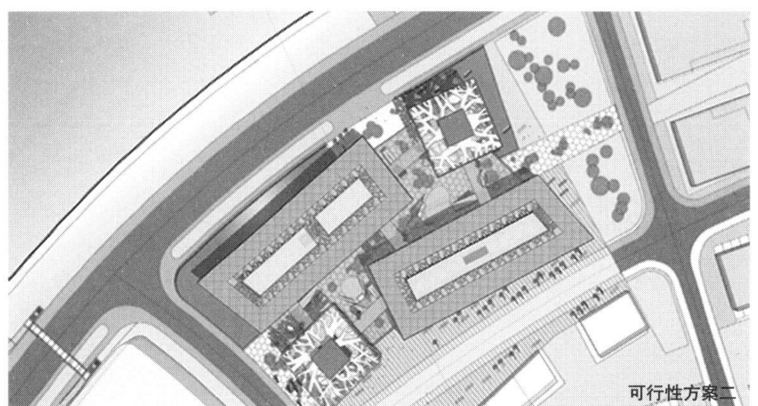
可行性方案二

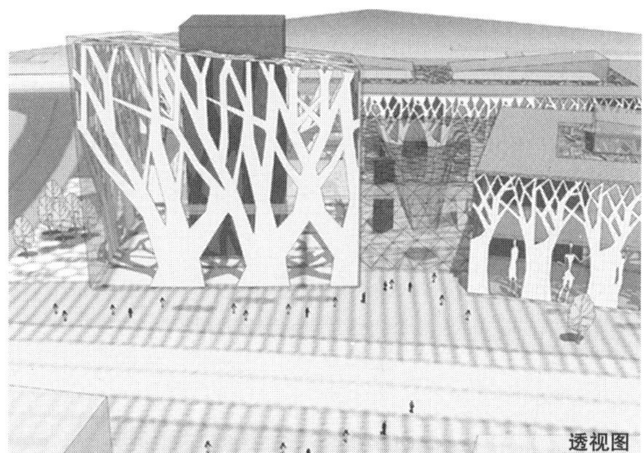
透视图

透视图

2010年上海世博会场地专项景观设计（浦西园区）

PARTICULARLY ITEM VIEW DESIGN(RIVER BANK WEST GARDEN), EXPO 2010, SHANGHAI

上海世博会浦西园区包括浦西主题副馆、企业馆、城市最佳实践区、北岸滨江绿洲等。基地现状的主体是诞生于1865年的江南造船厂。

本项目设计内容包含浦西园区各级广场、出入口广场（包括停车场）、道路空间、高架步道上下空间、绿地等。成果具有如下特色：

（1）承上启下：成果统筹落实控规，以及配套服务设施、演艺活动场地、公共交通、出入口交通、物流仓储、标识、雕塑、票务、安保、信息等专项研究或规划设计，并补充了绿化、夜景照明两个专项。

（2）专业性强：成果按照通过型场地、展会型场地、游憩型场地和背景型场地等四个类型，有针对性地分析场地需求、控制指标、方案引导。

（3）功能性和创意性并重：在充分保证功能性的基础上，成果提供了富有创新的场地设计引导性方案，包含以“电路板”为理念的整体形态；演绎世博主题“时间轴”的滨江绿洲和系列船坞；工业遗迹和立体绿化结合的“历史生态园”及“滨江工业雕塑大道”等。

设 计 者：胡 玎 李瑞冬 孙 颖 李丹丹 梁文波 朱黎霞 应 佳 田 丰 周晓霞 王 越 谢 俊 江佳玉 黄兆辉 周 峰

工程规模：占地面积135 000m^2

设计阶段：方案设计

委托单位：上海世博会事务协调局

总平面图

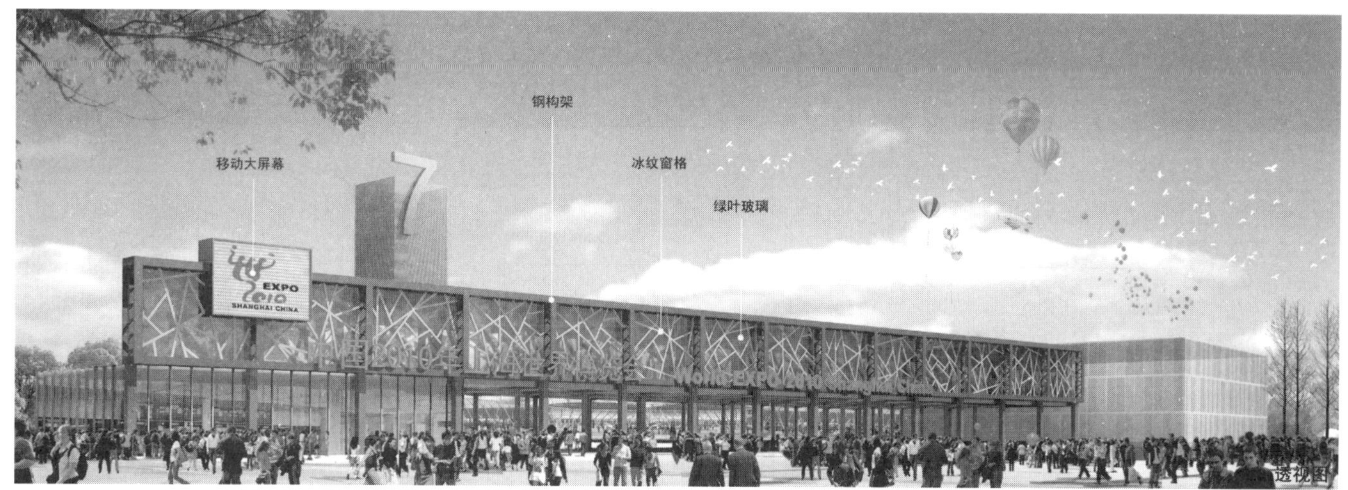

透视图

2010年上海世博会江南广场景观设计

CHIANG-NAN SQUARE VIEW, EXPO 2010, SHANGHAI

作为2010上海世博会浦西园区的主体空间，江南广场公园及滨江景观绿地既是浦西园区的主要滨江空间，也是未来上海由外滩沿黄浦江发展轴向南拓展的重要滨江景观带。

该区域主要由原江南造船厂及南市电厂等工业建筑厂址改建而成，设计中既要保护见证中国工业发展的老工业遗存，又要解决防洪、水陆交通组织、工业遗址植绿等技术难题。设计以“水上绿毯”为主要设计理念，突破了通过工业构件的改造、罗列、植绿、挂绿等元素组合式的工业遗存常见处理手法。通过由工业文明、水、绿共同编织而成的“水上绿毯”在横向与纵向上实现多元交融，使工业遗存从绿毯中拔土而出，形成绿色空间与工业遗存的完美结合，从而使得江南广场公园和滨江绿地成为中国2010世博会成功举办的活动载体、浦西园区疏导与集散的交通性载体、景观与绿化的生态性载体，体现工业文明的文化性载体，以及后世博浦西的滨江绿化及展示性载体，在承载工业文明向后工业文明发展方向的同时，承载黄浦江未来的生态文明。

设 计 者：李瑞冬　胡　玎　朱黎霞　谢　燕　梁文波　江佳玉　谢　俊

工程规模：占地面积225 800m^2

设计阶段：方案设计

委托单位：上海世博土地控股有限公司

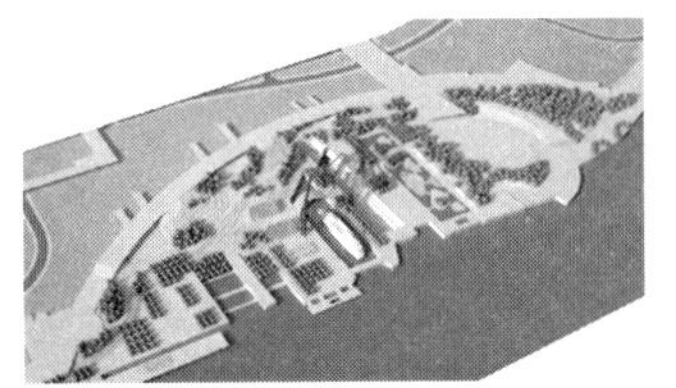

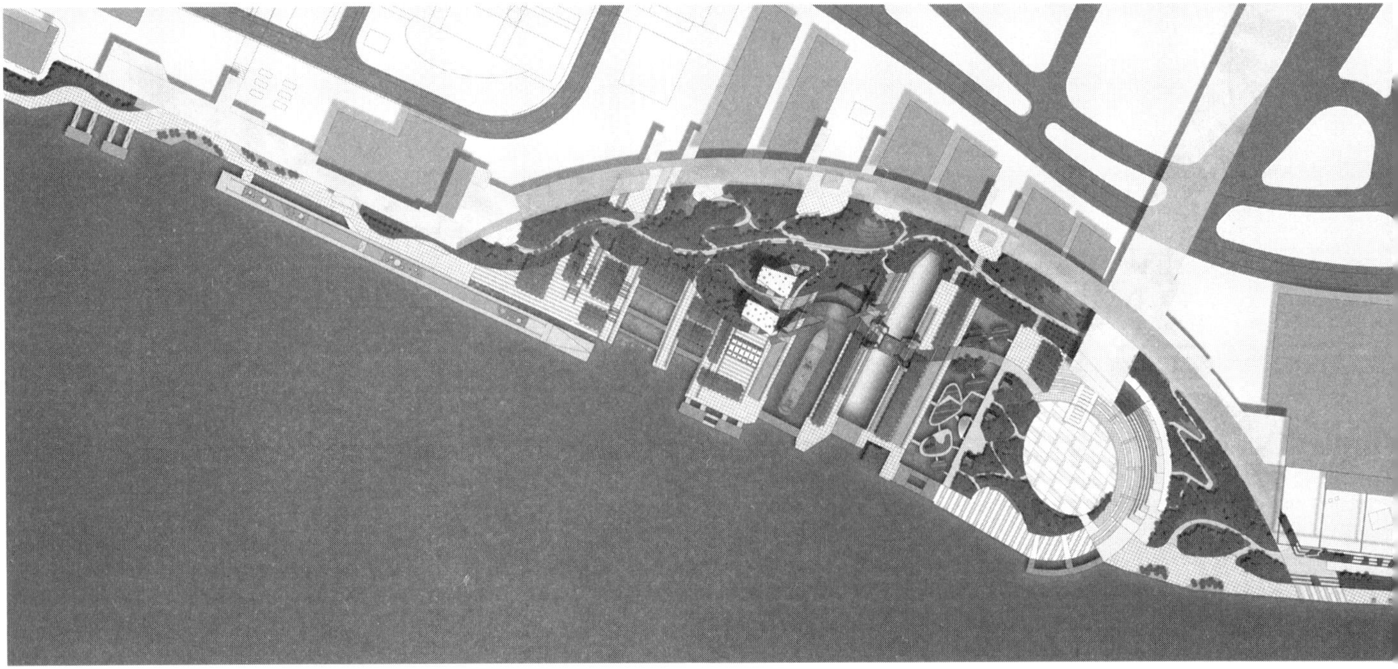

鸟瞰图

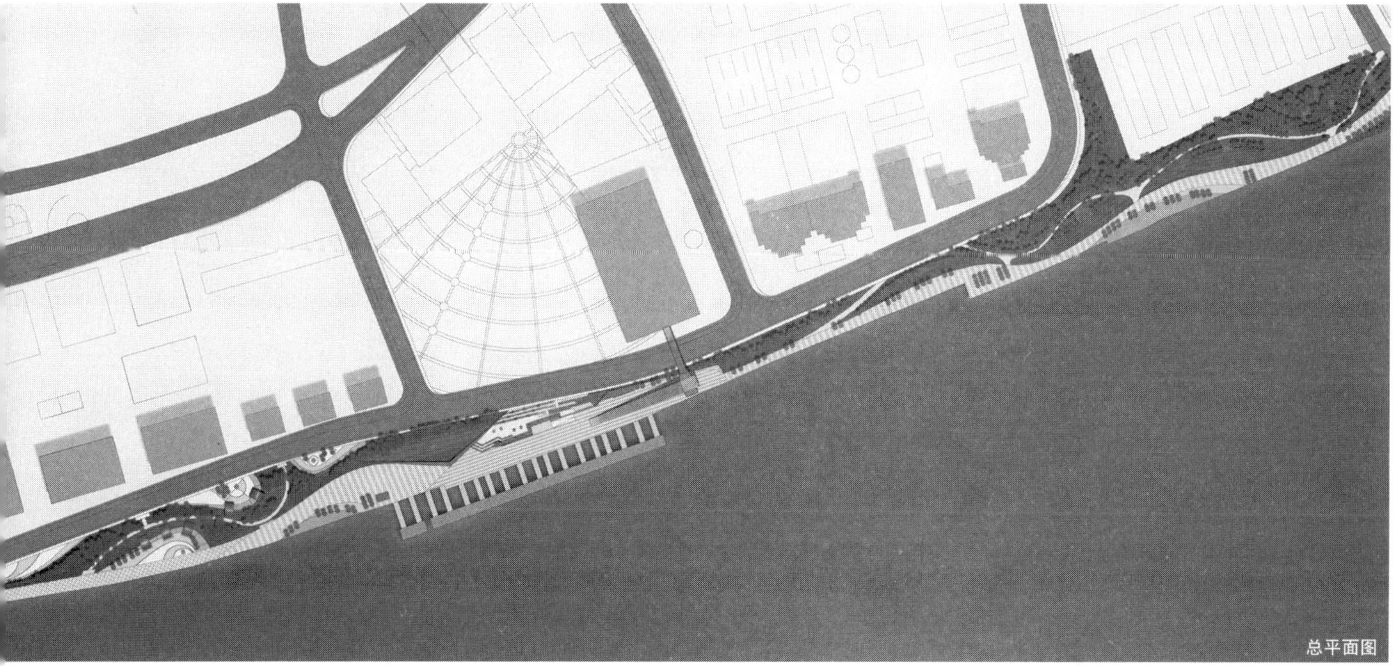

总平面图

2010上海世博会浦西DE地块总体及配套设施工程

DE GROUND PIECES ARE TOTAL AND KIT FACILITIES ENGINEERING, EXPO 2010, SHANGHAI

上海世博会浦西DE地块是2010 EXPO浦西园区的主要公共展区和企业展区，区内包括综艺大厅、博物馆、文明馆、企业联合馆、VIP接待区等公共展馆，也包括通用馆、石油馆、可口可乐馆、太空馆、铁路馆、航空馆、万科馆、信息通信馆等企业展馆。同时它与各出入口区、江南广场及滨江绿地、水门码头等区域紧密衔接，具有系统集成性高、对接部门和单位多、协调工种和设施广等特点。

该项目不同于一般的景观场地设计项目，在区内需协调布局诸如移动厕所、垃圾收集点、直饮水点、信息亭、电话亭、监控与广播、标识系统、预约机、观演舞台、信息发布系统、防灾设施等21个专项设施，并为它们提供基础设施配给，需进行高度的协成与集约化统筹。由于地块处于出入口区和江南广场及滨江绿地、水门码头之间，区内又有众多企业展馆，在总体设计中不仅需要为各个场馆提供和对接外围的设计条件，更要协调约30个设计单位、深化设计单位、施工单位之间相互的技术矛盾，协调总体深层和浅层基础设施管线的走向、布局与综合。

在场地设计中遵循因地制宜、功能合理、有序衔接、经济实用、安全环保等设计原则，从空间流线、场地铺装、遮阳设施、绿化小品、夜景灯光、竖向设计、基础设施配给等多个系统进行统筹设计，力求在满足大量人流使用需求的基础上，形成协调统一的地块形象。

设 计 者：李瑞冬　刘永新　孙　颖　应　佳　胡　玎　李　伟　谢　俊　江佳玉　王　越　王雪飞　陆　曦

工程规模：占地面积156 600m^2

设计阶段：方案设计 扩初设计 施工图设计

委托单位：上海世博土地控股有限公司

透视图

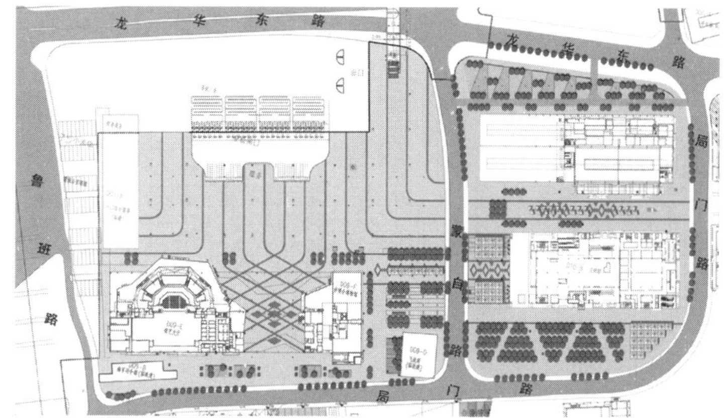

透视图

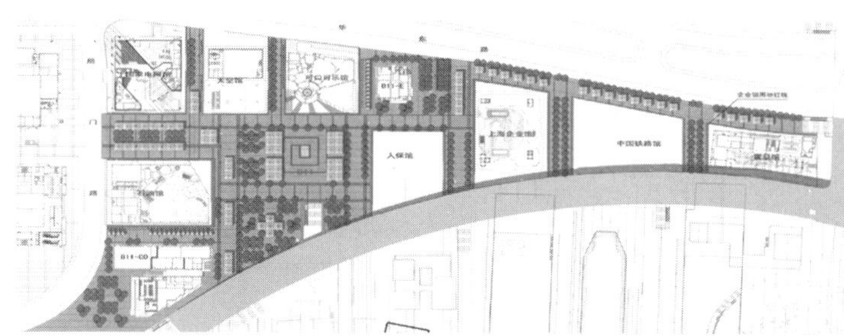

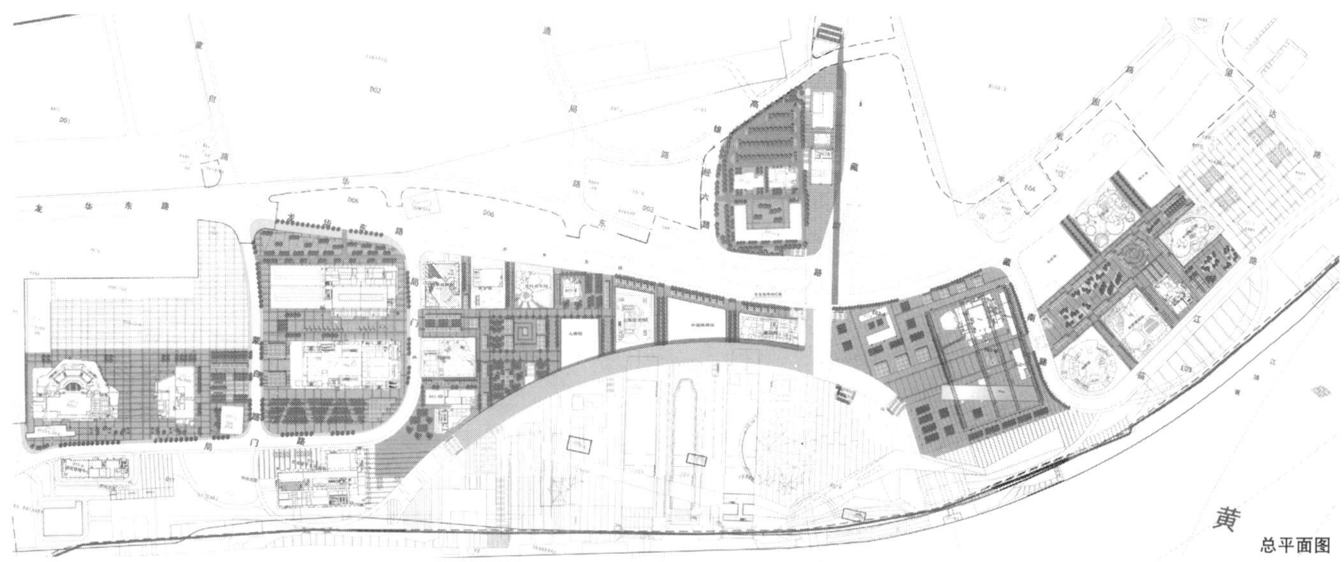

总平面图

2010上海世博会城市最佳实践区景观设计

BEST FULFILLMENT AREA VIEWS DESIGN, EXPO 2010, SHANGHAI

中国2010上海世博会城市最佳实践区位于世博会围栏区东北尽端的浦西E区E08、E06地块，包括东西两个街坊。城市最佳实践区是2010上海世博会为了更好地演绎“城市”主题而设，是世博会历史上的一个创举。该区域是一个对“城市”主题的诠释区，是一个对未来城市的展望区，是一个充满实践创新的区域。对该区域的景观专项设计，不仅仅是对于建筑外空间的美化设计，更是对该区域公共空间的一次整合性设计，是将世博会单体项目实际落成的重要的综合性设计工作。将城市最佳实践区公共场地规划设计成安全、实用、美观、富有创意的展会空间。

设计以人景互动的专业性场地设计，统一化风格化的整体视景设计，生态实践为主题的创意设计为三大设计原则。从中国2010上海世博会主题“城市——让生活更美好”出发思考，从“城市、生活、人、社会、生命”，“生态、自然、地球”两条思维追溯源头，取“生态城市”和“模拟”两个空间理念，将“能源之水”主题抽象再具象，变化为一条意向“水”带。水带贯穿整个世博最佳实践区，东起黄浦江岸，西至成都活水公园生态案例，源于水而又止于水，真水与假水之间交相辉映，“海纳百川，有容乃大”，涓涓细流汇入江河，象征世界智慧汇聚上海，使整个城市最佳实践区建筑在一片充满生命活力的“城市之源”上。

设 计 者：应 佳　胡 玎　李瑞冬　谢俊　江佳玉　黄兆辉　刘永新　周 峰
工程规模：占地面积150 800m^2
设计阶段：方案设计 扩初设计 施工图设计
委托单位：上海世博土地控股有限公司

鸟瞰图

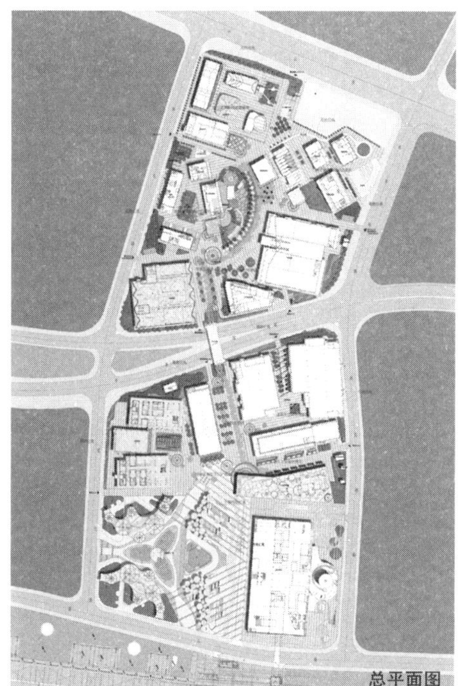

总平面图

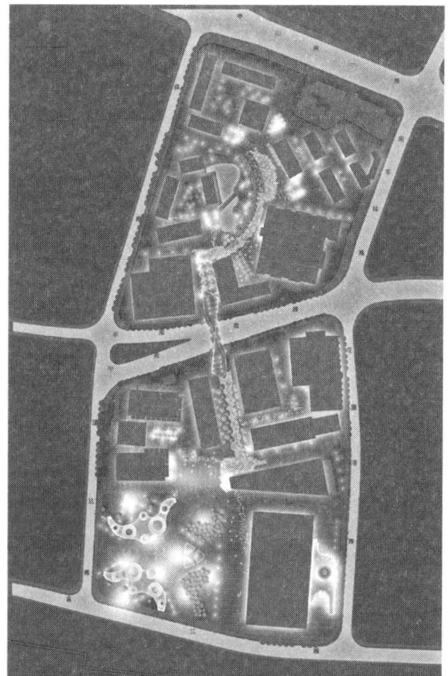

透视图

透视图

2010年上海世博会出入口及停车场景观设计

EXIT AND ENTRANCES AND PARKING LOT VIEW DESIGN, EXPO 2010, SHANGHAI

该项目是针对世博会陆上8个出入口的专项研究设计。本次设计在已有出入口相关研究的基础上，将重点放在提升出入口的服务品质上，即保证人群有序、安全、便捷地向各个目的地集散，并期望将游客入园时间控制在1小时之内，最大步行距离控制在500m之内。针对这一目标，提出了六点设计策略：

（1）梳理停车场交通：有序组织车辆的停放；彻底分流停车场内人流与车流；在常规公交枢纽内采用上下客站台分线布置的方式；

（2）调整停车场布局，优化停车场与出入口的关系；

（3）优化出入口广场空间，使得流线清晰，空间得以高效利用；

（4）在西藏南路出入口和半淞园路出入口引入接驳巴士，缩短步行距离；

（5）优化检票排队方式，保证信息综合和畅通；

（6）场地的元素设计上，如座椅、树箱等，采用模块化的设计，以可移动、可组合来创造出多样舒适的休憩空间。

设 计 者：孙 颖　应 佳　胡 玎　李瑞冬　李 伟　王雪飞

工程规模：占地面积749 500m²

设计阶段：方案设计

委托单位：上海世博土地控股有限公司

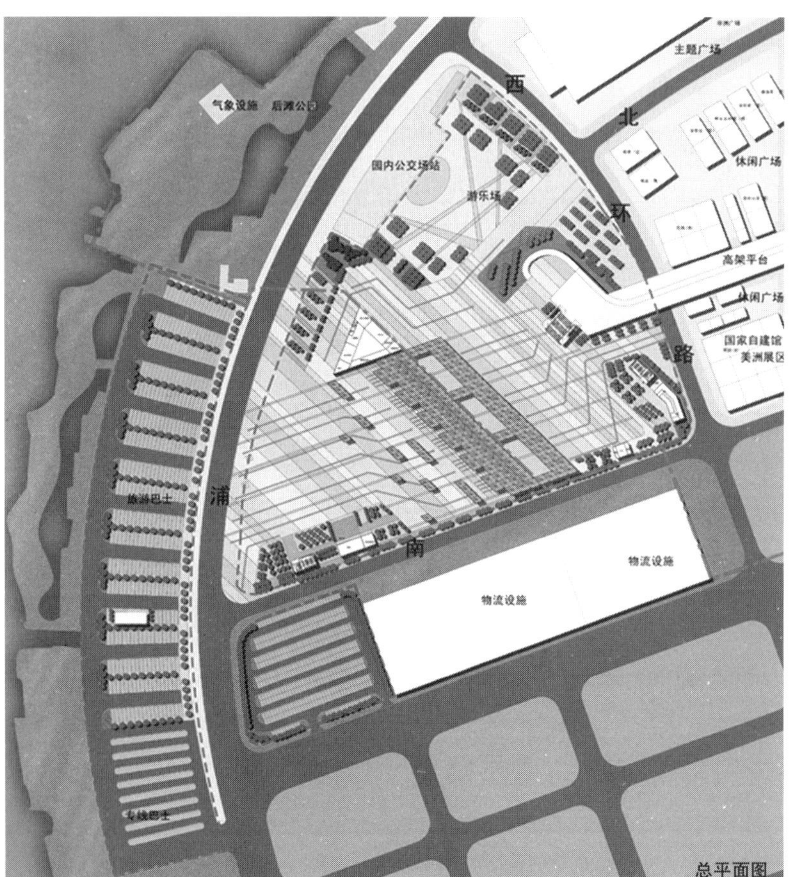

总平面图

小透视图

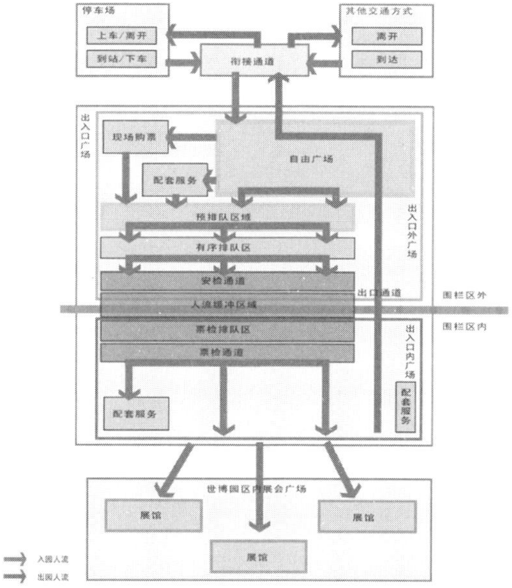

停车场
上车/离开
到站/下车
其他交通方式
离开
到达
衔接通道
出入口广场
现场购票
自由广场
配套服务
预排队区域
有序排队区
安检通道
出入口外广场
出口通道
人流缓冲区域
围栏区外
围栏区内
票检排队区
票检通道
出入口内广场
配套服务
配套服务
世博园区内展会广场
展馆
展馆
展馆
入园人流
出园人流

出入口场地基本功能模式与流线组织示意图

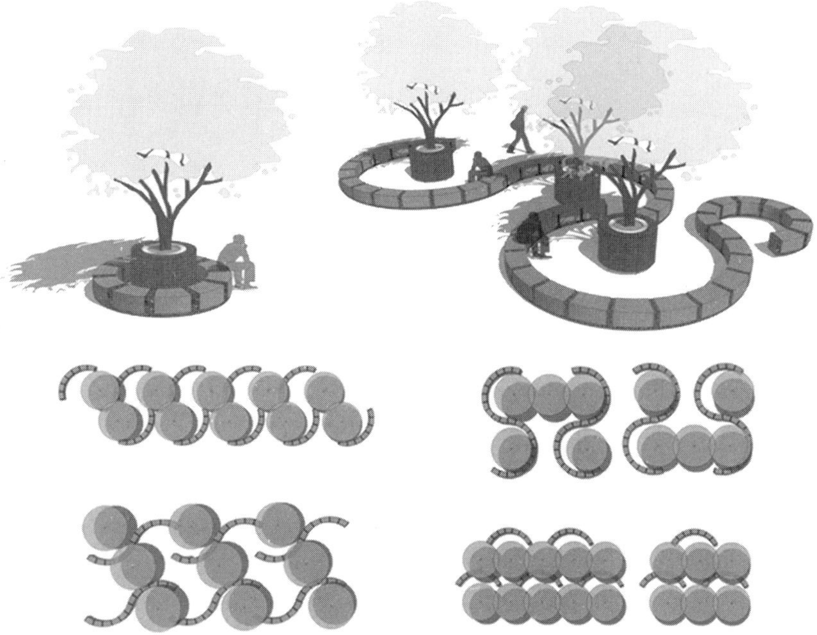

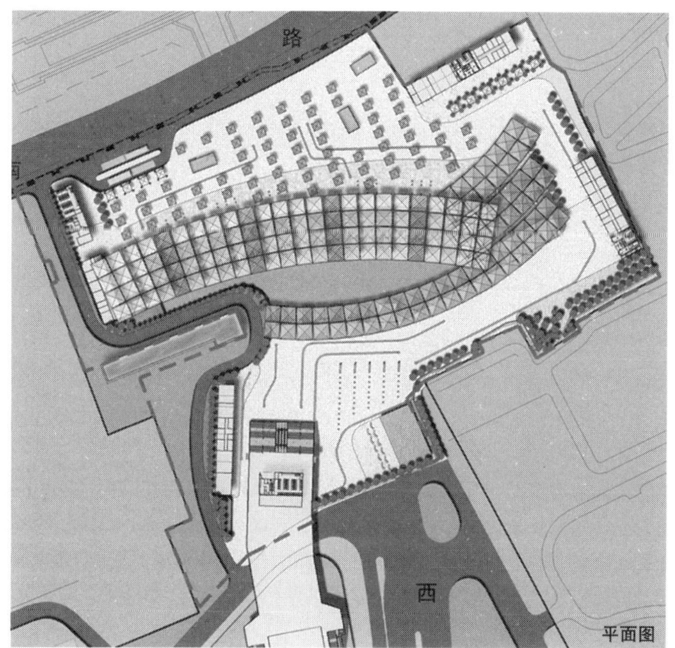

平面图

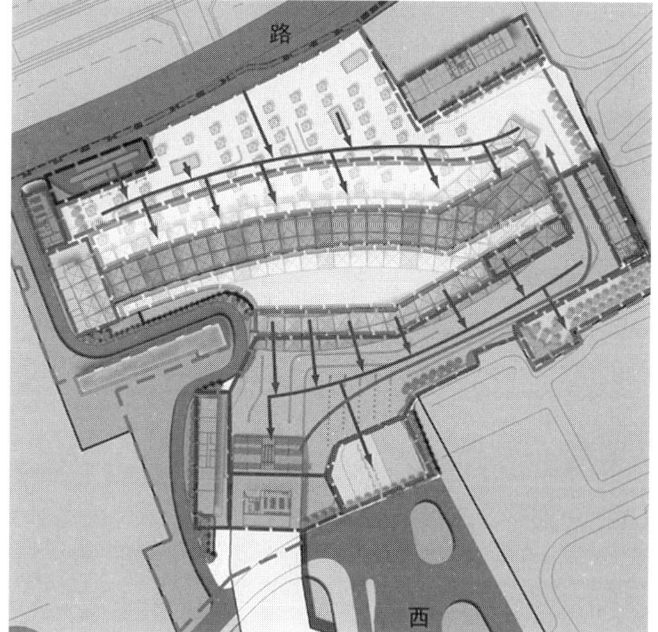

铁岭市市民服务中心及行政中心

THE ARCHITECTURAL DESIGN OF ADMINISTRATION AND PUBLIC SERVICE CENTER, TIELING

本项目用地位于铁岭市凡河新区，新城中轴线南段，南临如意湖，北为天水河。规划总用地为14.5hm^2。用地性质为办公建筑。计划建设A（市政府办公区）、B（县政府办公区）、C（市直机关办公区）三个相对独立的建筑组团，总建筑面积272 000m^2。

铁岭市东北物流中心综合楼规划分为三个主要建筑组团及一个中心广场。三个主要建筑总体上构成“品”字结构，分别是居中的A组团，居东的B组团，居西的C组团。B、C组团以A组团为中心对称布局，三组建筑围合形成宽敞气派、品味高雅、环境优美的开放性中心广场。

A组团（市政府办公区）位于新城区中轴线上，为该区域的中心建筑。设计宗旨是在保持各部门独立使用功能的前提下，将各单体组合形成一个功能合理明确、气势恢宏端庄、造型新颖现代、具有很强标志性的建筑整体。B（县政府办公区）、C（市直机关办公区）组团同样以品字形布局，并通过连廊相连，建筑单体间围合形成庭院。

设 计 者：孙彤宇　俞　泳　陈　奕
工程规模：建筑面积272 000m^2
设计阶段：方案设计 扩初设计 施工图设计
委托单位：铁岭市新城区建设指挥部

鸟瞰图

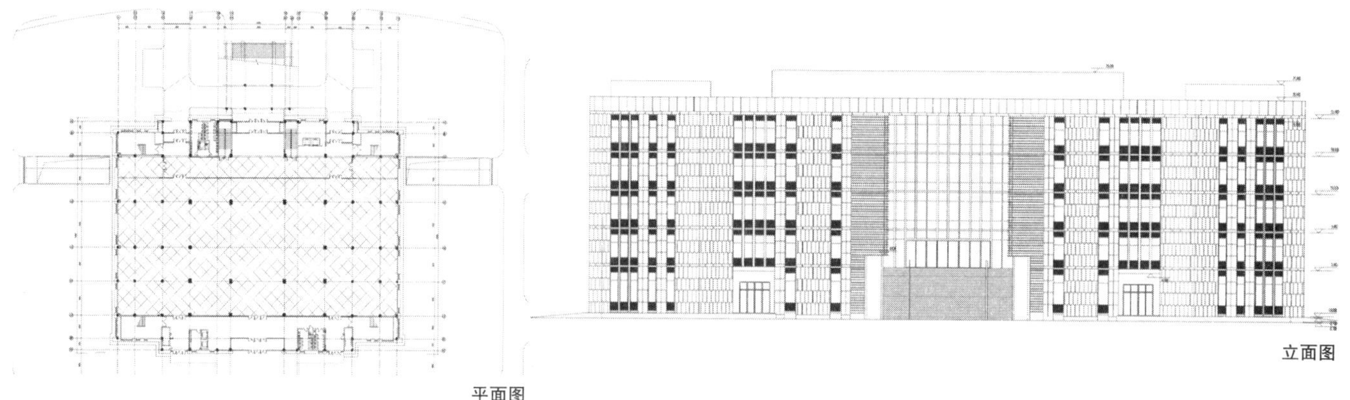

立面图

平面图

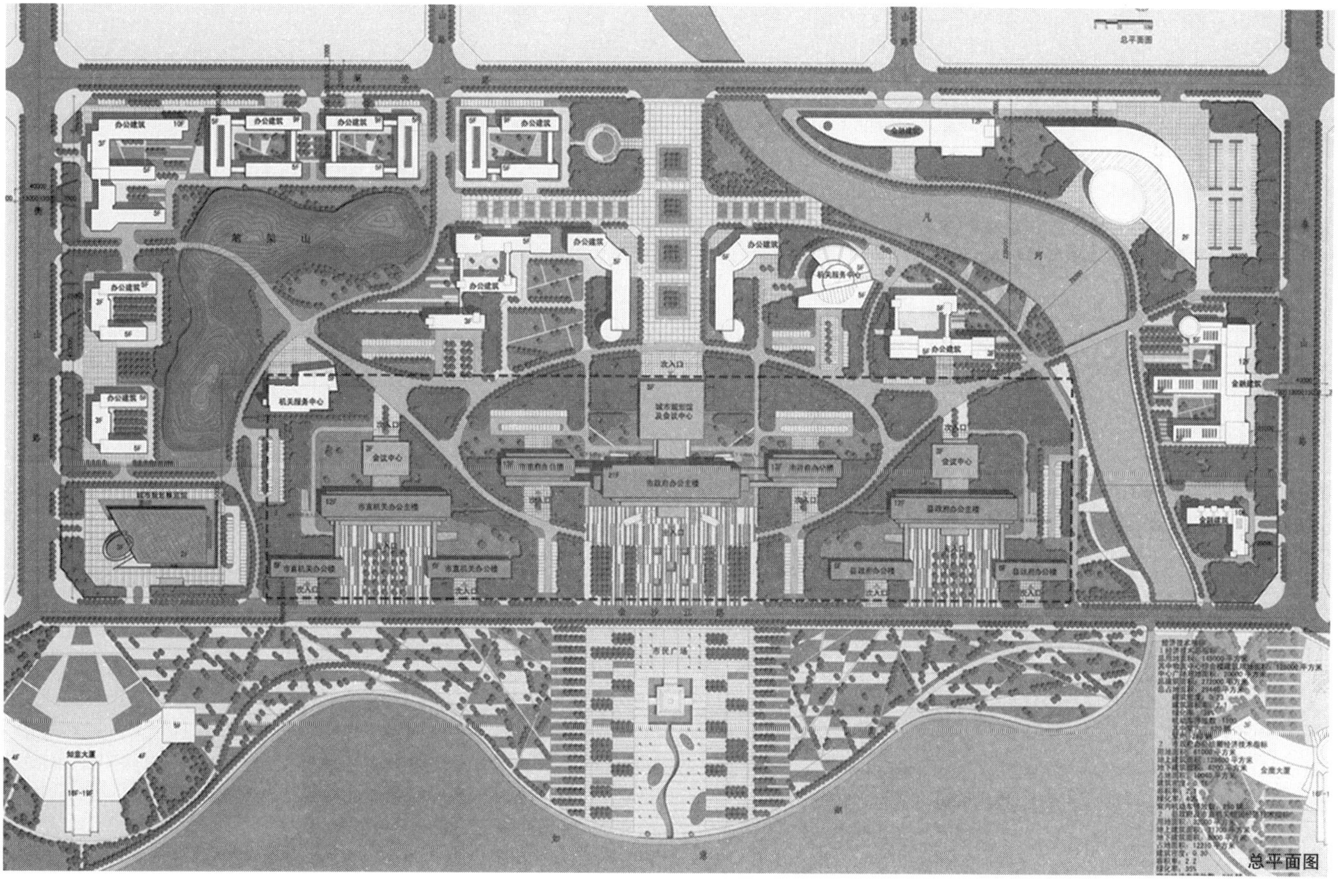

总平面图

铁岭市新城区B-5-3地块商业大道

B-5-3BLOCK COMMERCIAL AVENUE, TIELING

本项目位于铁岭市新城区核心商贸区，两块用地呈80m×650m的狭长带形，被200m宽的现状公园从中间隔开，总用地面积约10.6hm^2。

方案A以“物景交织，城市盛宴”为主题，其形态元素源于线性空间联系的现代经典城市肌理。运用均质的地块切割方式，力求打造以引导和扩大界面为目标的商业街网络。整体布局强调沟通、生态和均衡的空间价值。在内部，则通过商业拱廊、商业内街和中庭的组合强化空间的商业氛围。

方案B以“山水长卷，舞动城市”为主题，总体布局结合国画山水长卷的意向，中央的沿河绿地好比画心，两侧的商业好比拓边，画心与拓边相映生辉。商业的形态元素源于典型的传统回纹和回龙纹，左右两个地块结构相近，但节奏的起伏和收头方式各不相同，隐喻双龙戏珠的吉祥图腾。

设 计 者：吴长福　谢振宇　胡军锋　周　旋
工程规模：建筑面积310 000m^2
设计阶段：方案设计
委托单位：铁岭市建委

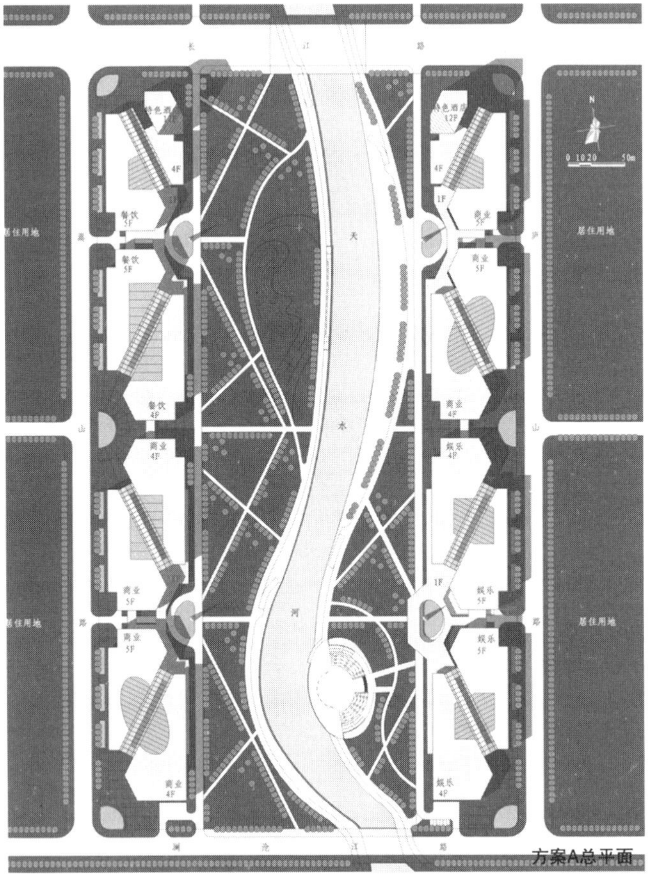

方案A总平面

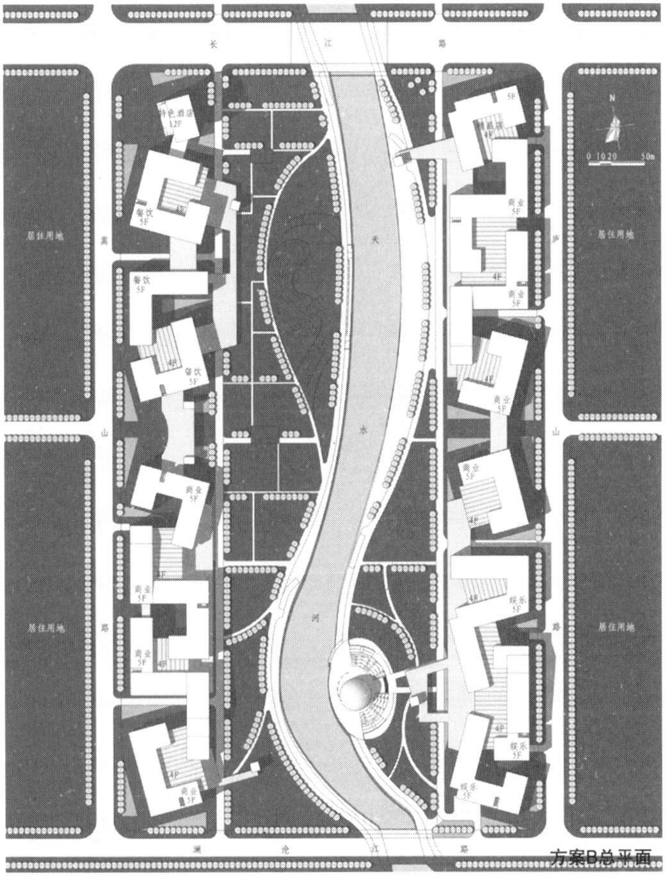

方案B总平面

方案A鸟瞰图

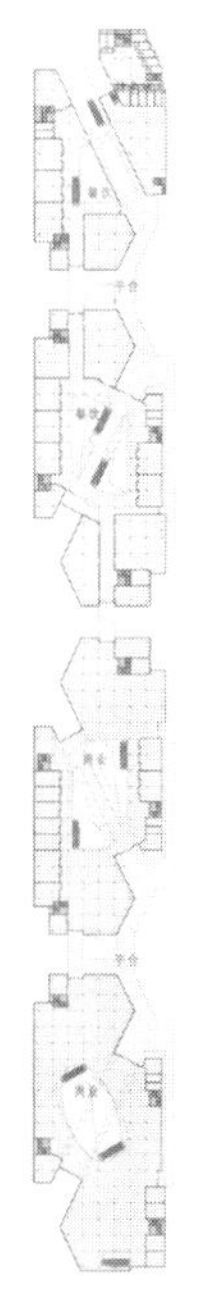
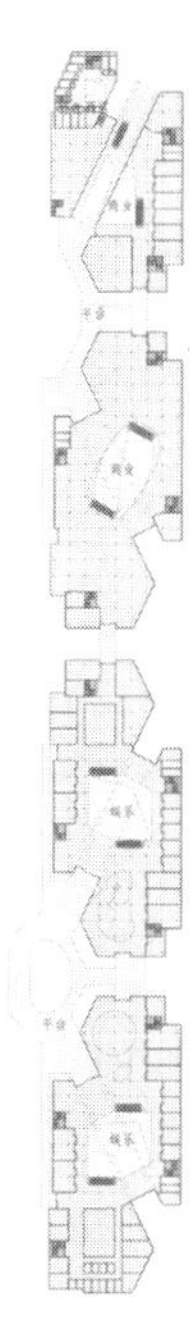

方案B鸟瞰图

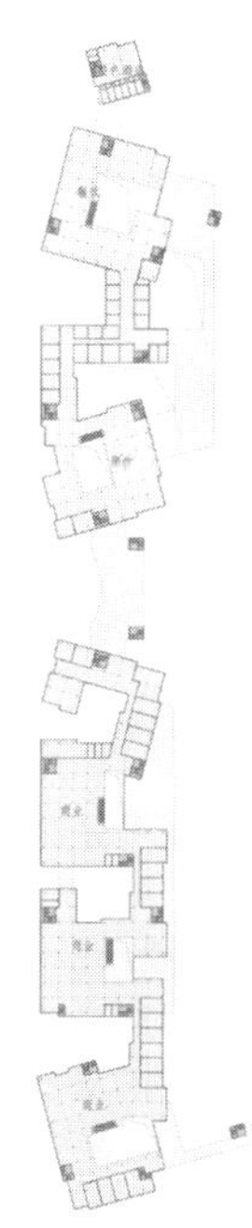
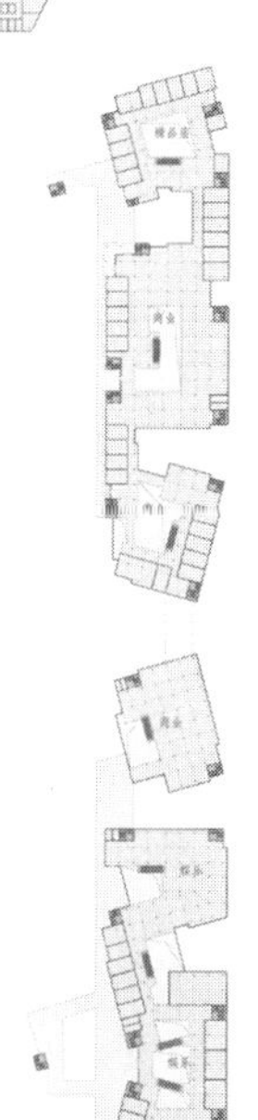
平面图

巴士一汽地块规划及停车库改建概念设计

NO.1 BUS COMPANY SITE PLANNING & GARAGE ALTERATION

巴士一汽地块位于“环同济知识经济产业圈”核心区域内，该地块建设对改善同济大学教学科研环境，促进高校知识创新、科技成果转化、区域经济发展具有重大意义。规划结合同济长远发展需求，将总体功能定位为国际化高端设计、研发、培训集聚地，在布局中强调“整合—聚合—融合”的结构理念。功能上，以串接各建筑体量的功能平台，使新老建筑及各部分功能得到整合。空间形态上，各建筑采用单元式向心布置，形成面向生态庭园的聚合趋势。基地内外关系上，强调建筑与自然有机结合，城市界面控制与渗透，以及与同济校园的紧密联系。

原公交巴士一汽立体停车楼，有着巨型的体量和专用坡道，本着可持续发展的原则，规划保留了大部分原有结构和坡道，并在屋顶加建两层钢结构办公用房，力求打造一个独具特色的、旧建筑改造的范例。屋顶局部架空作为汽车停车场，延续了原建筑的历史记忆。竖向贯通的绿色庭院，将阳光和自然风引入底层，改善了办公环境。造型上，波形镀锌钢板从屋面一直延续到墙面，侧向水平通长的玻璃带，强化了整体的简洁感和现代感。节能方面，加建的屋顶设置太阳能光电板和绿化。

设 计 者：吴长福　谢振宇　胡军锋　周　旋

工程规模：建筑面积63000m^2

设计阶段：方案设计

委托单位：同济大学

鸟瞰图

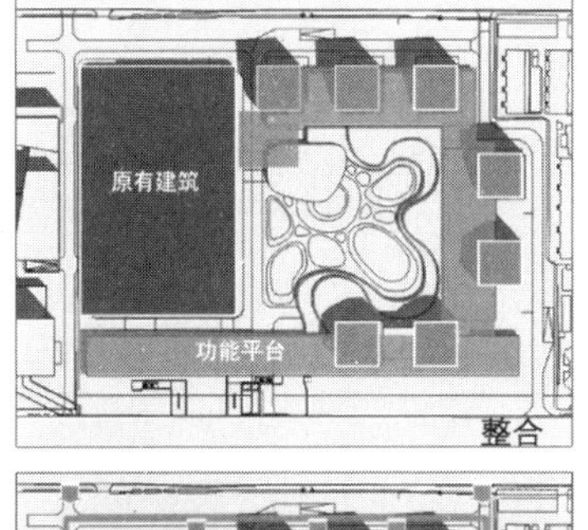

整合

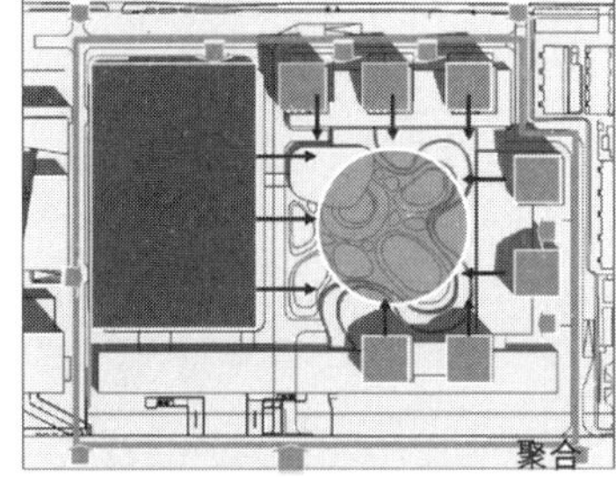
聚合

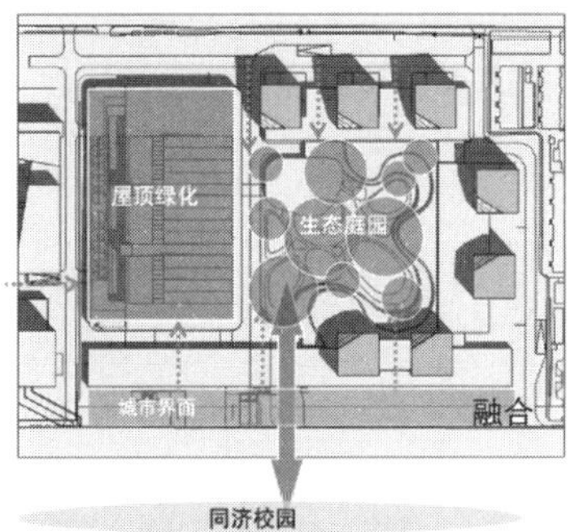

融合

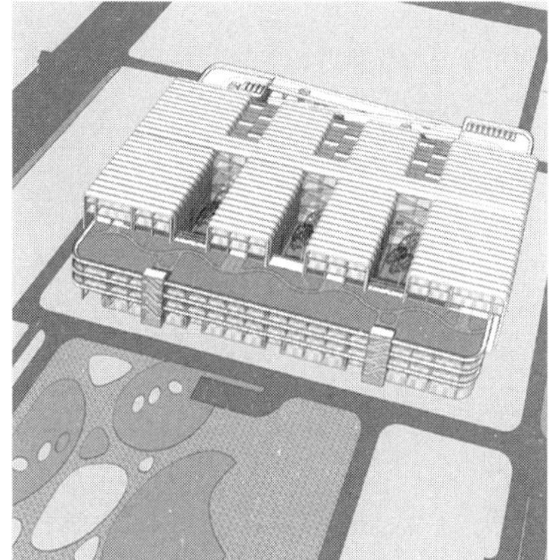

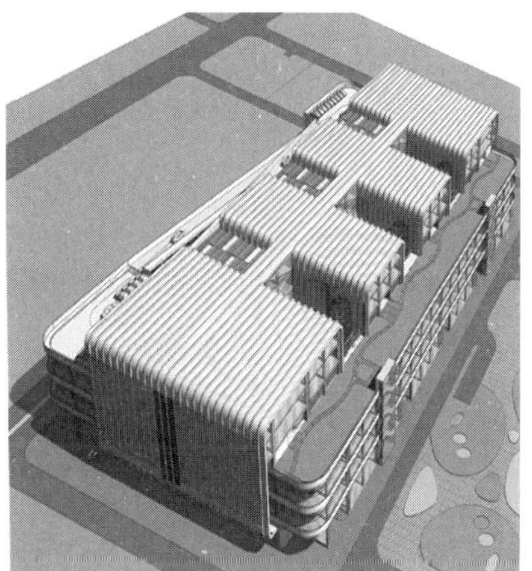

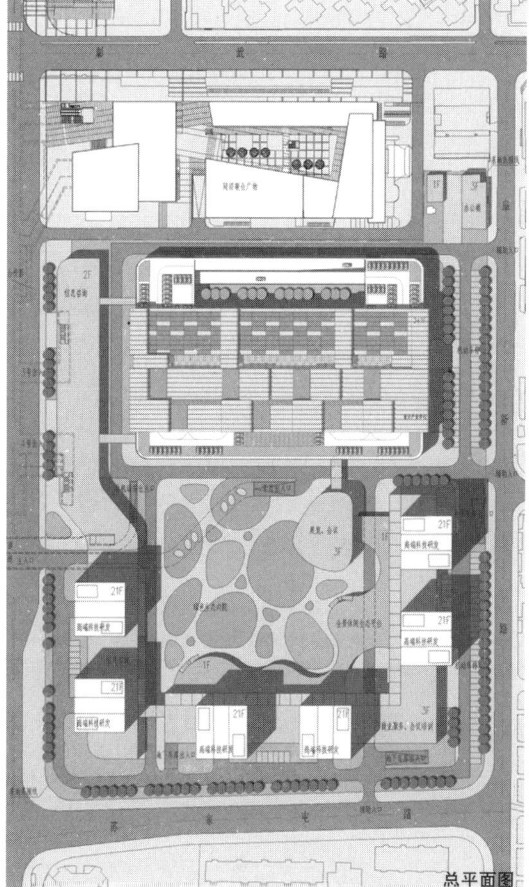
总平面图

透视图

波司登集团国际总部大楼设计

BOSIDENG INTERNATIONAL HEADQUARTERS, SHANGHAI

该项目设计以一种现代装饰艺术的建筑风格同自然亲和的居住环境相结合，贯彻以人为本的朴实思维，遵循“生态、宜人、贵雅价值”的设计原则，注重建筑科技的应用，建筑文化的体现，显示出精英建筑的个性并产生归属感，实现人与人、人与自然、人与建筑之间的和谐统一。

设计注重协调周边城市关系，弱化北侧城市高速路的影响，创造与丁桥大型居住社区相协调并具有文化内涵的城市新地标形象，塑造“宜居”的丰富内部景观，使设计为项目增添文化氛围和艺术气质而创造价值；建筑组群的端庄布局与注重丰富情景的主题景观花园整合为一；设计充分利用地上/地下空间的建筑/景观一体化设计，构筑区内丰富变化的景观空间和人性化的使用环境；依托公共设施（社区/会所/运动……）的特点进行布局，形成合理而富有个性的社区环境，营造面向城市和社区的公共设施和面向社区内部的主题景观花园和运动设施。

设 计 者：庄　宇　黄　凯　赵　川　牛　涛　张瑞雪
工程规模：建筑面积117048m²
设计阶段：方案设计
委托单位：上海波司登投资发展有限公司

整体鸟瞰图

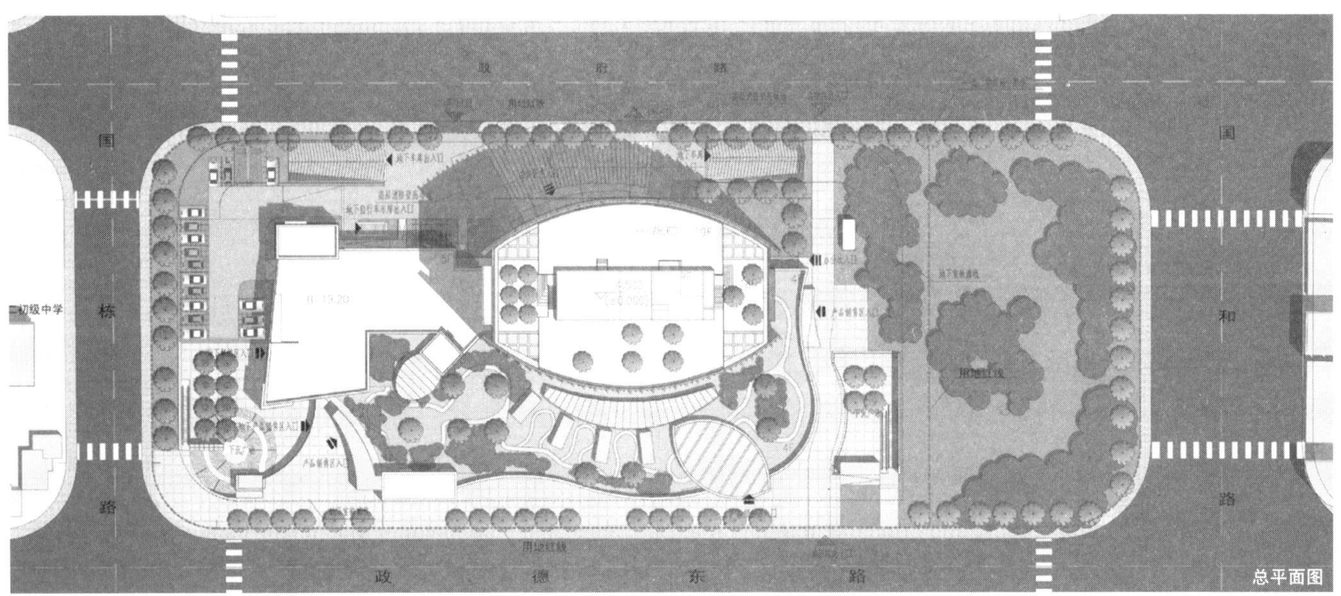

总平面图

单体透视图

安徽合肥稻香楼宾馆国宾馆

DAOXIANG LOU STATE GUESTHOUSE, HEFEI, ANHUI

安徽合肥稻香楼宾馆国宾楼为安徽省稻香楼总体改造配套项目，基地位于稻香楼东北角，主要接待对象为中央领导、省级领导及领导随行人员。建筑西南侧与安徽省稻香楼贵宾楼相望，东边为水边坡地，南边为北苑。整个基地形状呈长条形，且基地内部高差达到十几米。整个基地绿树环绕，植被茂盛，环境宜人，为理想的接待场所。

国宾馆项目是一个集客房，会议，餐饮于一体的高级别的宾馆建筑，建筑功能以宾馆客房及其配套公共活动用房为主，其中总统套房设于建筑南侧，面对河面，与公共部分既相对分离又方便联系。

在建筑与环境的关系上，整个建筑顺应地形，面对河面一字排开，并尊重原有基地植被，将基地良好的环境引入建筑中，形成建筑与环境相互交融。建筑自然地成为基地的有机组成。这一做法延续了稻香楼宾馆区一贯的空间性格，也使得内部空间设计能更加有效地利用外部环境，使建筑的各个部分均能享受到良好的外部景观。

设 计 者：黄一如

工程规模：建筑面积20 000m²

设计阶段：方案设计 扩初设计 施工图设计

委托单位：安徽省稻香楼宾馆

鸟瞰图

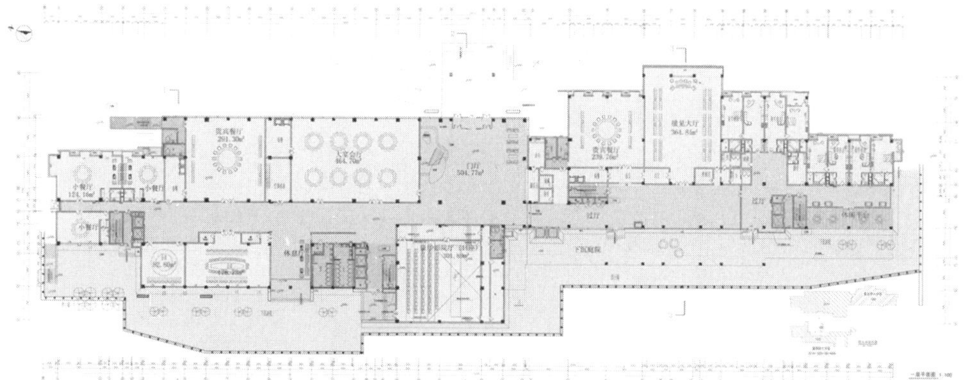

一层平面图

透视图

武汉市东湖国际会议中心（会议中心）

INTERNATIONAL CONFERENCE CENTER IN DONGHU(CONFERENCE CENTER), WUHAN

会议中心位于基地的北侧，包括350人音乐厅、1200人大礼堂、500人同声传译、305人报告厅各一，及20个70～100人不等的会议室。将五部分功能以线形公共空间进行有机的串联，同时穿插5个休息大厅。

本地形可大致分为三个区间，29m以上，26.5～27.5m，22～23m。临近国际会议中心的次入口，为整体地势最高点。建筑由环形车道环通，车辆可直达会议中心4个主要大堂式入口，沿路设小型车停车位。舞台货运车入口靠近基地次入口，大型车可直达，附近设一个大型车停车位。方便进出，便于管理。会议中心的主体位于较为平坦的26.5～27.5m区间范围内；350人音乐厅和1200人大礼堂舞台及后台位于较高的地形上；500人同声传译位于较低的地形上；设局部地下室。同时以环绕建筑的跌水来缓解地势的变化。

会议中心各个功能体块以向心模式布置，由入口大厅形成节点。弧形公共空间将各个体块内的功能单位组织起来，整体面向中央绿地形成环抱之势。内部交通顺畅、简捷，空间组织清晰明了，使建筑在满足高密度会议使用的前提下，同时成为使用者内在精神和外在形象的最佳表征。会议空间的组织既体现功能至上的原则，又充分考虑人性化关怀。门厅和走廊拥有阳光和水景，建筑与自然融为一体。

设 计 者：袁　烽

工程规模：总建筑面积26 408m^2

设计阶段：方案设计 扩初设计

委托单位：湖北武汉东湖会议中心有限责任公司

鸟瞰图

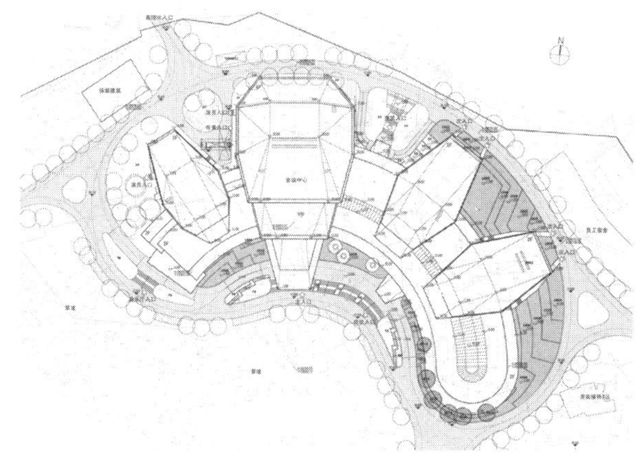

总平面图

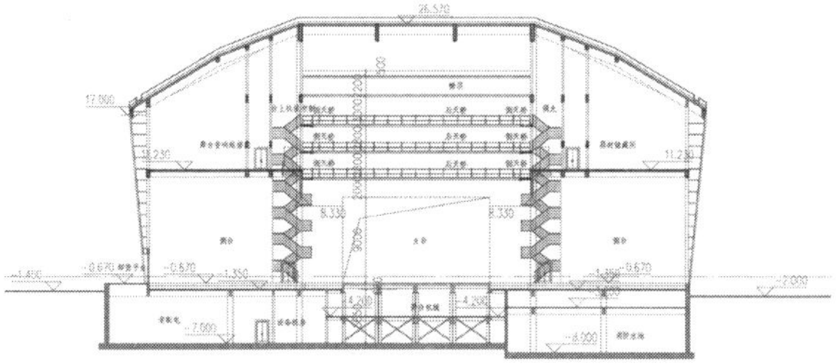

1200座大礼堂横剖面图

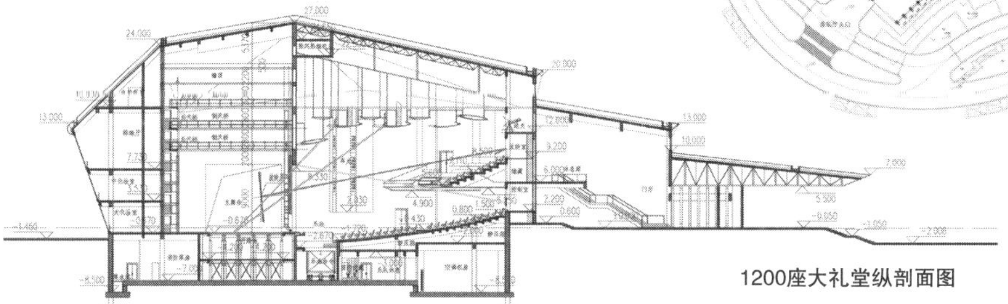

1200座大礼堂纵剖面图

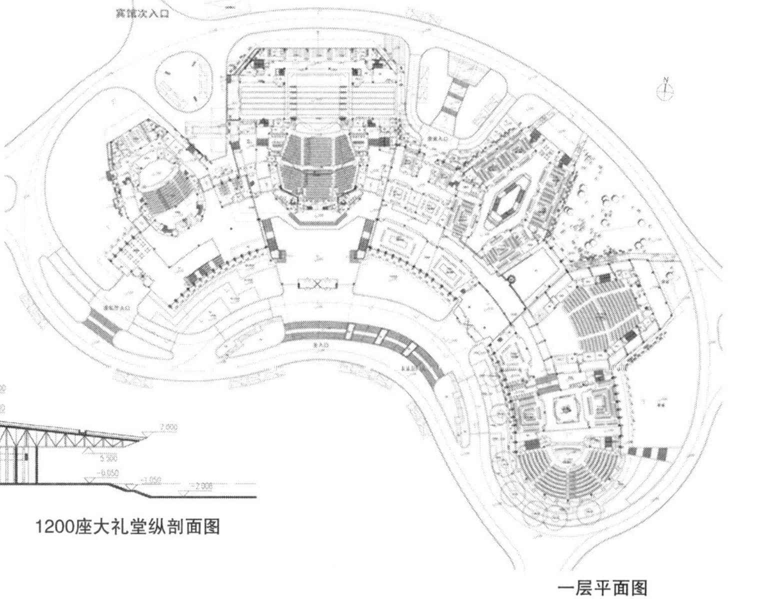

一层平面图

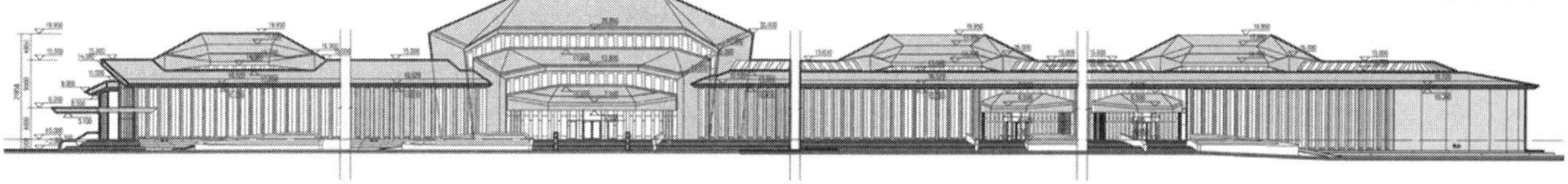

南立面图

武汉市东湖国际会议中心（宴会中心）

INTERNATIONAL CONFERENCE CENTER IN DONGHU (PARTY CENTER), WUHAN

东湖国际会议中心宴会中心基地毗邻天鹅湖，景观良好。同时基地由南至北存在较大高差（4.6m），地势起伏。基地自然环境良好，绿化密布，形成良好的自然环境。建筑包括1200人的宴会中心、厨房及相关辅助设施，同时在地下层设置室内和室外的SPA娱乐设施。

本设计以1200人宴会厅为中心为主体，其他各项辅助功能设施围绕大宴会厅进行布置，形成便捷的使用可能。宴会厅朝向湖面的部分进行开放，形成对湖面景观的良好借用。同时根据宴会中心的使用要求，沿湖面对称布置了贵宾接待厅。贵宾接待室通过专用门庭到达，同时也有专用通道与宴会厅进行直接联系。贵宾接待厅邻近湖面，拥有良好的视觉景观。

通过对基地原有高差进行利用，将厨房等辅助设施主要布置于地下层，通过专用的送货电梯和楼梯可以与宴会厅直接联系。同时在地下层，设置了功能丰富的SPA娱乐设施。SPA娱乐设施也分为室内和室外两个不同互动部分，形成多种活动可能。同时室外SPA部分与原有湖面进行紧密结合，在尊重基地原有环境的基础上，创造出新的空间感受。在地面一层，设置SPA专用出入门厅，方便到达。

不同的功能区域，通过有效的组织，形成一个完整而高效的整体。

设 计 者：李翔宁　吴　建　李丹锋

工程规模：总建筑面积11 100m^2

设计阶段：方案设计 扩初设计

委托单位：湖北武汉东湖会议中心有限责任公司

鸟瞰图

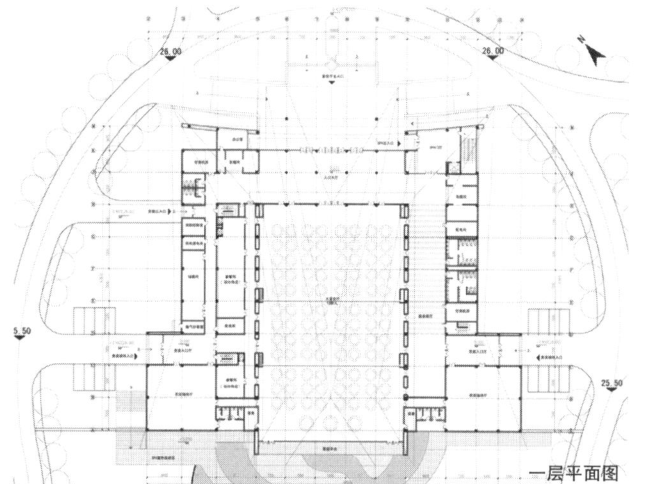

一层平面图

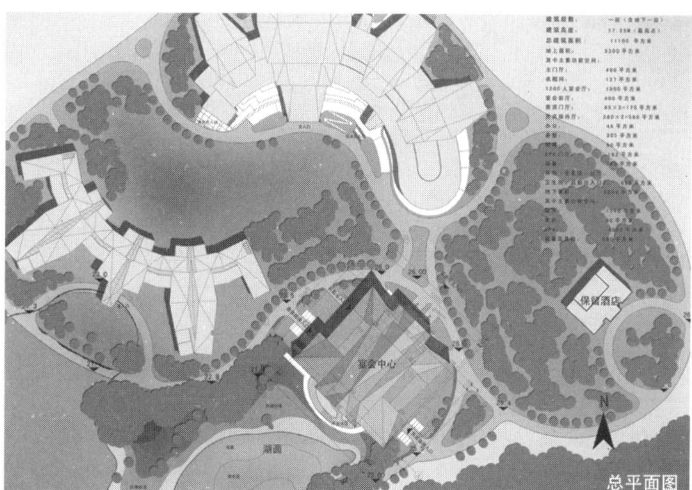

总平面图

透视图

武汉市东湖国际会议中心（客房中心）

INTERNATIONAL CONFERENCE CENTER IN DONGHU (GUEST ROOM CENTER), WUHAN

本建设项目位于武汉东湖宾馆东院西南角，其西南侧毗邻地块出入口，西侧、南侧为规划道路，基地景观资源丰富，遍布密林，南侧紧邻天鹅湖，建筑占地面积7914m²。拟建为集客房、餐饮、会议、休闲于一体的档次较高、功能较完整的现代化酒店建筑。结合湖滨及东湖宾馆自身丰富的人文底蕴、自然资源，精心规划设计，既充分考虑宾馆复杂的功能要求，又尽可能的利用得天独厚的自然环境，充分保留地形地貌，保持东院原有的树木绿地，达到环保节能、建筑生态的和谐统一。

在设计上，力求从立意、标准、气质、文化个性、细部等各个方面突出现代建筑的高水准与高品位，充分重视人的心理体验，设计大胆采用枫叶式的平面构成与高低错落的形体组合，以两片若即若离、体态错落的三叶枫构成丰富多变的形体同时又不失简洁明快，形成一组极富想象力的融入环境的现代景观建筑。建筑中大量使用的跌台、景观平台，可以全方位地饱览周边美景，令人忘情于湖光山色的佳境之中。高低错落、轻巧精致的金属屋面覆盖着主体建筑，穿插以体态轻盈的玻璃体块坐拥水色，摇曳生姿，空间层次丰富多变。多级叠差的景观水体，既丰富了酒店的大景观效果又使酒店内部的空间环境明丽动人，人工水景与天然湖景相得益彰，使建筑与景观互为因借，互融共生。

设 计 者：章　明　张　姿　姜　天　周文文

工程规模：总建筑面积24 205m²

设计阶段：方案设计 扩初设计 施工图设计

委托单位：湖北武汉东湖会议中心有限责任公司

鸟瞰图

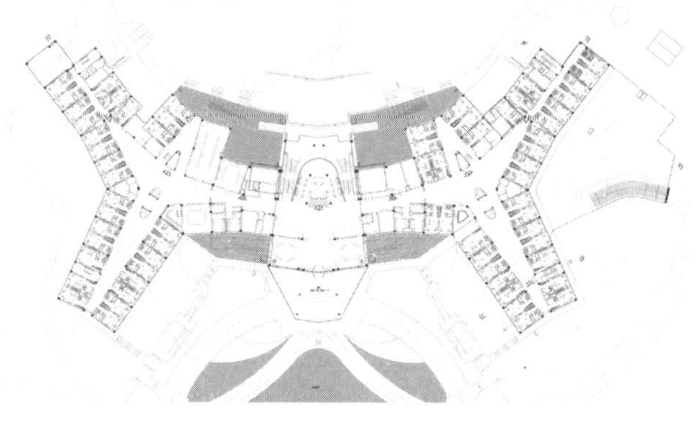

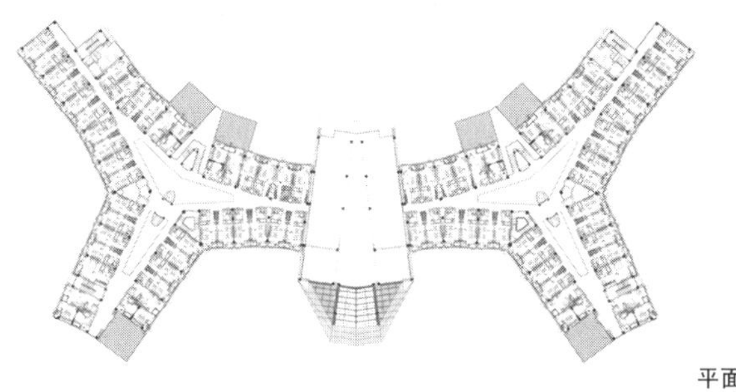

平面图

效果图

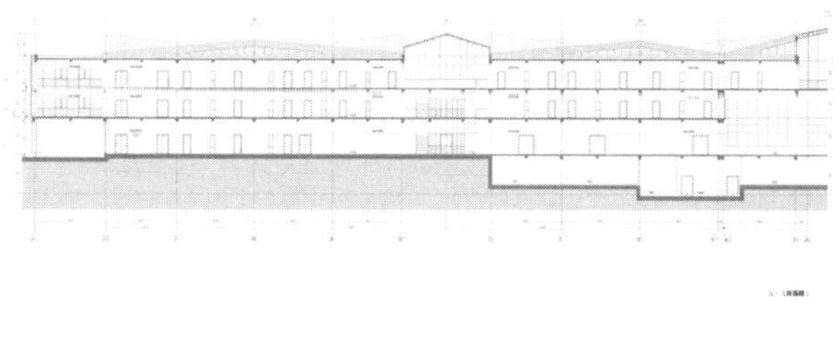

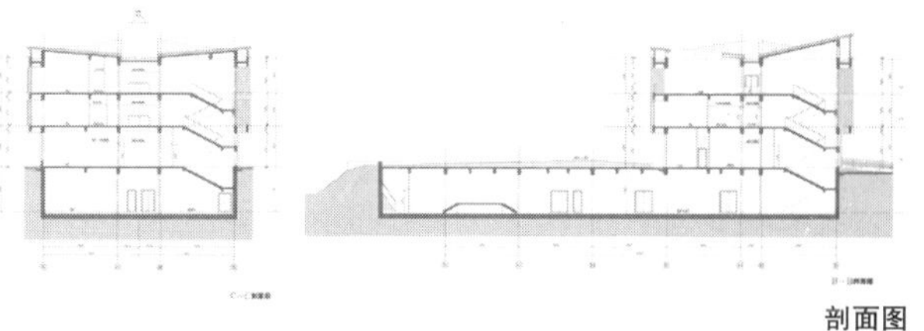

剖面图

江苏省启东市行政文化中心规划方案设计

THE PLANNING DESIGN OF QIDONG ADMINISTRATIVE AND CULTURAL CENTER, JIANGSU PROVINCE

启东市行政综合服务中心是综合党政办公、文化、会展、服务配套等功能的现代化高效办公建筑。地块位于启东市新城区中心偏南，南临世纪大道，北、东、西三面临新城区“两纵两横”的其中三条道路，是新城区的核心。行政综合服务中心总用地面积87 440m^2。

该规划方案构思的出发点为“和谐有序”和“亲民为民”。行政中心与文化中心融为一体，共同形成为广大市民服务的平台。规划上，方中见圆的总体构图体现了“和谐”的寓意，文化中心按体量大小环绕中心排列，与行政中心南北呼应，体现“有序”的思想。行政中心与文化中心规划的另一思想在于“亲民”。在这里，代表政府的行政中心建筑与代表百姓生活的文化中心建筑融为一体，并将自然山水揉入其中。圆环与中轴线并济，刚中带柔，柔中见刚，即反映政府建筑的地位与尊严，又很好地体现市政府“亲民”、“为民”的本质。

设 计 者：钱 锋 汤朔宁 陈 磊

工程规模：规划总建筑面积192 372m^2

设计阶段：方案设计 扩初设计 施工图设计

委托单位：启东市人民政府

鸟瞰图

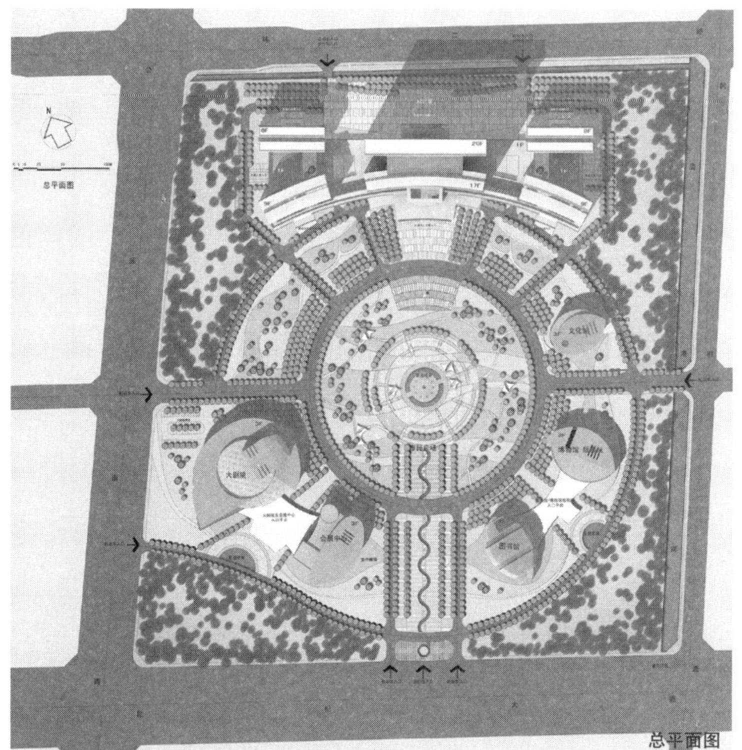

总平面图

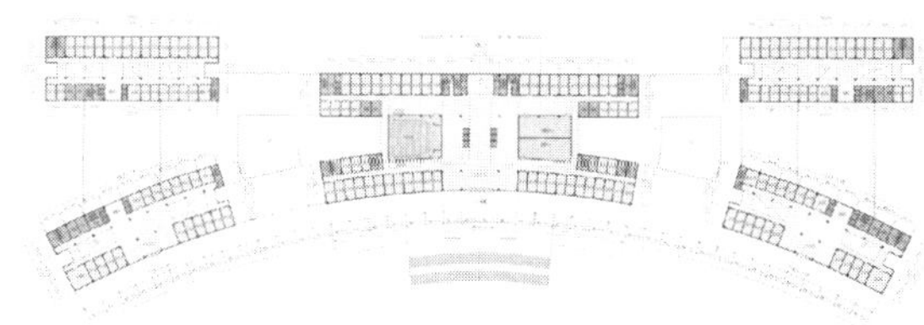

平面图

效果图

南京江宁区凤凰港方案设计

THE URBAN DESIGN FOR FENGHUANG HARBOR IN NANJING CITY, NANJING

凤凰港设计用地位于南京市江宁区东山新市区的核心位置，主要空间轴线百家湖—九龙湖轴线上，是江宁区未来的大型商业中心。用地东靠城市快速路双龙大道，南临城市主干道天元路，西依百家湖，北接江宁区主要的市民广场（凤凰坛广场），拥有优越的交通区位、商业区位和景观资源。即将建成的地铁1号线南延伸段把江宁区与主城区连成一体，将有力地促进地区发展和地铁沿线的土地价值的提升。在本次设计范围内凤凰港设置地铁站点，是凤凰港项目开发的重要资源和依据。。

根据地块建设现状基地及与城市道路、地铁站厅、百家湖的关系，调整总体布局，将一、二期及三期整合成为一体，以大型商业综合体为核心，分别联系与整合1912滨水休闲区和滨水餐饮区。建设大型标志性的城市综合体，集吃、住、玩、游、购、娱于一体，力求功能互补、空间立体性、集聚性、特色性和趣味性。充分利用百家湖——生态亲水行为的资源，使建筑环境与水空间紧密结合，发挥地铁一号线南延线百家湖站——人流聚集、开发地下空间的资源。力求地铁站厅层与建筑综合体空间一体化。沿双龙大道立面南侧后退红线41.5m，充分考虑退让地铁盾构以及城市界面的变化与节奏。在天元路和双龙大道西北侧，建150m高的办公楼或宾馆，作为凤凰港地区的地标。

设 计 者：卢济威　张　凡　王　一

工程规模：建筑面积200 000m^2

设计阶段：方案设计

委托单位：南京东方实华置业有限公司

鸟瞰图

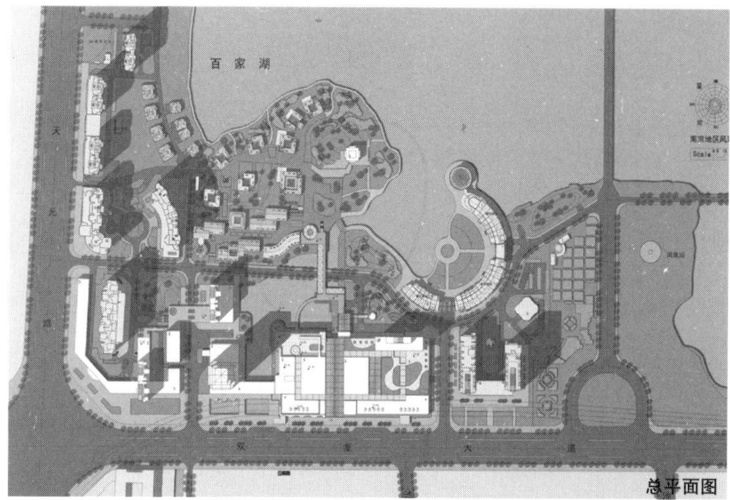

总平面图

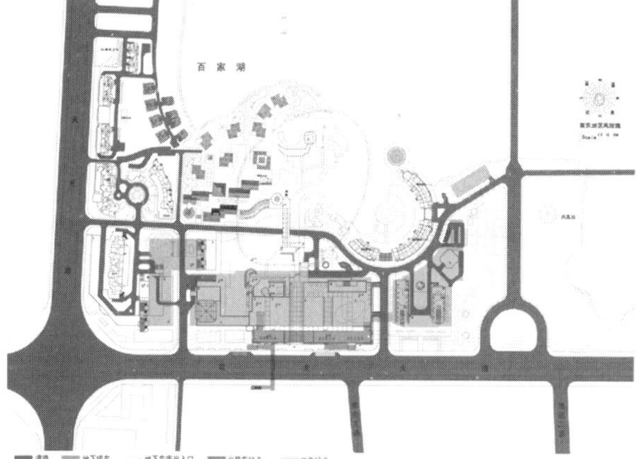

透视图

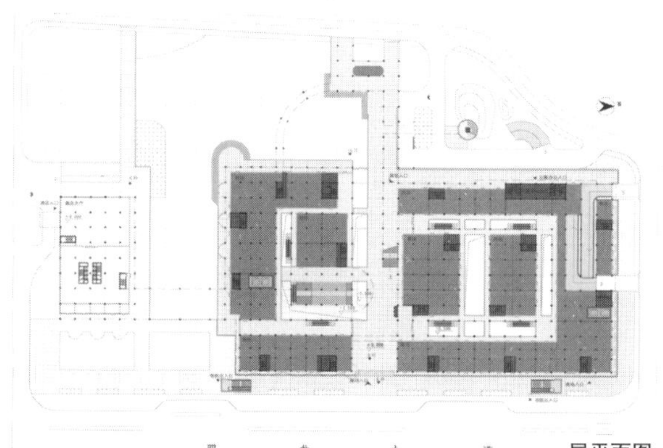

一层平面图

立面图

杭州江干科技园总部经济综合体

ECONOMIC COMPLEX OF HEADQUARERS OF SCIENCE AND TECHNOLOGY PARK, JIANGGAN, HANGZHOU

地块处于杭州城市向东扩展的门户通道中，企业总部区块面积104.8亩，紧临城市东扩主要道路德胜路，城市向东发展的导向性必然给科技园的发展带来巨大的推动作用。从杭州市区的产业带分布来看，本项目位于杭州东部产业带的核心和枢纽，而且是主城与下沙副城及临平副城连接的重要纽带，是主城向东部扩展的重要门户。

该地块与笕桥大型生态公园绿地仅一红普路之隔，南边隔德胜快速路是规划中地铁1号线的红普路站；距离九堡商贸中心不到1km。这里在未来将成为杭州东部最具活力的亮点。南侧紧邻规划的九沙河景观带，西侧与笕桥生态公园仅一红普路之隔，拥有良好的自然环境条件，能否兼顾经济利益与保护环境的可持续发展是该地块在建设和产业选择的重点考虑所在。建设绿色生态的建筑，选择高科技、低污染的企业入驻，突出科技园区的属性和高科技研发和楼宇发展的特点，才能真正获得经济效益与环境效益的双赢，提高地块品质。发挥综合体在该区域的辐射效应，充分发挥地块的位置优势，合理组织交通带动周边地块发展。

设 计 者：孙彤宇　俞　泳　陈　奕

工程规模：建筑面积225 852m^2

设计阶段：方案设计

委托单位：杭州江干科技经济开发有限公司

鸟瞰图

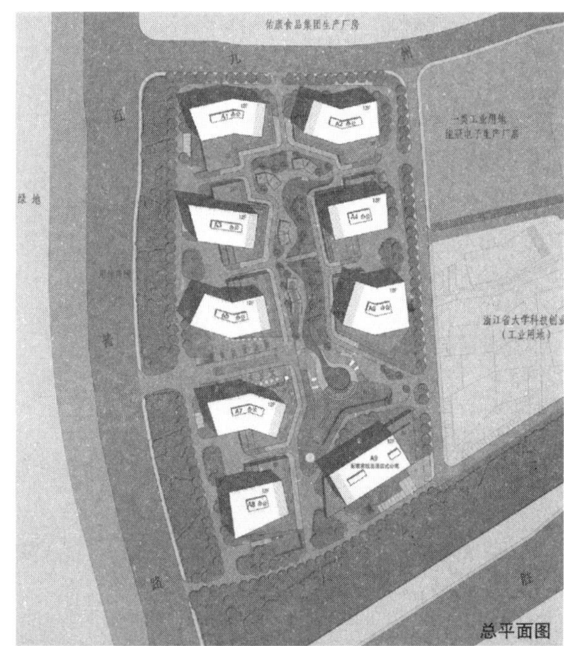

总平面图

透视图

紫荆广场（A组）建筑设计

PROJECT OF BAUHINIA PLAZA (GROUP A)

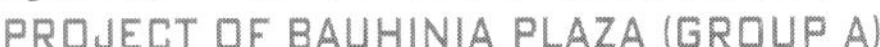

紫荆广场（A组）建筑设计项目用地位于淳安县千岛湖镇城中湖南侧，基地西临开发路，东侧为社会福利院，距千岛湖广场800m。规划总用地面积为12105m²。用地性质为住宅及商住用地，计划建设2幢高层住宅楼及1幢酒店。

本项目所在区域为千岛湖镇三大步行街区之一，已建设有一定量的住宅项目，通过建设一个功能互补的一流商住区，与北侧正在建设的千岛龙庭共同完善这一区域的功能配置，形成城中湖南侧步行街区的高潮节点，重建千岛湖镇的现代化形象，激发该区域的城市活力。建筑风格采用流线形、游艇甲板等形态概念，创造出既呼应千岛湖地方文化特色，又具时代特色的建筑。

设 计 者：孙彤宇　俞　泳　陈　奕
工程规模：建筑面积50480m²
设计阶段：方案设计 扩初设计 施工图设计
委托单位：杭州久大置业有限公司

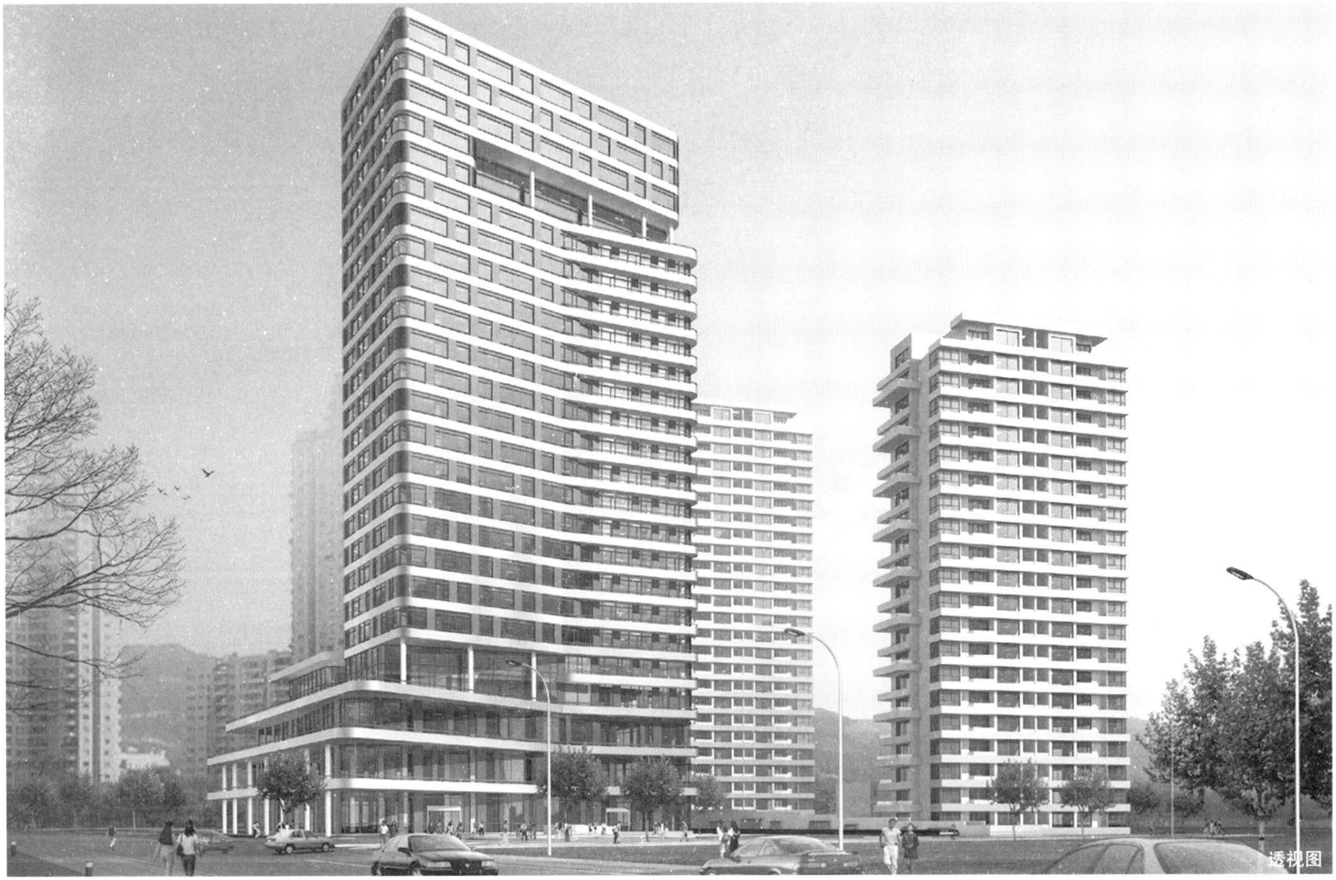
透视图

透视图

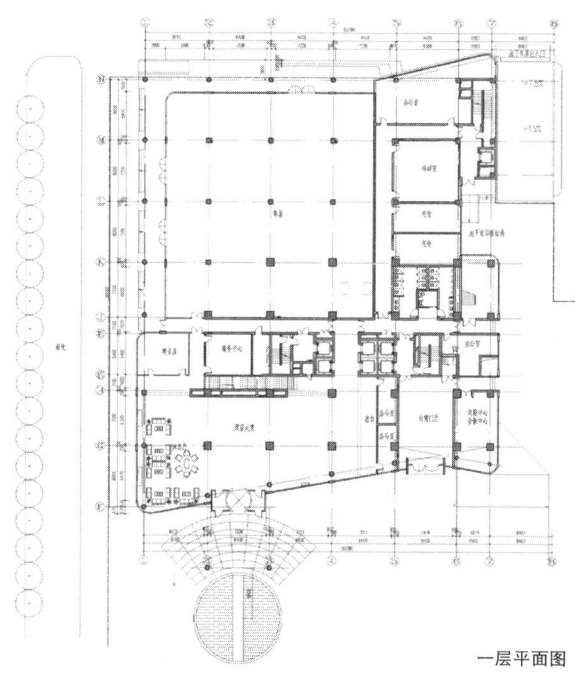
一层平面图

透视图

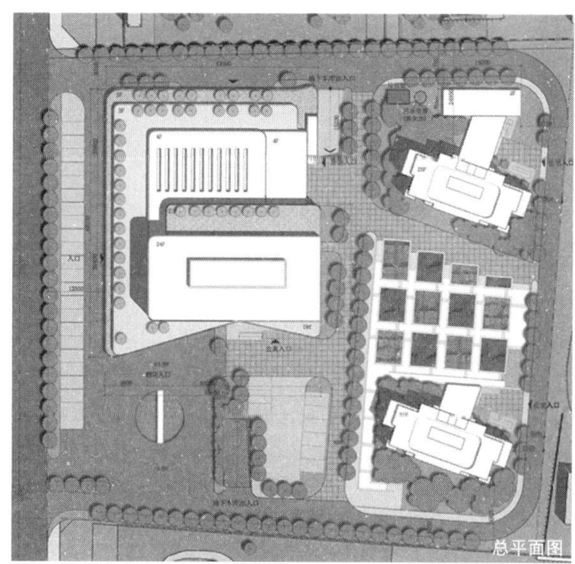
总平面图

沈阳七好国际鞋城规划及建筑方案设计

QIHAO SHOE STORE BUILDING DESIGN, SHENYANG

沈阳七好国际鞋城位于沈阳市东陵区，规划用地总面积约11 400m^2。沈阳七好国际鞋城是一个集鞋业批发零售、鞋业品牌中心、休闲餐饮及商务办公合为一体的品牌总部大厦，规划总建筑面积约93 800m^2。建筑地上17层，地下2层，地面建筑总高度72.7m。

项目基地位于文化路南侧商业裙房沿城市道路展开，以取得连续的城市景观界面，同时满足商业要求。两幢高层商务办公楼沿文化路呈“L”形布置，以形成良好的空间架构，建立沈阳东陵城区新的地标建筑。商业广场景观系统主要沿文化路展开。在7层商业裙房屋顶布置箱栽植物及硬质景观，是办公人群可以在高密度的城市中心享受到优质景观。

建筑造型设计充分考虑项目的业态定位，尊重城市肌理的历史文脉与时代特征，使得建筑群体的整体风貌与城市景观在空间性上达到和谐。建筑空间组合以及建筑沿街立面设计通过对建筑体量的精心划分及组合，沿城市道路形成舒展而丰富的天际轮廓线。

将商业裙房及高层商务办公楼作为一个整体进行设计，使之在相得益彰的同时，形成城市的标志性建筑形象。在整体协调与统一的前提下，通过建筑处理方式的不同使多种功能具有各自独特的识别性。

设 计 者：徐 甘 李熙万 王闻悟
工程规模：建筑面积93 800m^2
设计阶段：方案设计
委托单位：沈阳七好房地产开发有限公司

透视图

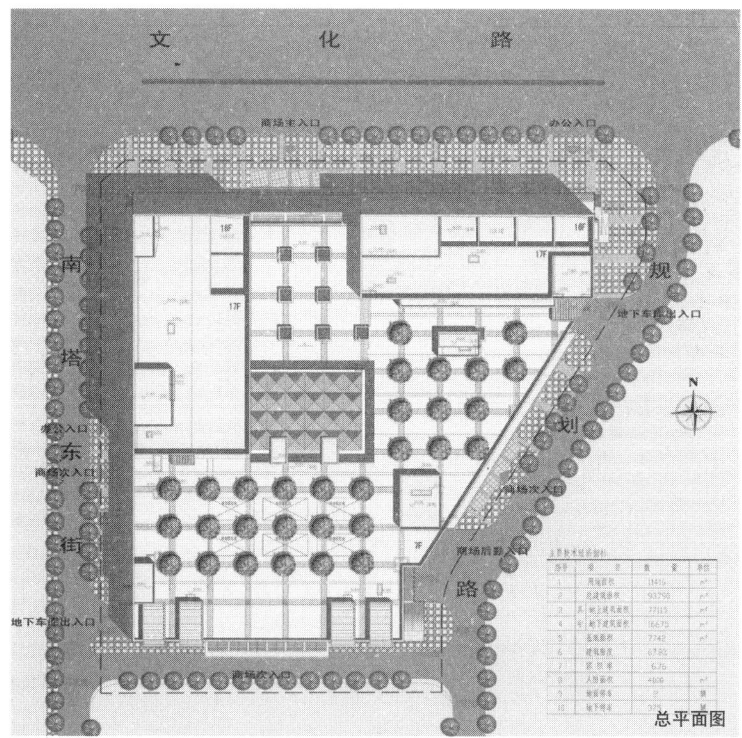

TJUADI

文 化 路
商场主入口
办公入口
南 塔 东 街
规 划 路
地下车库出入口
办公入口
商场次入口
商场后勤入口
16F
17F
7F
N

总平面图

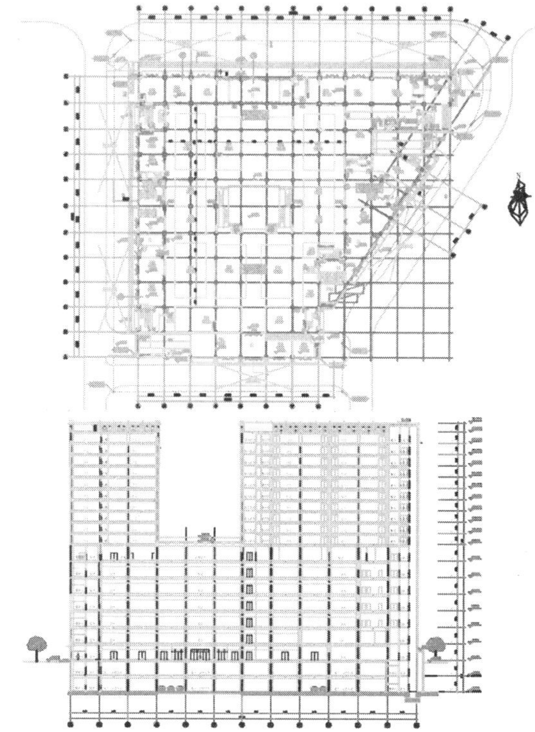

鸟瞰图

透视图

淄博市周村古商城西侧片区建筑设计

THE ARCHITECTURAL DESIGN OF ZHOU CUN COMMERCIAL CITY, ZIBO

本项目的总体定位，力图依托周村“天下第一村”传统商业的资源，形成一个集现代餐饮、住宿、购物、游憩于一体的具有综合规模效应的景观休闲区。通过古城大街与新园的结合，将该地区打造成独具特色的淄博市级旅游休闲点，进一步提升周村区的功能品质与风貌形象，并积极带动与推动城市的整体发展。

方案以汇龙湖为中心组织空间与环境。空间上，充分考虑沿城市道路建筑界面连续性、沿湖步行线路（街市空间）建筑界面连续性、节点空间（广场空间）的变化性，以及汇龙湖区域的开放性特征，通过对街巷空间、庭院空间、开放湖面的多层次空间的有序组织和引导，塑造内紧外松，对比强烈、富于变化的空间效果。景观上，将现代园林景观创造融入设计，汲取中国古典园林的神韵，配合形态丰富的单体建筑，形成各类院落和广场，二者结合，平曲变化，层次丰富。视线控制上，围绕湖心区，通过西侧最高处的美食中心、南侧低处的鉴宝大厅，以及基地东侧高处的观景塔的设置，形成园区的三个视觉控制点。在各主要出入口处，都通过对景、借景等手法组织景观，形成连续的视觉通廊。

设 计 者：吴长福　谢振宇　黄　怡　周　旋　胡军锋

工程规模：建筑面积38 900m^2

设计阶段：方案设计

委托单位：周村旅游局

鸟瞰图

透视图

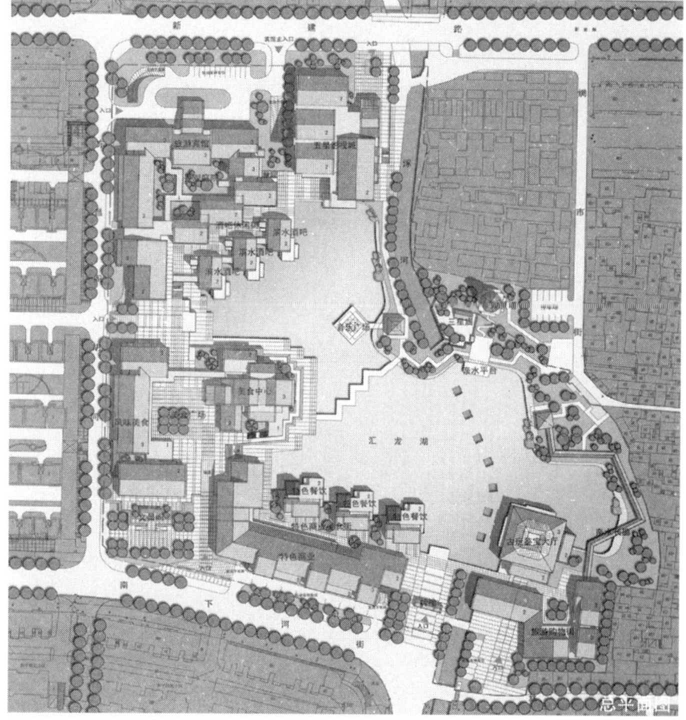
总平面图

连云港新华广场招标1#地块规划及建筑设计

THE PLANNING & ARCHITECTURE DESIGN OF XINHUA PLAZA 1# SITE, LIANYUNGANG

新华广场招标1#地块位于连云港新浦区的中心位置，坐落在新城区规划的新华广场的东侧。设计从城市的角度出发，综合考虑城市中的相关因素，整合各种现状条件，充分利用此次规划机会在城市商业生活形态、城市环境空间、地段的标志性特征以及高密度的居住生活形态等方面进行必要的探索。本设计的重要理念在于将城市空间引入建筑群体，立体化组织人流体系，将绿化空间同城市空间体系相联系，并创造富有特色的城市空间形态。

基地范围内的建筑布局分为两个区域，东侧为住宅用地，西侧为商业及办公用地。城市规划中拟定的东南街角的市民广场以及基地北侧的扁担河公园为设计提供了良好的外部限制条件，原设计院内保留的、较多的长年生绿化树木也为设计构思提供了必要的灵感。结合用地内需保留的树木，在基地中部建设上部覆有绿化的立体停车库，既对居住与商业办公进行了自然的隔离，同时又充分发挥了绿化的效用。结合西南角的市民广场以及原设计院内保留绿化，北侧将绿化空间与扁担河公园相连，形成从城市空间向建筑群体内部指状渗透、绿化环境整体相联的空间格局。设计中采用了最小的车行道路布置策略，与沿街的商业空间相连的内部二层步行系统形成富有特色的开放式的外部空间。由于住宅区下部车库的高起绿化平台，使居住区形成相对内向而且独立的庭院空间，成为整个建筑群体的环境中心。

设 计 者：孙光临　李茂海　刘　彬
工程规模：建筑面积150 000m^2
设计阶段：方案设计
委托单位：连云港市建院置业有限公司

鸟瞰图

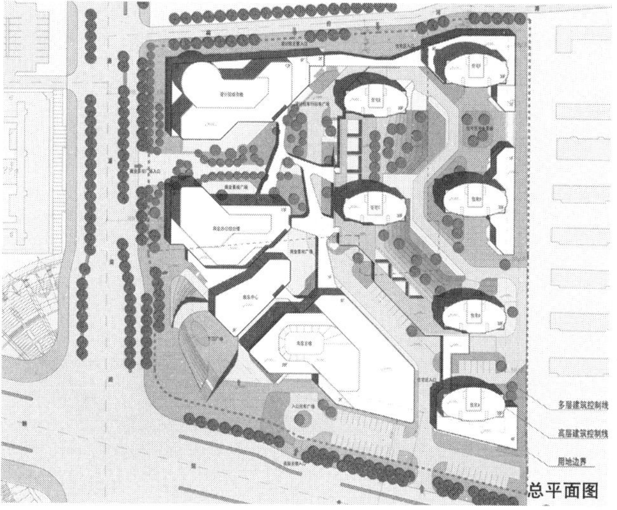

总平面图

沿街透视图

绍兴县兰亭湖生态休闲区城市设计

THE URBAN DESIGN OF THE ECOLOGY LANTING LAKE ZONE, SHAOXING

“兰亭湖生态休闲区” 位于历史悠久的古越文化发祥地绍兴市的兰亭镇，兰亭镇与绍兴市毗邻，距绍兴县城5km，绍大公路穿境而过。兰亭镇地理位置得天独厚，环境优美，交通便捷，旅游资源丰富，境内书法圣地——兰亭风景区、印山越国王陵、兰亭国家森森公园、王阳明墓地名闻中外。

“兰亭湖生态休闲区” 总体规划布局, 充分利用基地的自然条件和生态资源.基于这个原则，将七大功能以“兰亭湖”为中心，分多个层次逐级向西南延伸布置：第一层次是“兰亭湖”及周边湖岸线构成的“兰亭湖公园”，连续的湖岸公共空间为公众提供了一个自在的活动场所；第二层次是紧密围绕“兰亭湖”的一批旅游服务配套设施；第三层次是景观住宅，不同类型的住宅组团疏密相间，为居民提供了“远山近水”的居住环境；第四层次是布置在西南部狭长基地的新农村建设基地，挖掘生态农业的魅力，结合新农村建设，展示当代乡村的风情；第五层次是新农村建设部分；第六层次是古竹村南侧的野外休闲拓展区，为人们提供了一个野外休闲的场所；第七层次是现有铁矿在满足15年的开采年限之后的规划设想，在保留场所记忆的基础上，充分地挖掘和利用基地的资源为园区及当地的居民服务。

设 计 者：支文军　徐　洁　董晓霞　王　斌　马玲玲　宋正正　郭红霞　董　艺
工程规模：占地面积4.3hm^2
设计阶段：方案设计
委托单位：绍兴县兰亭镇人民政府

鸟瞰图

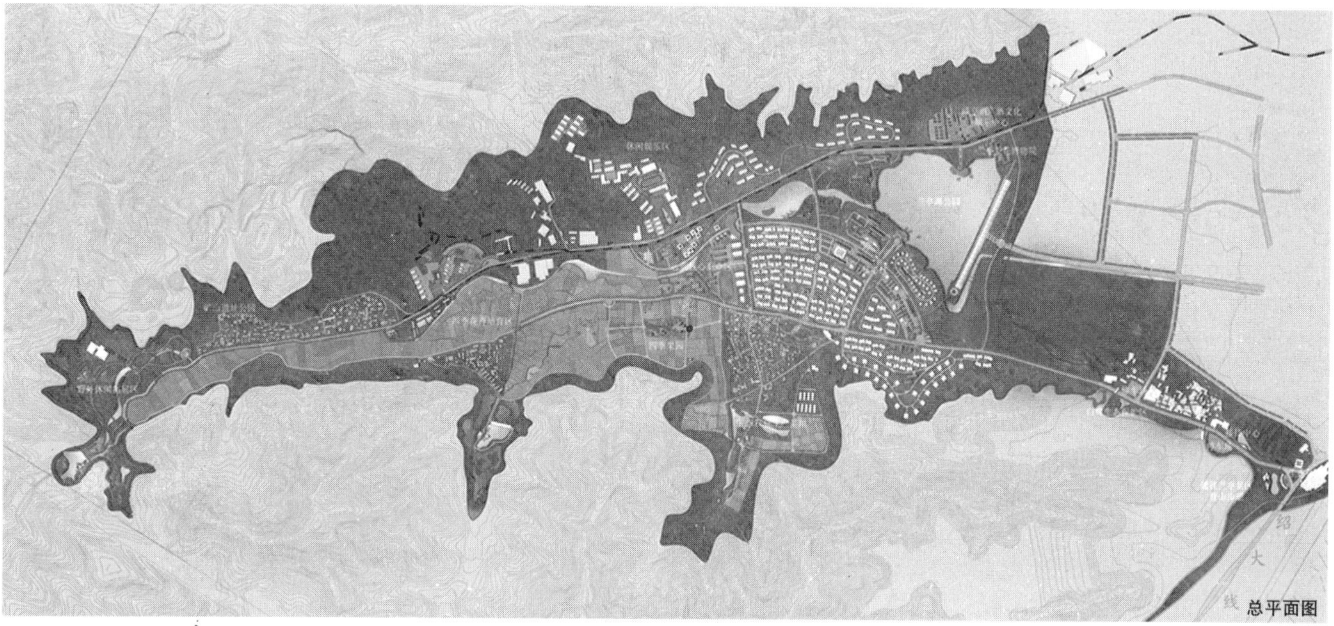

总平面图

透视图

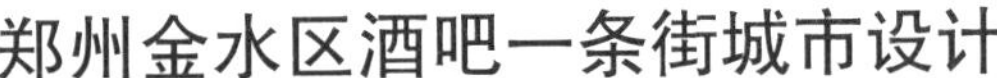

郑州金水区酒吧一条街城市设计

THE URBAN DESIGN JINSHUI DISTRICT BAR STREET, ZHENGZHOU

基地坐落在郑州市金水区农科路上，全长约990m。规划道路红线宽20m，规划设计范围为道路南北两侧建设用地。

本方案突出以人为本的原则，充分利用原有城市街道的自然环境风貌，拓展空间上的层次与延续，达到建筑与自然的融合，保持和发展中原城市文化特色。采用现代商业综合体的设计手法，通过内街和导入型广场来扩大商业范围，并依托原有建筑，进行改造和利用，突出城市空间整体形象的塑造；结合周边体育设施、公园、广场、道路和原有建筑地下车库，合理解决停车泊位。

建筑设计注重酒吧文化街的标志性建筑的立面设计，强调其文化内涵、精品意识和休闲建筑的特色。建筑风格上以浅黄色外墙与深褐色木饰代替传统欧式的冰冷石墙，塑造活泼轻松的欧式风格。

设 计 者：颜宏亮　陈妙芳　杨　崛　徐云飞　顾　铮

工程规模：总建筑面积71 915m^2

设计阶段：方案设计

委托单位：郑州市金水区人民政府

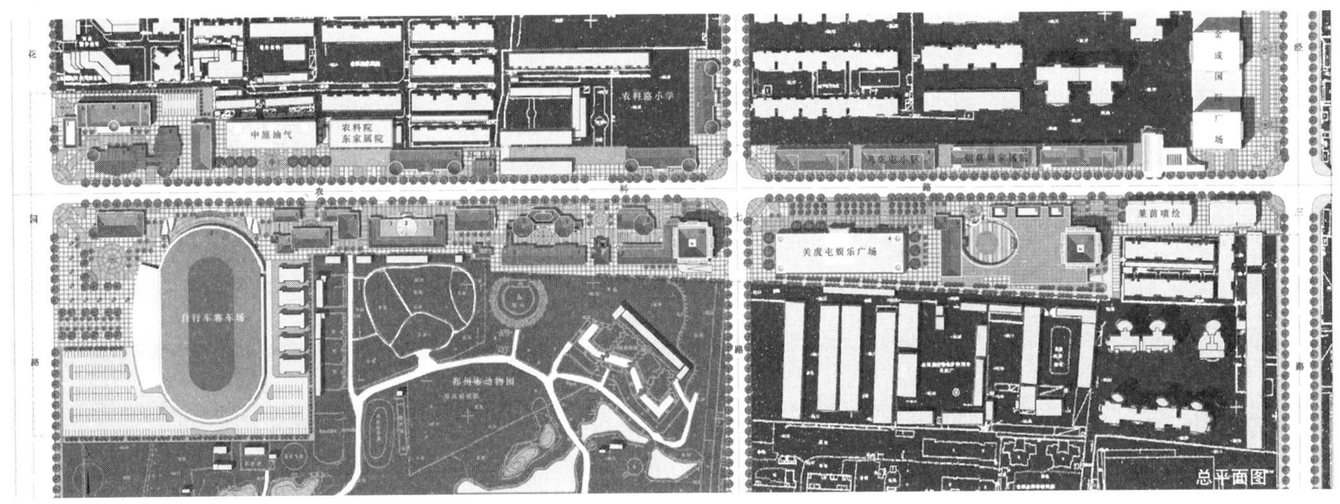

总平面图

透视图

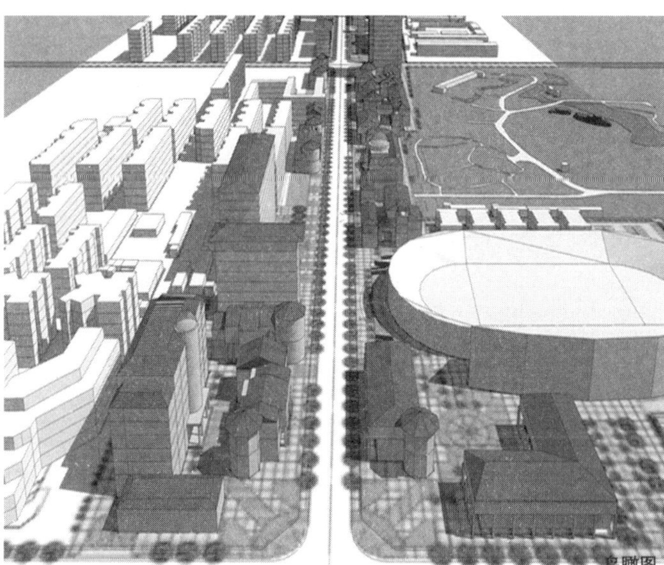

鸟瞰图

上海市黄山新城B块商业中心

THE ARCHITECTURAL DESIGN OF MUSEUM OF KUNLUNGUAN SITE, NANNING

本工程为整个黄山小区的配套商业中心，整个基地北侧面向博山东路和枣庄路交叉口处布置休闲广场和商业广场，三座建筑单体围绕广场布置。基地西南侧为集贸市场入口，基地东南侧为地下车库出入口。基地南侧由6米车道连接博山东路和枣庄路。地上部分共分为A区、B区、C区、D区四个单体。

本设计试图重新恢复人与建筑的亲密对话关系，通过旺盛的人气和丰富的商业活动为该区增加活力。在商业类型上根据本基地的地理条件、规划条件、建筑规模和商业定位，我们决定采用较为适合的传统商业步行街形式，主要有如下优点：

（1）可以创造一个步行者的乐园，回归商业的乐趣；

（2）人气带来商机，商机吸引人气，进入良性循环；

（3）步行街可增加零售要素，符合商业定位的需要；

（4）步行街的概念加入休闲要素，满足现代人的需要。

设 计 者：吴庐生　戴复东　秦夏平　贾　斌

工程规模：总建筑面积13260m^2

设计阶段：方案设计 扩初设计 施工图设计

委托单位：上海市城投资产投资经营有限公司

鸟瞰图

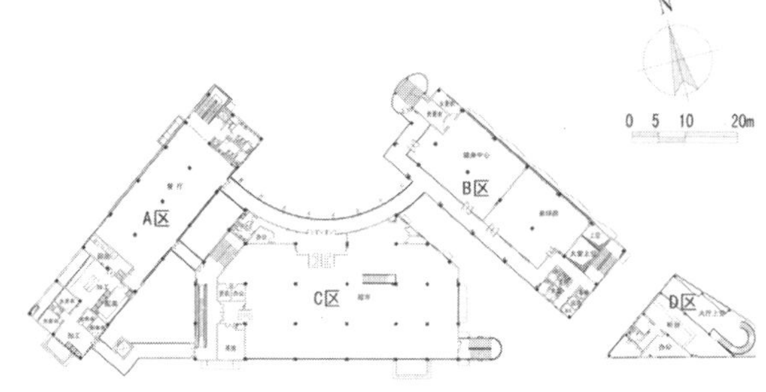

二层平面图

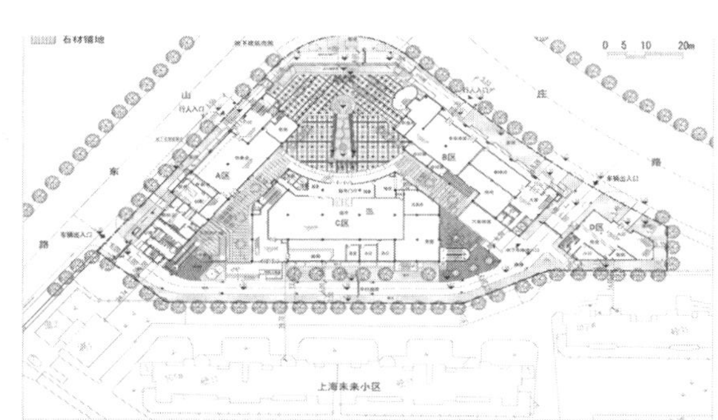

一层平面图

透视图

江宁交通大厦

THE ARCHITECTURAL DESIGN OF ADMINISTRATION BUILDING, JIANGNING

江宁交通大厦位于江宁区大街西路北侧，南邻市民广场，东为江宁区政府大楼。新建筑要求与基地东侧的府东办公楼形成呼应，采用对称布局，共同形成该区域整体的建筑群体空间效果。包括人大政协在内的11个部门，数百名办公人员将在新建交通大厦内工作。

设计中充分考虑了江宁交通大厦将在该区域所扮演的角色，应该是江宁区政府办公楼的辅助办公楼，其体量和形象设计均应充分考虑到区政府办公楼在该区域范围内的地位和作用，保证和强调整体布局的完整性以及区政府办公楼的主体地位。

建筑形体的塑造体现了现代的风格。立面造型既要与周边建筑物协调，同时又要展现出自己的独特之处，以表达新世纪现代办公楼应有的造型特征。为了尽量使建筑内部功能布置合理，内部空间做到大空间和小空间合理编排，不同部门合理分区，功能布局紧凑，减少面积浪费，体现业主对大楼经济性的要求。

方案同样注重建筑四周的环境处理。主要以大面积草坪与各种高度的乔木、灌木为主，以优雅的环境衬托出政府办公楼庄严尊贵的氛围。

设 计 者：钱　锋　汤朔宁　徐　烨
工程规模：建筑面积23 029m^2
设计阶段：方案设计 扩初设计 施工图设计
委托单位：南京江宁经济技术开发总公司

鸟瞰图

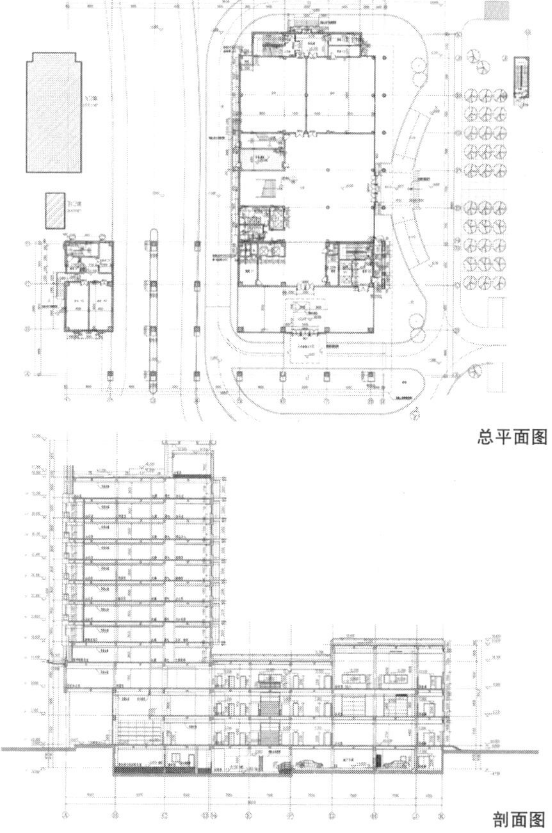

总平面图

剖面图

透视图

总平面图

龙工（上海）机械制造有限公司——职工餐厅

THE MESS HALL FOR EMPLOY OF LONGGONG MACHINE MAKING LTD, SHANGHAI

龙工（上海）机械制造有限公司职工餐厅项目位于上海松江工业区的公司厂区东部。基地西、南、北三面均为生产车间厂房，东部为公司机械技术研究院的建设用地。建筑整体为两层框架结构，建筑高度10.6m。为厂区5000人提供定时分批就餐并满足单层1500人同时用餐的需求。

餐厅用地是一处被三面厂房包围的不规则三角形区域，故采用圆形平面：①可与周边建筑取得和谐；②作为用餐的聚散中心，对来自各个方向的用餐人员消除正背之分；③源自福建土楼的建筑意向对于迅速发展壮大的中国龙工的广大员工增加了亲切感和自豪感。

建筑基本布局采用厨房在中、用餐区在外、餐厨间设内院的双环形平面，内部各餐厅均布置于建筑外环，平面呈弧形环绕圆形厨房布置并与厨房之间以露天庭院相隔，每层各餐厅可供餐饮承包人独立承包运转。厨房圆心部位结合柱网设一内院，保障厨房外墙采光、通风面积。

与周边建筑和谐相处的圆形平面的主体建筑，与位于同一轴线上东西两侧的楼梯间相连组成的矩形体量斜向穿插组合，加上庞大且富于变化的入口组织，大大增加了对周边的引力。外墙实墙面采用外墙涂料、石材贴面，外窗采用Low-E 玻璃，有秩序地配置铝板和“U”形玻璃等新技术材料加以修饰，有助于提升整幢建筑的档次和品位；由花台围合形成的大尺度建筑基座，强调建筑形体组织的现代感。

设 计 者：李茂海　张　毅
工程规模：建筑面积9 313m^2
设计阶段：方案设计 扩初设计 施工图设计
委托单位：龙工（上海）机械制造有限公司

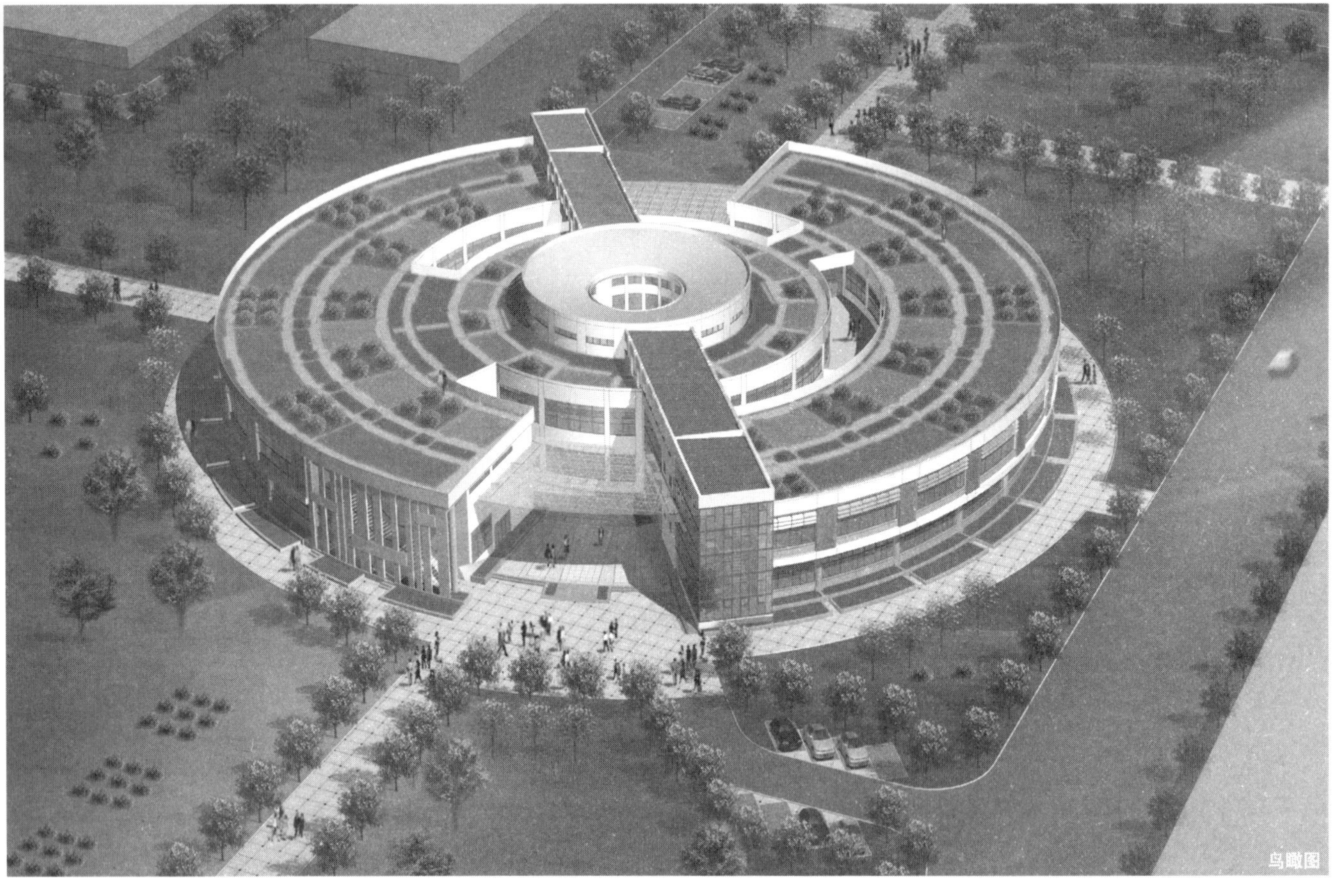

鸟瞰图

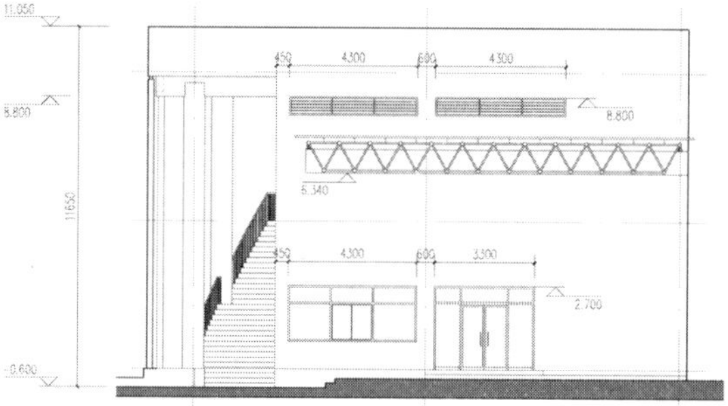

入口区立面

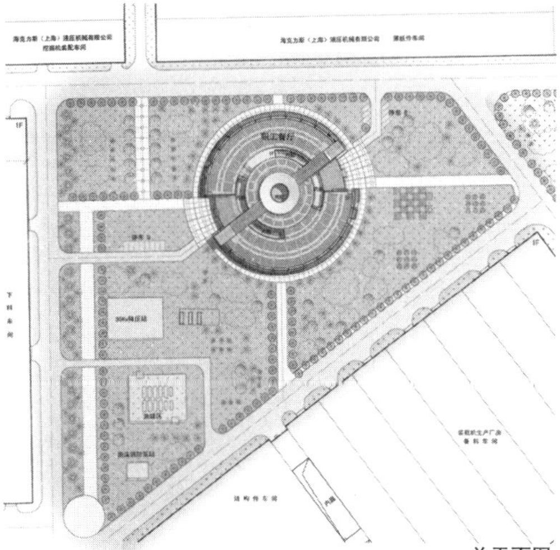

平面图

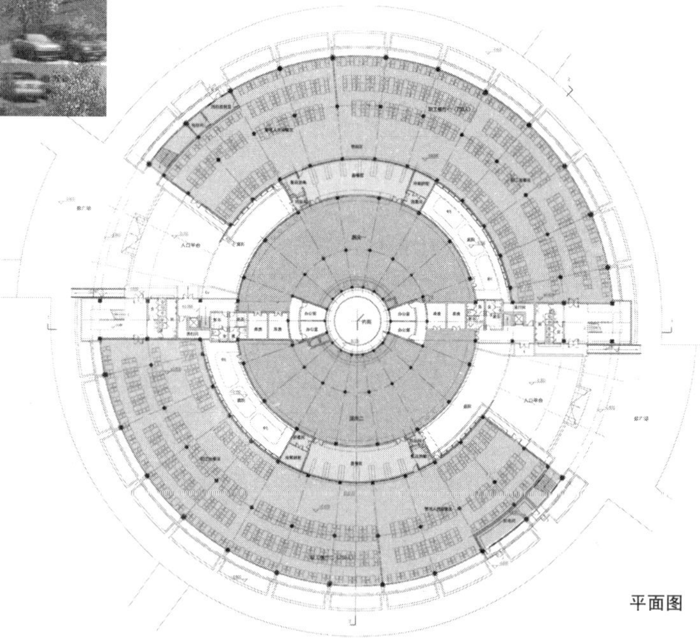

总平面图

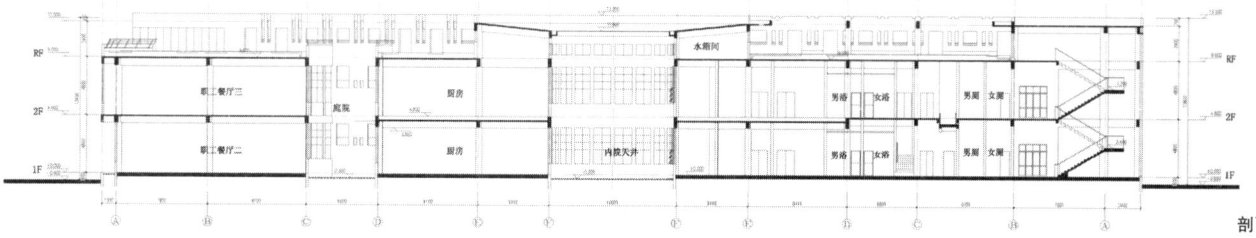

剖面图

垦利文化大厦

THE KENLI CULTURAL MANSION

本工程位于山东省东营市垦利县，基地用地面积81 665m²。作为垦利县的文化中心建筑，整个建筑造型如同一座宏伟大气的桥，横跨城市景观主轴，其建成后将形成面向顺河路重要的城市景观面。

文化大厦采用对称的布局，整个建筑造型注重简洁性和形体的完整，富有张力的拱桥式建筑形体横跨城市景观主轴，在大气恢宏,契合基地条件的同时隐喻建筑的文化活力。城市公共步道从桥形建筑的底部穿过，在营造连续的景观空间的同时增加了文化建筑入口的趣味性。在两幢子楼中部，分别打开两个10m高，25m宽的通道，继而形成另外四个功能区的主入口，同样具有宏伟大气的空间风格。

文化大厦功能分区明确，垂直交通、设备机房和卫生间被高效集约地设置在核心筒内，解放了公共的功能性空间，建筑使用的灵活可变性得到良好的提升。展览、阅览、活动中心、商业等功能相对独立，彼此又依靠公享平台连接交流，创造出清晰的使用流线和活跃的公共空间，架构出规模宏大的文化综合体。主立面造型对称，以玻璃和石材组成相对均质的立面肌理。薄片石板百叶为立面营造了深邃的阴影感和轻盈精致的气质。风格独特的水平条板暗示了结构和使用功能的内在逻辑，突出了立面的层次感和时代特征。突出的玻璃体块状似随机分布在均质的立面肌理之上，为整体的形态平添活力和灵动。

设 计 者：李麟学　宫少飞　刘　旸　赵振富
工程规模：建筑面积33 510m²
设计阶段：施工配合
委托单位：星利县建设局

夜景透视图

透视图

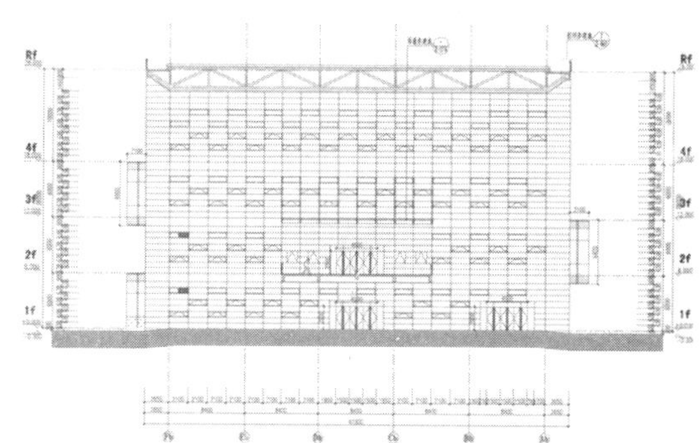

立面图

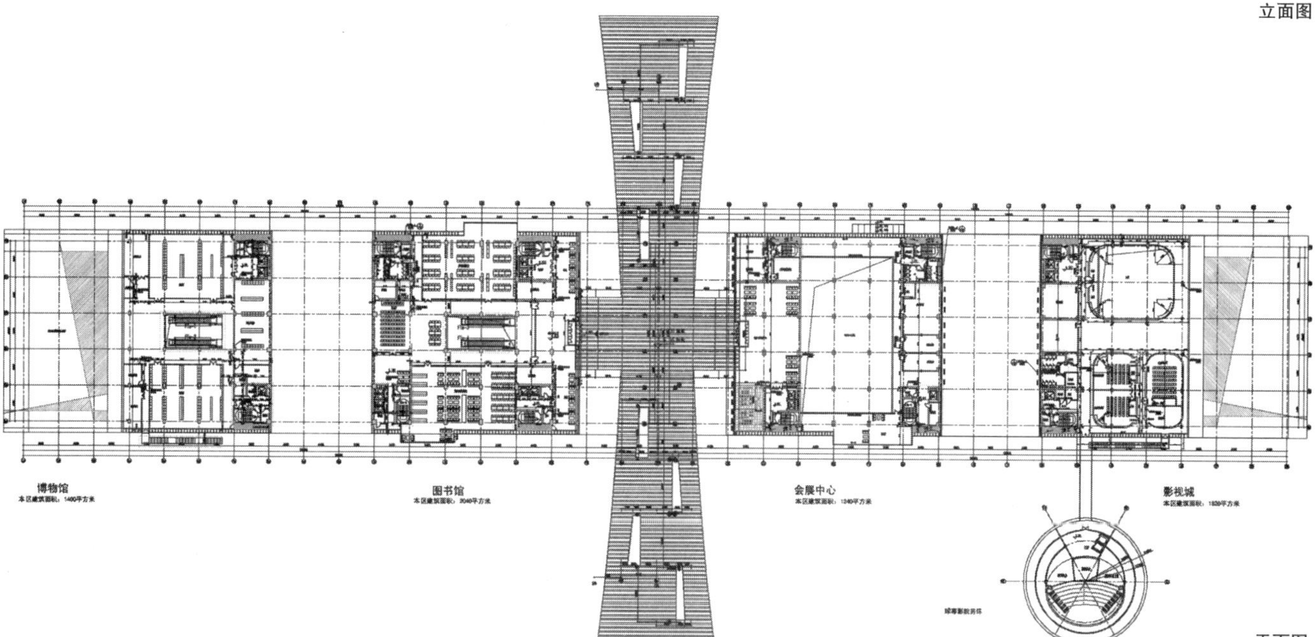

博物馆
本区建筑面积：1460平方米

图书馆
本区建筑面积：2040平方米

会展中心
本区建筑面积：1240平方米

影视城
本区建筑面积：1820平方米

平面图

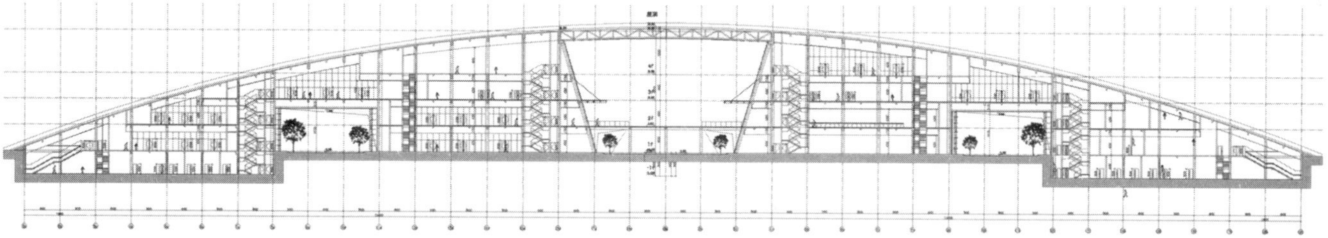

剖面图

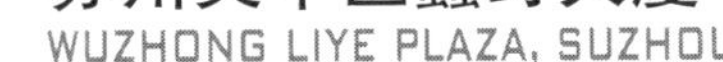

苏州吴中区蠡野大厦

WUZHONG LIYE PLAZA, SUZHOU

本项目位于苏州市吴中区苏蠡路与澄湖路交叉口西北角，是集宾馆、餐饮、娱乐和办公等功能的综合体和标志性建筑。

总体布局: 四星级宾馆布置在基地东侧，位于苏蠡路、澄湖路转角处，强化其地标的重要性。餐饮、娱乐功能主要沿澄湖路展开，争取尽可能多的沿街商业街面。办公空间位于基地的西侧，拥有相当独立的车行、步行出入口和庭院空间。

形态造型: 注重造型的整体性和全方位视觉效果的均好性。24层宾馆主楼强化了面向城市的整体形象。基地东南侧的足够退让使得建筑整体形象有完全展示的城市空间尺度。沿澄湖路西端的娱乐部分为5层，虚实对比极为强烈，成为南侧界面的有力收头，同时加强了澄湖路从西往东接近建筑的视觉效果。沿北侧规划道路为8层办公建筑，平行道路布置，与南侧5层的建筑一起形成了同宾馆主楼的体量平衡。

景观环境: 以建筑功能分区和体量组织为基础，在建筑体块之间穿插庭院空间，布置自然生态绿化，引入绿化景观，提升建筑内外的空间环境品质。利用屋顶平台，结合游泳池、网球场等布置屋顶绿化，结合造型处理，设计多层次的灰空间。

设 计 者: 王 一 张 凡
工程规模: 总建筑面积48 900m^2
设计阶段: 方案设计
委托单位: 苏州市吴中区人民政府长桥街道办事处

模型照片

效果图

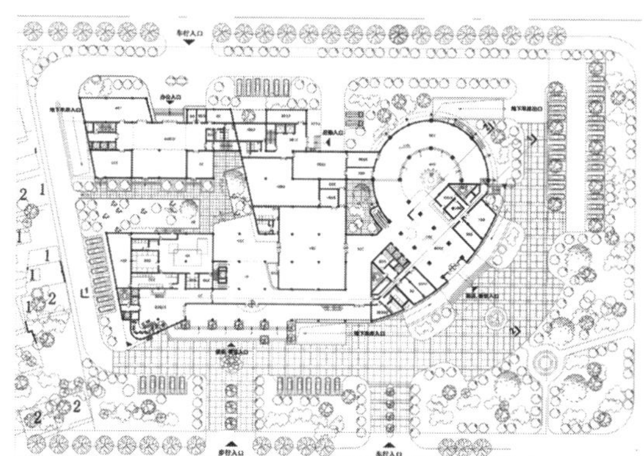
一层平面图

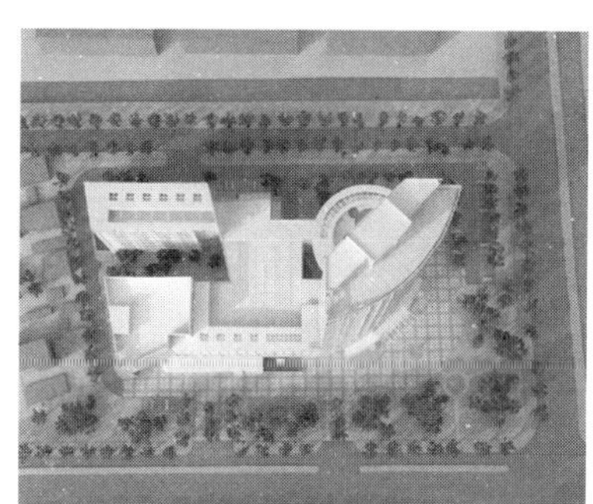

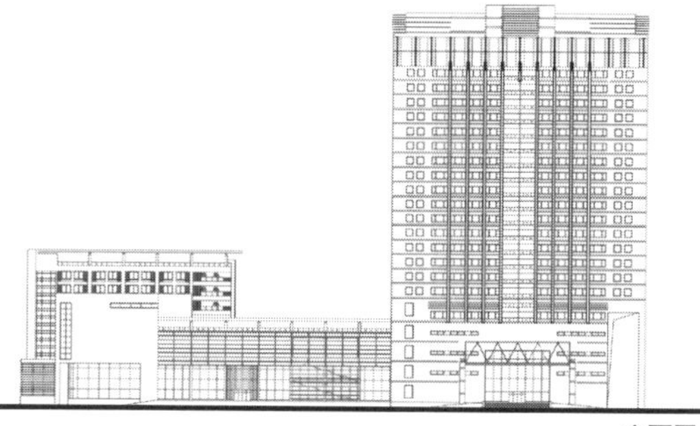
立面图

总平面图

上海易转工贸有限公司研发孵化楼

YIZHUAN RESEARCH-DEVELOPMENT AND INCUBATION BUILDING, SHANGHAI

上海易转工贸有限公司研发孵化楼位于奉贤区上海市工业综合开发区。基地南半区为原有综合办公楼和低层厂房，北半区为新建基地。规划要求把整个基地建设、改造成一个集科研、办公、休闲于一体的产业研发孵化基地。南北两区之间原有一自然河道，通过对此的整形改造，把不同时期、不同性质的南北新旧建筑统一在一个和谐的整体环境中。考虑到基地用地的经济性、有效性及沿环城北路的城市景观形象，整幢建筑布置在靠近北偏西侧，基地的东侧尽量留出足够大的面积，作为环境和停车用地，也便于企业将来的发展建设需要。

本工程为基地主体大楼，由23层的主楼和2层沿街商业裙楼组成。建筑主体高度87m，总高度105.3m。短周期和低投入是本工程的基本要求，因而大楼平面形态力求简洁，以使整个建筑结构简单合理，外墙装饰以涂料为主，局部石材。由于大楼位于相对空旷地带，周边较少高层建筑，业主要求建筑具有一定的标志性和企业识别性，设计在保持主体大楼整体简洁的前提下，建筑西侧上部设计了一个倒锥形玻璃幕墙圆柱体，通过其外面一系列光环的设计，形成一种蒸蒸日上、云蒸霞蔚的壮观景象，体现企业积极向上、奋发进取的精神风貌，同时，通透的外墙使室内圆形大空间取得难得的270° 高空视野。

设 计 者：周友超　佘　寅　张会庆　强建鹤　黄昌生
工程规模：建筑面积24 789m^2
设计阶段：施工图
委托单位：上海易转工贸有限公司

效果图

实景图

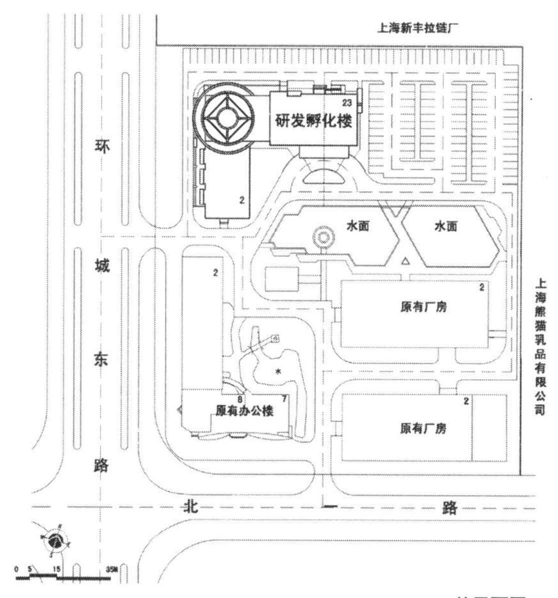

总平面图

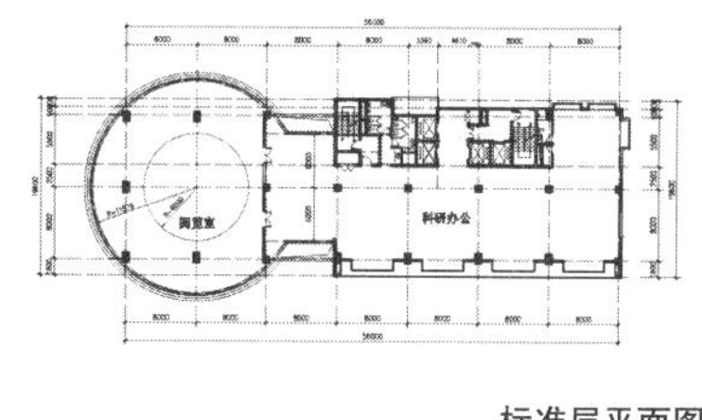

标准层平面图

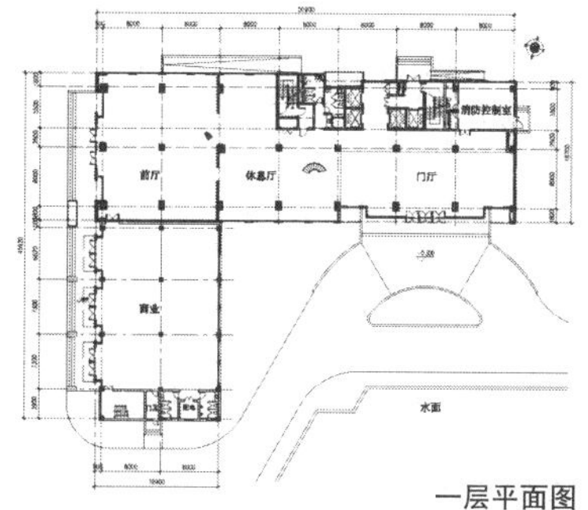

一层平面图

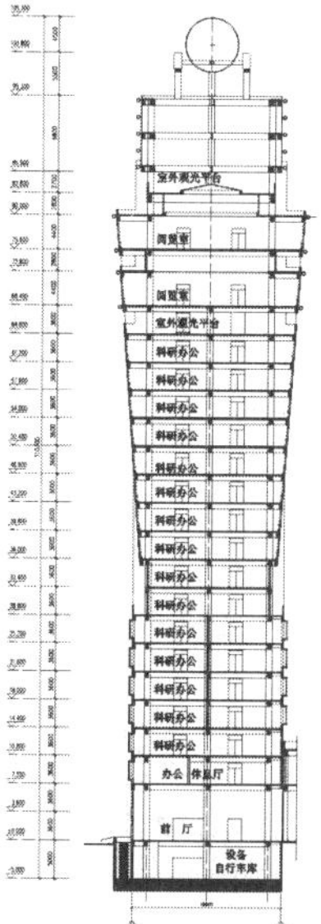

剖面图

实景图

上海杨浦国顺商业楼

YANGPU GUOSHUN BUINESS BUILDING, SHANGHAI

杨浦国顺商业楼项目位于上海市杨浦区上海电力学院国顺东路校区西侧。基地为一不规则锐角三角形用地。

该项目主要由4层办公楼、13层宾馆和2层沿街商业组成。在沿街商业开口做车道进入通向内侧的办公楼，基地南区布置宾馆。

高层宾馆由国顺东路进入，山墙面扩展面向国顺东路，营造良好的沿街界面。宾馆平面近似于“U”形布局，以连廊连接，中部为中庭。宾馆主楼一层为宾馆大堂、酒吧和康乐设施等功能和服务用房；宾馆主楼二层及裙房为大、小餐厅及部分服务用房；高层部分为客房标准层，布置各类客房200间。屋顶种植绿化有助于屋面保温隔热和调节微气候，达到节能效果。

立面造型以体量的嵌入与交错为主要手段。外墙面采用涂料与裙房部位石材贴面相结合的方式，外窗采用Low-E玻璃形成规则序列，配合“U”形玻璃等新技术材料加以修饰，形成一个整体性好、建筑构成清晰、造型简洁，富有时代感的建筑综合体。

设 计 者：李茂海　张　毅

工程规模：总建筑面积23 046m^2

设计阶段：方案设计

委托单位：上海五角场集团有限公司

透视图

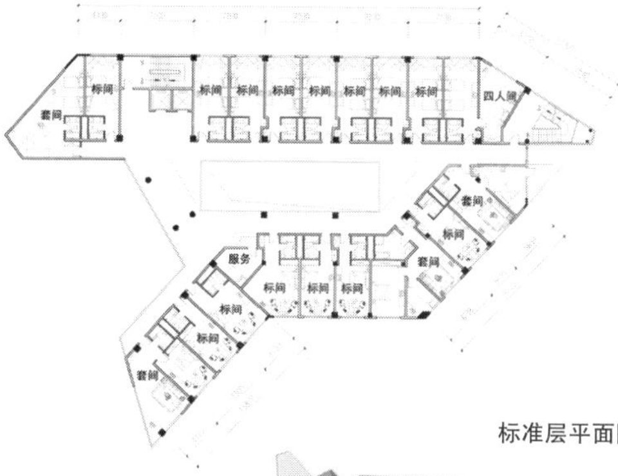

标准层平面图

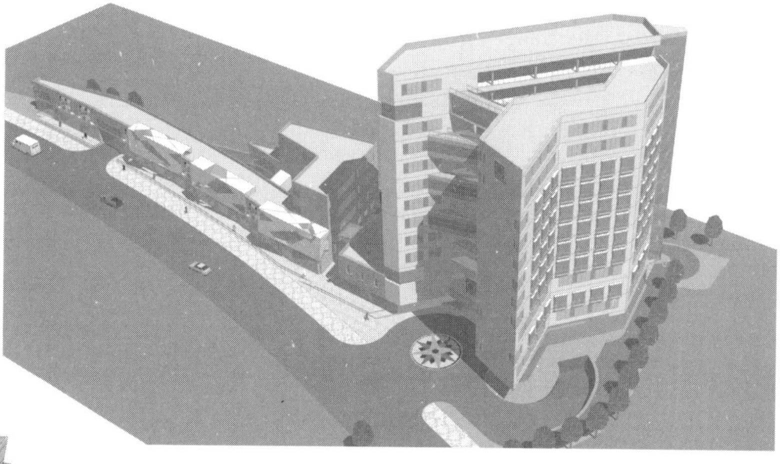

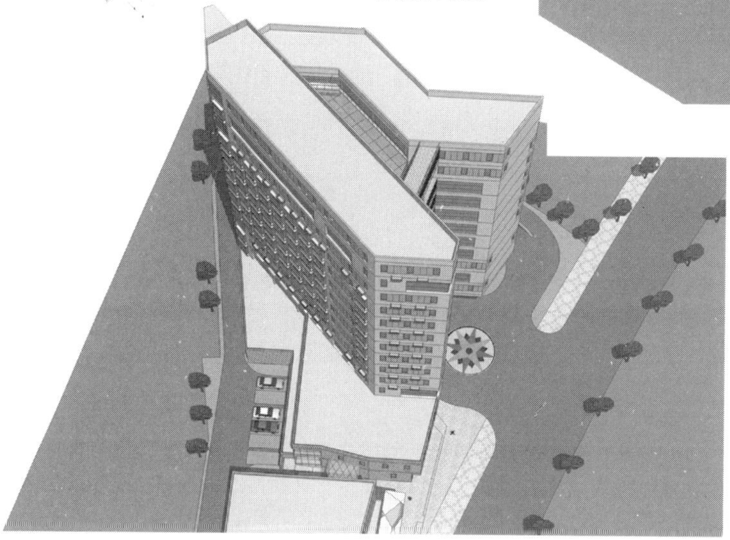

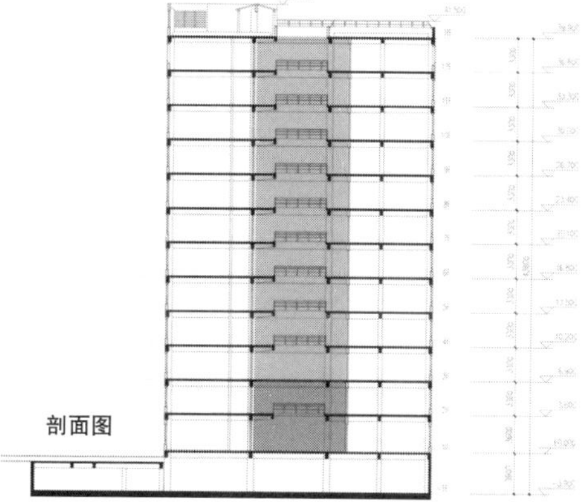

剖面图

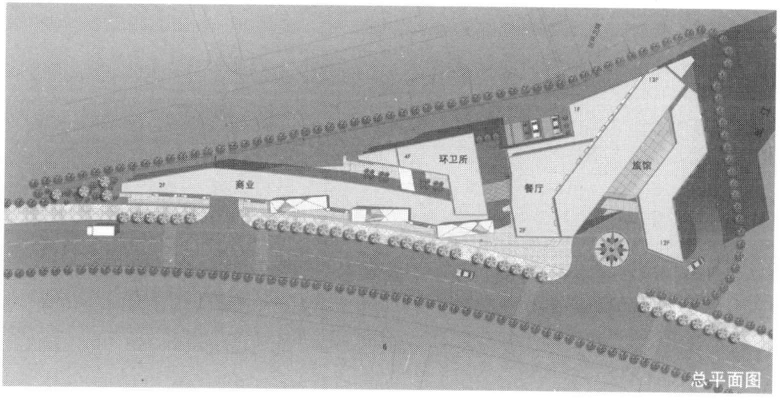

总平面图

风湖烟柳宾馆设计

GUEST HOUSE FROM IN BREEZE LAKE DESIGNS

本建设项目位于安徽省休宁市西的风湖烟柳风景区。基地东邻休宁河，南侧为国道，距休宁市区仅5分钟车程，交通十分便利。整个风湖烟柳风景区内地势起伏，青山环抱，树木繁茂，湖面蜿蜒曲折，风景秀丽，是休闲度假的理想场所。

在全面分析基地现状的情况后，在总体布局上提出了大胆设想：将东北侧的洼地疏浚，形成贯通的水系。 建筑主体以休阳故址为起始，成弧形展开，飞驾于两个河湾之上，既与休阳故址形成形态上的呼应，又保证了所有客房均能享有良好景观。位于底层的餐饮空间如同一叶轻舟漂浮于湖面之上，游客在用餐的同时可以一览碧波荡漾的山水美景。

建筑形态简洁有力，以一道简洁的圆弧将景区划分为前后两区。前区满足接待要求，提供餐饮会议等对外功能，后区则完整地为住店客人保留，形成一片世外桃源般的清静场所。

一期建设只占用部分建设用地，宾馆北侧现有旅馆位置的用地基本完整保留，为二期开发创造条件。

设 计 者：徐　风　马长宁　周韵冰

工程规模：总建筑面积11 524m^2

设计阶段：方案设计 扩初设计

委托单位：黄山君能旅游资源有限公司

鸟瞰图

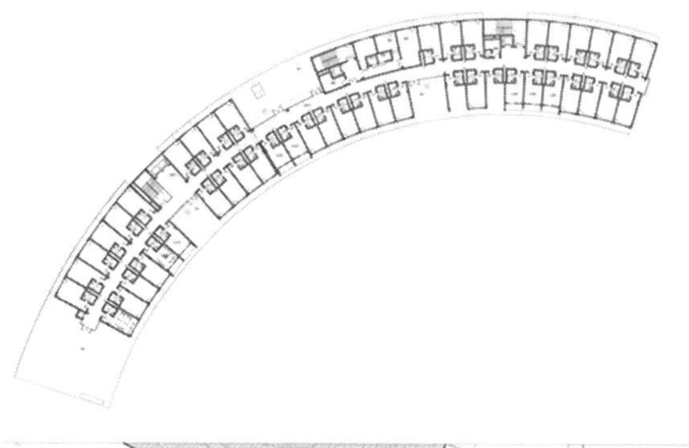

平面图

效果图

宁波鄞州区集士港中心卫生院

JISHIGANG CENTRAL HOSPITAL, YINZHOU, NINGBO

现代医学已经从单一的生物医学传统模式转向生物、心理和社会医学的整体模式。如何应对这种变化，实现“以人的整体健康满意为中心”的经营理念，是我们整个设计理念的出发点和最终目标。

本设计不拘泥于单体建筑的设计，而是从全局出发，将各功能区块有机的结合为一个整体，使门诊、急诊、住院、公共卫生服务、行政管理及后勤辅助用房等相互联系，使建筑资源、人力资源、设备资源、环境资源得到最合理的使用，避免用地、能源和空间的浪费。

在空间上，由南而北依次为公共服务区、诊疗区和住院区。特色的景观庭院穿插其间，把整个医院整合为一体。

在建筑体量的组合上，充分考虑沿街建筑形象和未来该区域整体城市空间界面的关系，将主要的建筑体量沿联丰路和繁荣路展开，功能上主要为公共服务、诊疗等功能，偏于基地的内侧则安排辅助服务等。由于用地较紧张，且建筑体量不大，设计上采取功能体量综合叠加的设计手法。特别是住院部综合楼，在不影响内部使用的前提下叠加有关联的功能，如1～2层设计为辅助区，3～5层为病房区，6层为手术区，7～8层考虑为行政管理区，以此拔高建筑的高度，增强沿城市道路一侧建筑的体量和视觉效果。

设 计 者：谢振宇　张建龙　胡军锋　周　旋
工程规模：建筑面积15 000m^2
设计阶段：方案设计
委托单位：宁波市鄞州区集士港中心卫生院

透视图

鸟瞰图

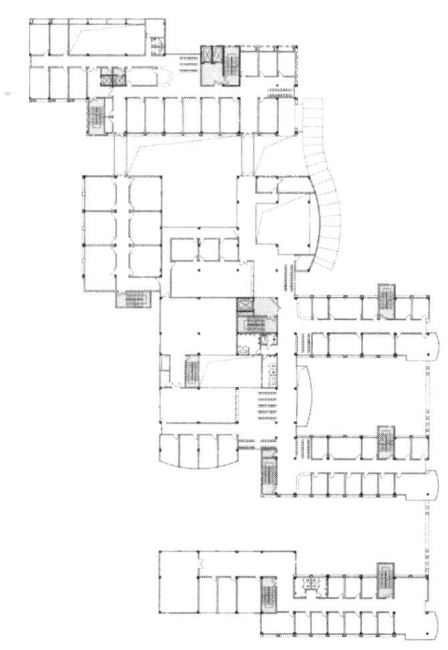
平面图

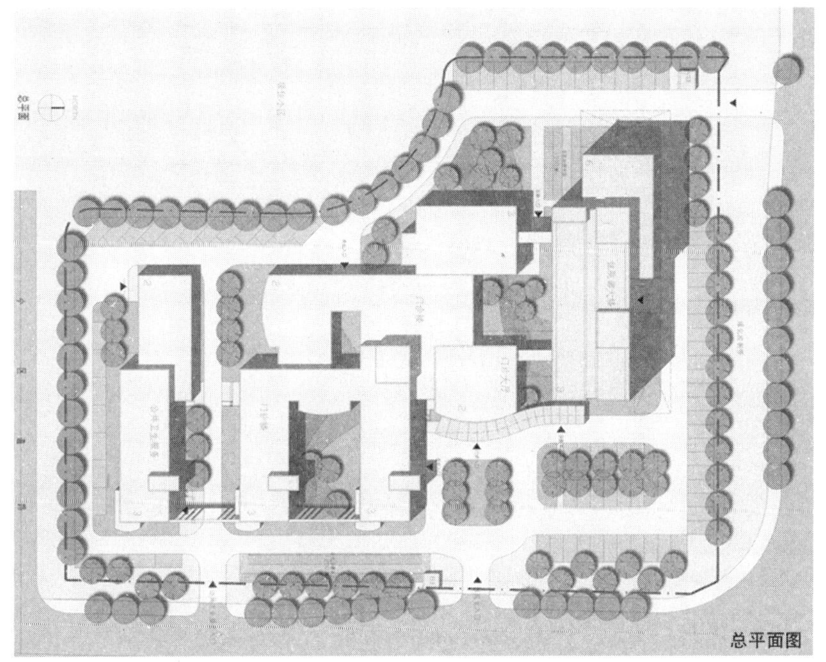
总平面图

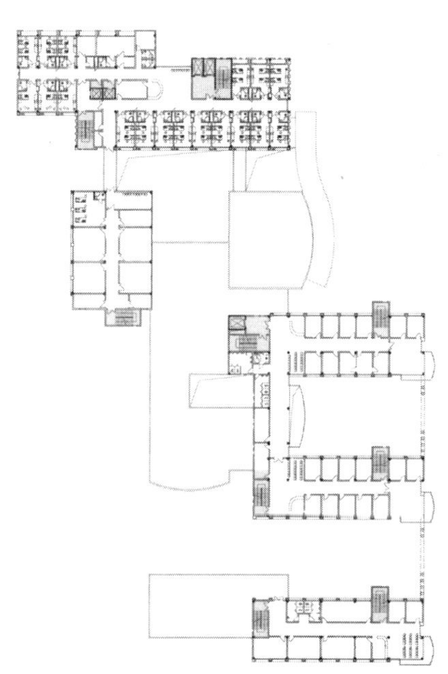
平面图

云南省第二人民医院改造设计

RECONSTRUCTED DESIGN FOR THE NO2 HOSPITAL, YUNNAN

云南省第二人民（红十字会）医院位于昆明市中心区的圆通山脚下，盘龙江畔，东靠昆明市的主干道青年路，是一所1000床省级综合三级甲等医院。改造位于青年路、节孝巷、平政街围合的范围。医院用地紧张的问题矛盾突出，基地的内部地形条件复杂，高差达15m，设计挑战性强。

医院总体改造设计从1997年开始一直到2006年，经过不断调整深入，在用地小、地形复杂的条件下，依据立体化、生态化和人性化的设计原则进行医院的总体改造设计、建筑设计和环境设计。改造过程分为三个阶段。第一阶段，医技楼和2#住院楼的建设：1999年完成了医技楼和2#住院楼项目的设计，于2002年建成投入使用，医技楼和2#住院楼与原1#楼住院部，规划中的门急诊综合楼有机结合，充分利用地形高差，组织在全院的流线体系中。第二阶段，建造核心庭院：2002年完成的核心庭院设计，2003年建成投入使用，整合了整个医院的高差和功能联系，成为医院核心生态绿地，是病员和医护人员休闲活动中心；第三阶段，新建门急诊综合楼：目前新的门急诊综合楼已经完成设计工作，现在已结构封顶。门急诊综合楼主入口退青年路道路红线20m，并且架空两层设计，底层留有大片绿地向城市开敞，使城市空间与院内绿色空间形成相互交融渗透的关系，同时将门诊、急诊和住院流线立体化地分开，并融入整体的立体化流线体系中。

设 计 者：卢济威　张　凡　王　一　庄　宇

工程规模：建筑面积80 000m^2

设计阶段：初步设计

委托单位：云南省第二人民医院

鸟瞰图

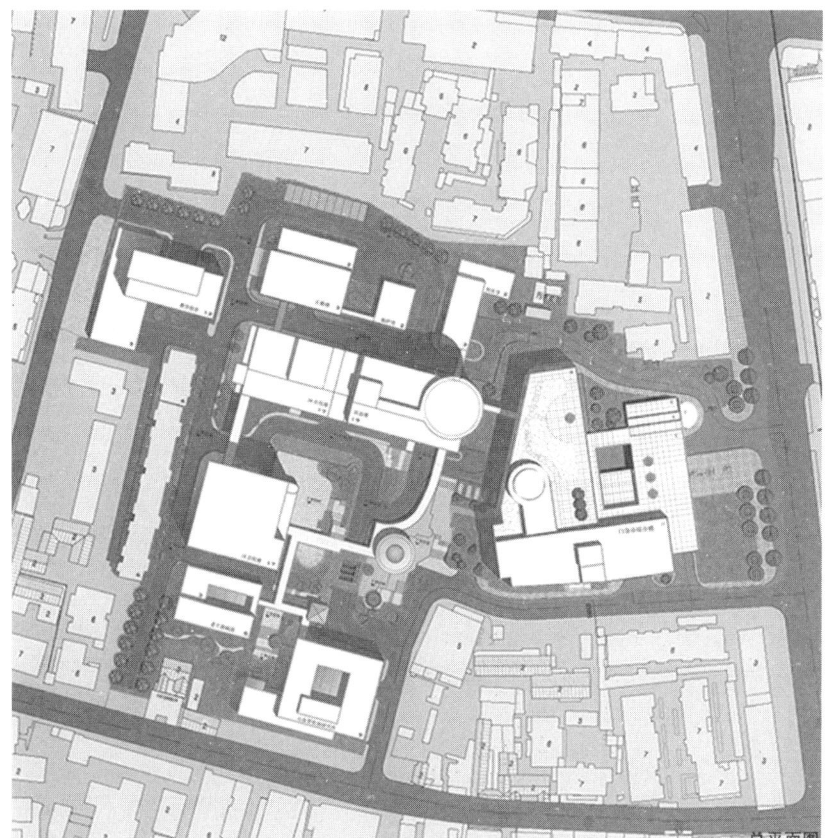
总平面图

透视图

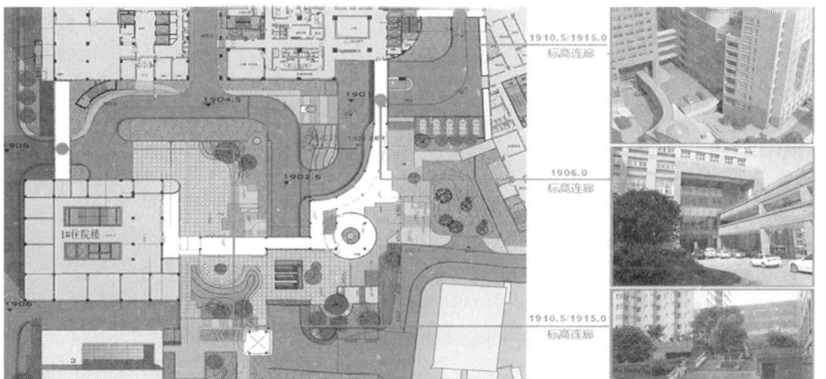

平面示意图

透视图

援非医院方案设计

AID AFRICA PROJECT DESIGN IN THE NON- HOSPITAL

主体建筑以6m×6m的框架为单元模数，东西、南北均为11跨，居中的3跨和两侧的3跨形成形体上独立的体块，9个18m×18m方形体块通过变形组合构成一个典型中式格窗和一个红十字穿插在一起的象征性图案，中式格窗象征着传统中国文化和中非之间的友好合作和交往，红十字象征着救死扶伤的精神和来自大洋彼岸的人性关爱。

各个单元之间通过有屋顶覆盖的室外廊道将室外空间和内部庭院相互连通，形成良好的自然通风。

设 计 者：徐　风　吕晓钧
工程规模：总建筑面积8761m²
设计阶段：方案设计
委托单位：中共上海市宣传党校

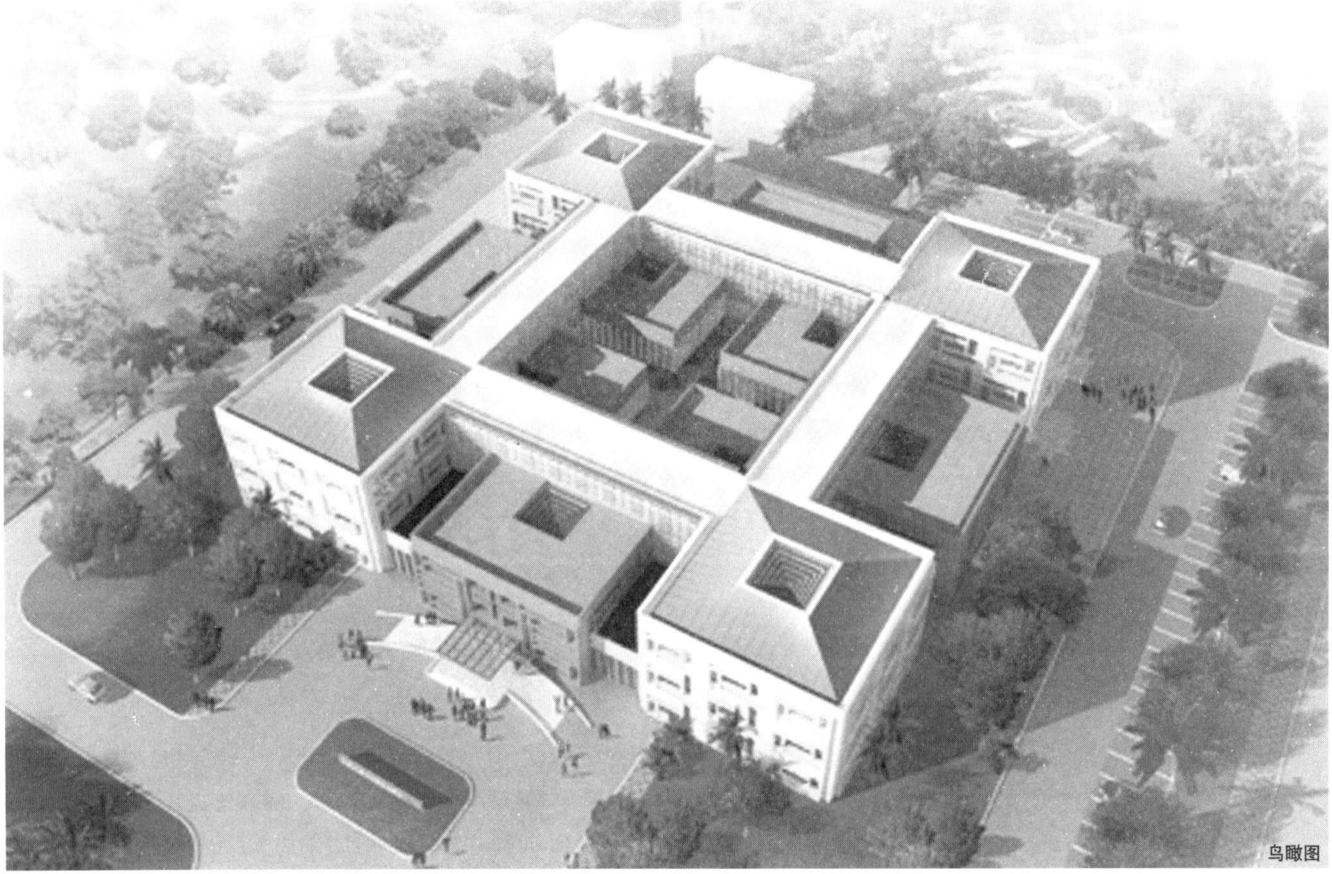

鸟瞰图

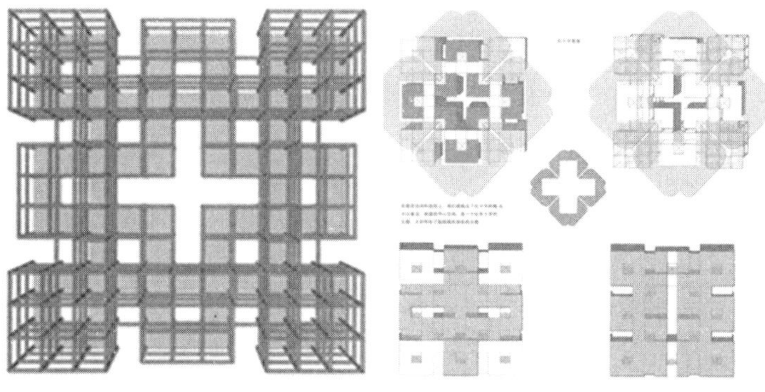

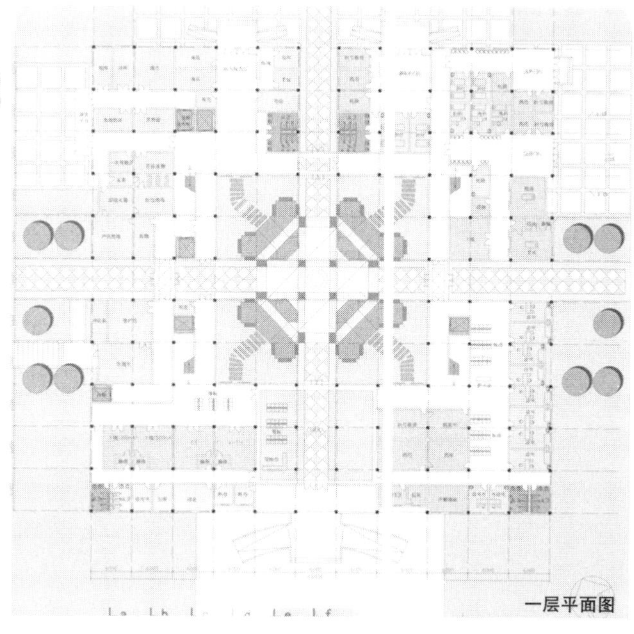

一层平面图

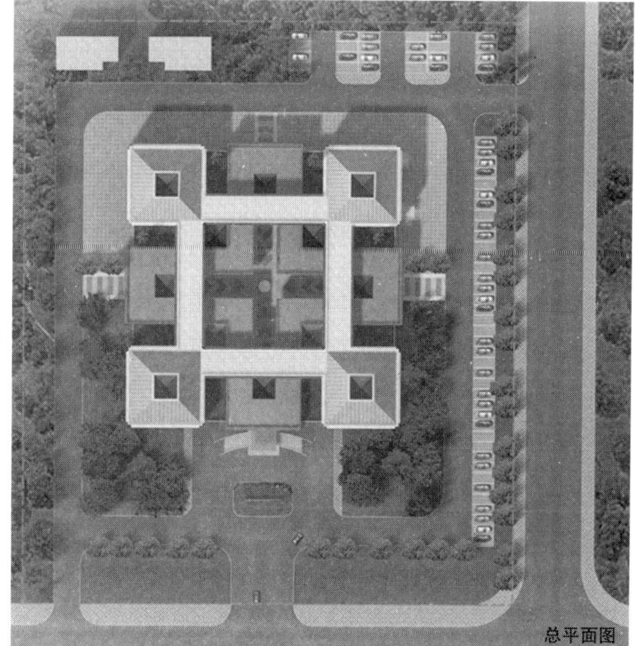

总平面图

南宁市昆仑关战役博物馆

THE ARCHITECTURE DESIGN OF MUSEUM OF KUNLUNGUAN CAMPAIGN SITE, NANNING

昆仑关战役博物馆安置于战役旧址东南的领兵山南侧山脊，由低至高，高差56m，依山就势规划和单体设计。整个布点和流程安排如下：南入口广场及水池—山门—之字形梯级—牌坊—直立梯段—博物馆前广场—博物馆—松海涛林，使得自然环境及怀念教育气氛相融合。

博物馆外观形态采用简洁立方体块，外墙面使用当地出产的“昆仑花”石材。色质稳健庄重，有地方感。主入口上部红色花岗石，刻“昆仑关战役博物馆”金字。序厅顶为下大上小斜切四棱体，其平面旋转45°，具有机械形态，建筑上体现独特标志性。主入口两侧设计四大块有民族风格的，巨型汉画像石风战争场景石刻。展厅柱列后墙有巨大V形窗，体现生命换来胜利。馆前右侧为“中华英烈，魂兮归来”黑色花岗石方尖碑列阵，110只石碑，每碑两姓，纪念220个姓氏的烈士。

展厅内安排有高大序厅布置坦克模型；并有一巨型125° 弧面的巨型陈列厅内，布置大规模战场全景；展厅内数处设有牺牲烈士芳名墙；临时展厅主要作军事知识普及及其他展览使用。博物馆剖面设计中多处采用顶窗采光、侧墙通风，达到节能效果。

设 计 者：戴复东　吴庐生　彭　杰　王艺平　王笑平
工程规模：建筑面积4 154m^2
设计阶段：方案设计 扩初设计 施工图设计
委托单位：南宁市昆仑关战役遗址保护管理委员会

整体鸟瞰图

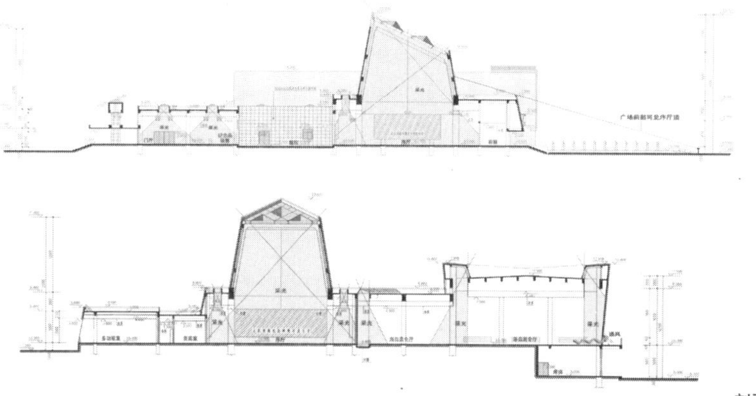

剖面图

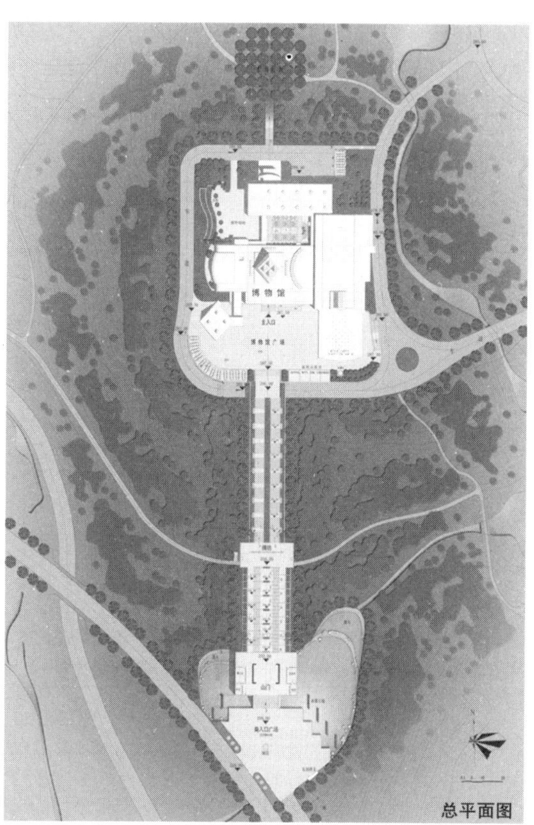

总平面图

立面图

上海交响乐团迁建工程方案设计

AN ENGINEERING PROJECT DESIGN OF SYMPHONY ORCHESTRA MOVEMENT, SHANGHAI

此设计的核心理念是“音乐·家”，通过“家”的概念对应交响乐团“厅团合一”的运作模式。“家”的理念主要通过两个手段来完成。第一个是手段是将大小排演厅、乐团排练、办公和教育展览等功能分块布置，并通过一个半圆形主入口门厅统一在一起，从而突出了团与厅的同等重要性，使团的入口不再是传统音乐厅中的一个辅助入口；第二个手段是通过四个不同性质的景观庭院——公共的庭院，交往的庭院和私密的庭院，这些庭院空间和建筑相结合，为建筑的不同部位提供充分而各异的自然景观体验，从而达到一种“家”的温馨和放松感。

在建筑立面设计上，将建筑形体整理的更加简练和统一，并以“砌筑”的肌理将其覆盖，从而达到一种庄重的纪念性。“砌筑”的表皮由一层淡黄色金属格架构成，透过整个格架，建筑的内部空间若隐若现，同时格架上镶嵌式LED灯可以为建筑在复兴路上的主立面提供多种多样的丰富变化。主入口采用一个简洁的倒圆台玻璃体，寓意着拉开的大幕，欢迎观众的到来。

设 计 者：徐 风 马长宁 周韵冰

工程规模：用地面积1.62hm^2；总建筑面积16700m^2

设计阶段：方案设计 扩初设计

委托单位：上海交响乐团

鸟瞰图

TJUADI

效果图

平面图

技术经济指标:
容积率 0.50
综合容积率 1.02
覆盖率 29.8%
绿化率 24.4%
停车位 155
其中 地下车库 134
地面 21
分层面积表

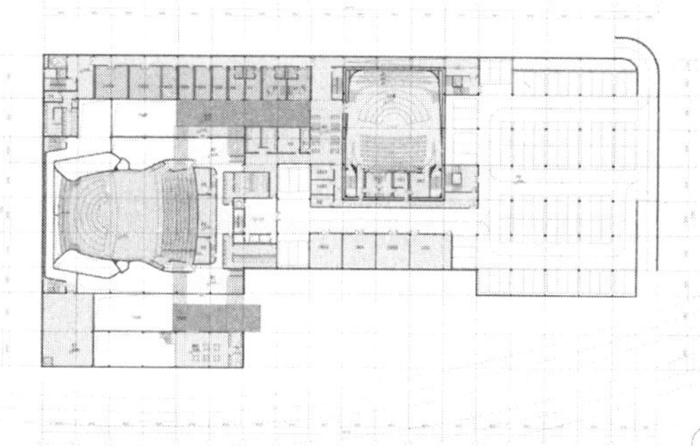

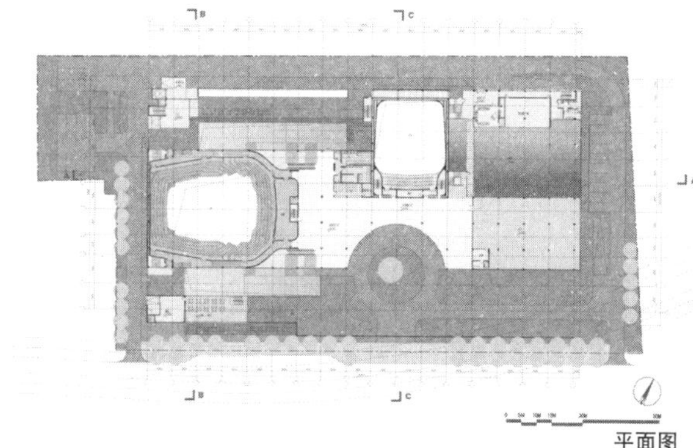

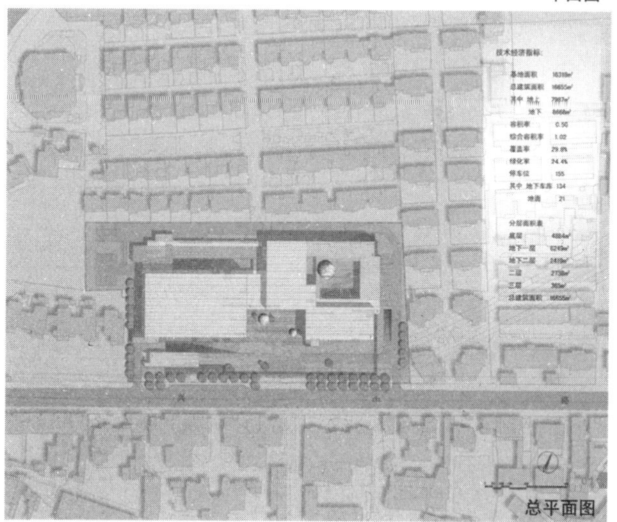

总平面图

上海宣传党校设计迁建工程设计

THE PLANNING DESIGN OF QIDONG ADMINISTRATIVE AND CULTURAL CENTER, JIANGSU PROVINCE

本方案地处景色秀丽的淀山湖畔，淀浦河滨，周围近有报国寺，古镇北大街，远有曲水园、万寿塔、大观园乃至周庄，处处洋溢着阵阵浓郁的江南风情。因此，在这里设计师试图通过园林风格的引入寻觅到古典和现代、传统和时尚的某种契合和共鸣。

基地西侧为淀山湖，沿淀山湖纵深200m内，除开发型绿带外，不得新建任何建设项目。基地南侧为淀浦河，距淀浦河河岸50m属于陆域控制范围，不得设置永久性建筑。由此可见，基地内可供建设用地占总用地范围的比例不大。在这种情况下，按照常规学校设计方法，很容易形成建筑和景观的相对独立和割裂的情况。设计师希望在这里引入中国传统园林布局模式，借助园林的设计手法，以期达到建筑和景观协调共生的理想状态。

园林式的布局方式继承了中国传统建筑形式节能生态的优点，这也是选取园林式布局形态的重要原因。

设 计 者：徐　风　吕晓钧

工程规模：用地面积63910m²；其中可建设用地范围41080m²；总建筑面积11613m²

设计阶段：方案设计 扩初设计 施工图设计

委托单位：中共上海市宣传党校

鸟瞰图

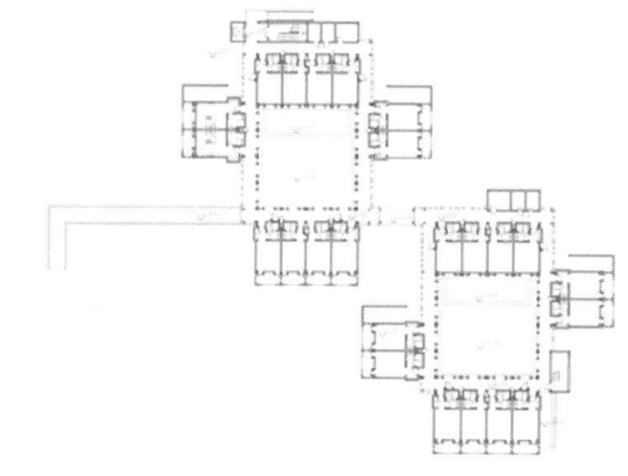

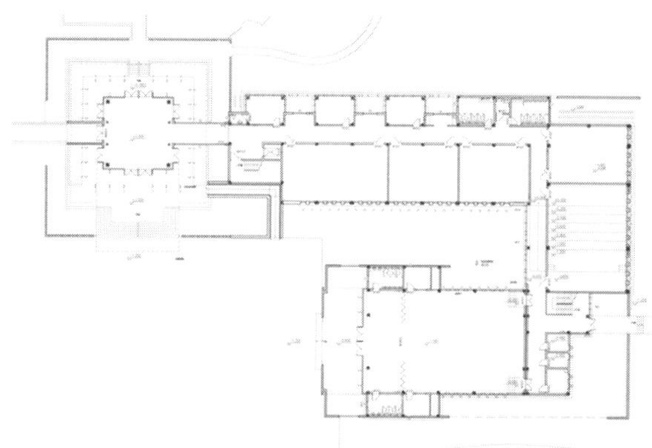

塑造园林空间

2.蜿蜒曲折

“造园如作诗文，必使曲折有法”，道出了我国传统造园艺术最基本的特点。建筑单体就单个形体而言十分简单，但借助廊的连接却可形成极富变化的建筑群体，正如《园冶》所云：蹑山腰，

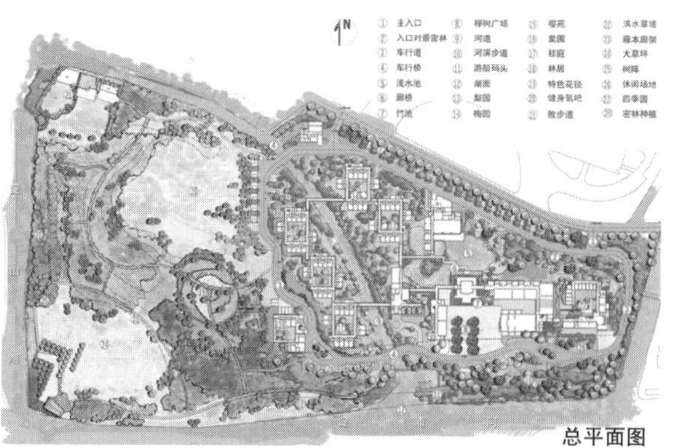

总平面图

修武县文化城规划设计

THE PLANNING DESIGN OF CULTURAL CITY, XIUWU, HENAN

修武文化城位于河南省修武县中心城区，是集科技、文化、娱乐、展览、休闲和健身于一体，面向人民大众的公益性事业项目。修武县文化城主要包括：一座1200座的影剧院（含若干个、大小会议室，以满足修武县两会召开及市民文化娱乐的需要）、图书馆、老人活动中心、青少年宫以及市民文化广场等五部分，规划用地130亩，总建筑面积约14500m^2。

文化城的整体规划与建筑设计强调传统延续与前瞻性，以修武的自然山水风光作为规划建筑设计的理念，充分展现修武现代地标式建筑与传统文化的结合，为修武市民和游客提供一处环境优美的文化休闲区域。设计注重自然资源和人工开发有机结合，突出“以人为本”的设计原则，强调人、环境与建筑的共存与融合等多重特征。采用中国传统建筑手法，以组群和序列空间构成的特点，将围合而成的圆形空间作为平台，构筑一个直径达100多米，高24m的大型组群建筑，建筑裙房与玻璃连廊相连贯通，一气呵成，可分可合。建筑外立面设计采用既有玻璃、钢材、铝合金等充满现代气息的材料，又有面砖、石材等具有人文气质的材料，给人一种充满时代感和温馨的建筑气息。

设 计 者：颜宏亮　陈妙芳　杨　崛　徐云飞　顾　铮
工程规模：建筑面积14500m^2
设计阶段：方案设计
委托单位：河南省修武县建设局

鸟瞰图

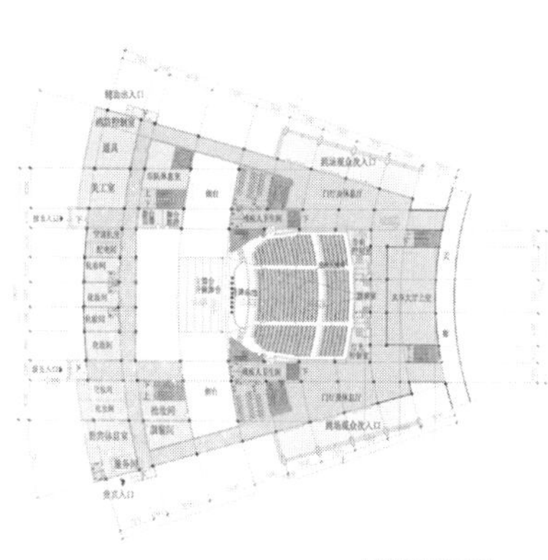

剧场平面图

图书馆平面图

河南省修武县文化城 规划设计

总平面图

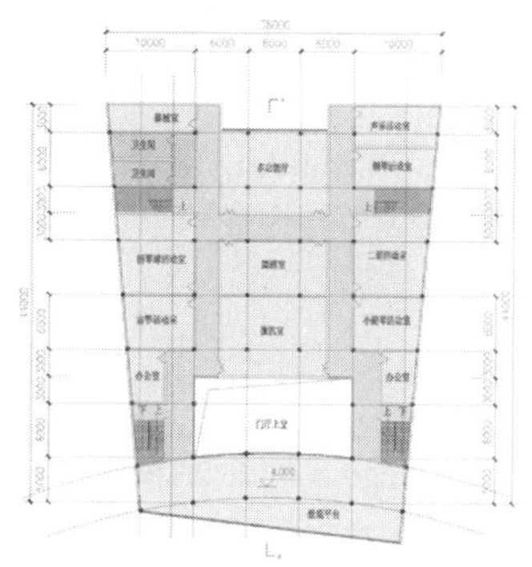

青少年活动中心平面图

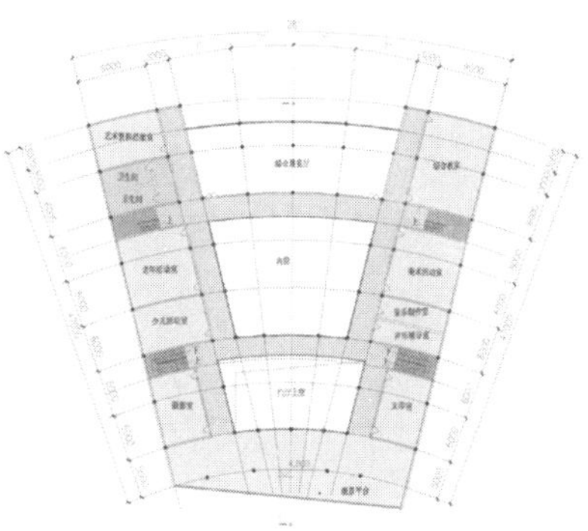

老年活动中心平面图

透视图

株洲市规划科技馆

ARCHITECTURAL DESIGN OF SCIENCE & TECHNOLOGY MUSEUM, ZHUZHOU

株洲市规划科技馆位于株洲市河西核心街区西南角，东邻株洲市体育中心，北接新安居建材超市，西靠昆仑山路，南连长江北路。该馆是与株洲自然生态环境相协调的示范性生态节能建筑，功能包括城乡规划展示馆、科技馆和交流研究中心。

为了表达株洲工业重镇的特点并体现生态节能建筑的概念，规划展览馆设计成独立的外围包有倾斜金属百叶的圆柱体，象征着“工业”；将科技展览馆设计为半地下层的长方形体量以达到覆土的效果，周围和顶面分别覆以墙面种植绿化和屋顶绿化，交流研究中心结合半覆土的科技展览馆设计成自然起伏的条状体量，仿佛从大地中而生，代表着“自然”，这种建筑形体上的“工业”与“自然”碰撞正好能体现出株洲自新中国成立以来在自然条件优越、历史文化悠久的基础上工业化快速发展的特色。

建筑将以节能减排科技为支撑，因地制宜地融入被动式生态技术和主动式节能技术，以最小的能源资源消费及环境负荷，提供舒适的建筑声、光、热、风环境，使该建筑成为可持续建筑。主要包括以下技术体系:区域微气候环境预测及建筑风环境优化技术、被动式建筑生态系统技术、主动式建筑节能技术－可再生能源利用技术等。

设 计 者：钱 锋 汤朔宁 徐 烨
工程规模：建筑面积15080m^2
设计阶段：方案设计
委托单位：株洲市规划局

鸟瞰图

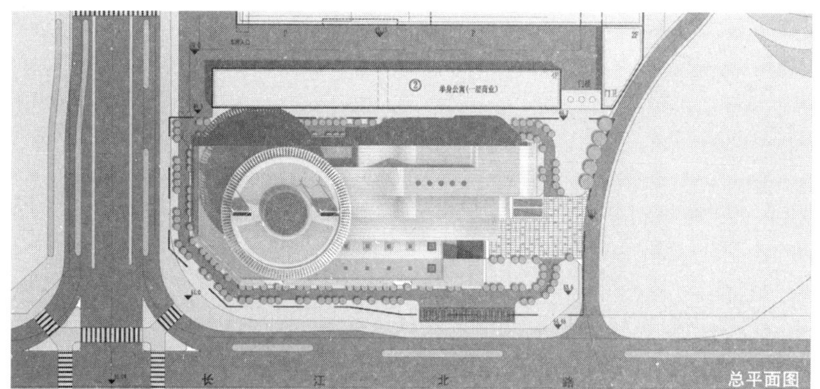

总平面图

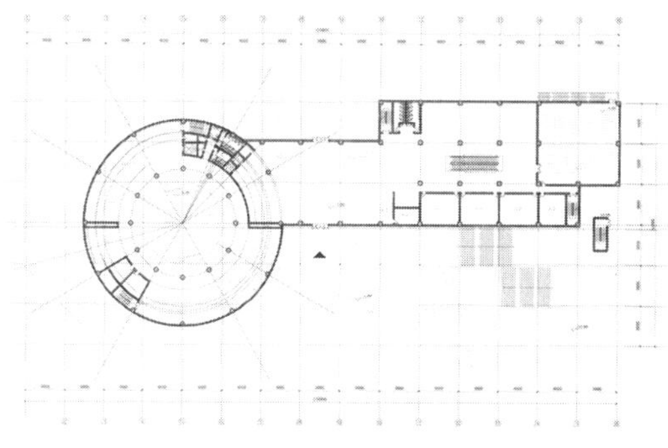

透视图

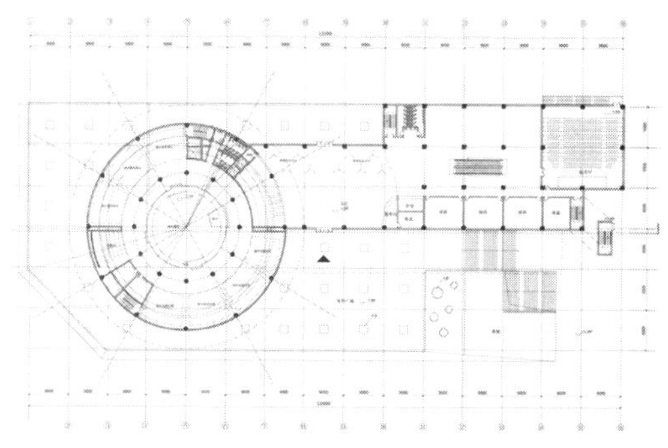
平面图

透视图

无锡惠山展示中心

ARCHITECTURAL DESIGN OF HUISHAN EXHIBITION CENTER, WUXI

从发展趋势而言，城市规划展示中心（馆）已跳脱于一般意义上的展览建筑，形成全新理念导向下的独立的建筑类型。它不仅仅是承载着城市演变历史的物质容器，也不再局限于成为支撑城市精神的纪念碑。它以更为公共与开放的积极姿态融于城市的公共生活，以更为多样性与复合性的展示方式诠释人与城市的深层关系，以更为特征性与关联性的语言智慧地体现城市的内在性格与精神特质，从而真正成为城市文化精神的栖息之所。

无锡惠山展示中心的设计正是源自于这样的设计理念，它的诞生不是偶发与随性的，它维系了一个充满内在关联的线索，以行云流水般的形态语言构建出洋溢着理性光芒与灵动风采的建筑，它如同充满智慧之光的城市之眼，以睿智从容的心态守望者这座新兴的明日之城。展示中心位于无锡惠山新城核心区，基地北侧政和路与东侧惠山大道分别连通惠山中心区与无锡市区，景观水系沿基地南侧流淌而过，这些元素形成的城市脉络将成为解读建筑与城市潜在关联的信息码，并在设计过程中成为建构的基础与扭转性启发。

设 计 者：章　明　张　姿　李雪峰　周文文　孙承禹
工程规模：总建筑面积15 055m^2
设计阶段：方案设计 扩初设计 施工图设计
委托单位：无锡市惠山区建设局

透视图

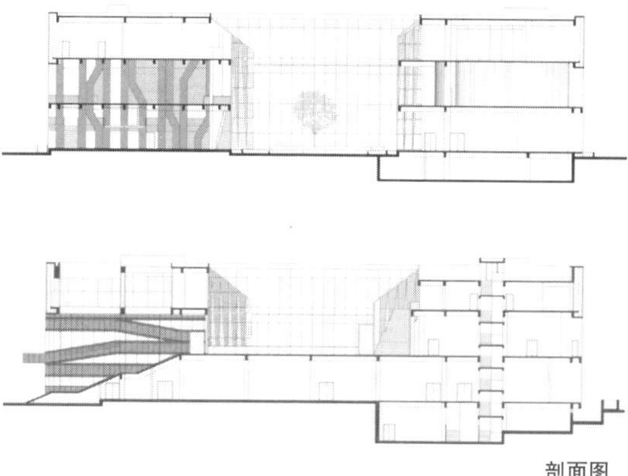

剖面图

透视图

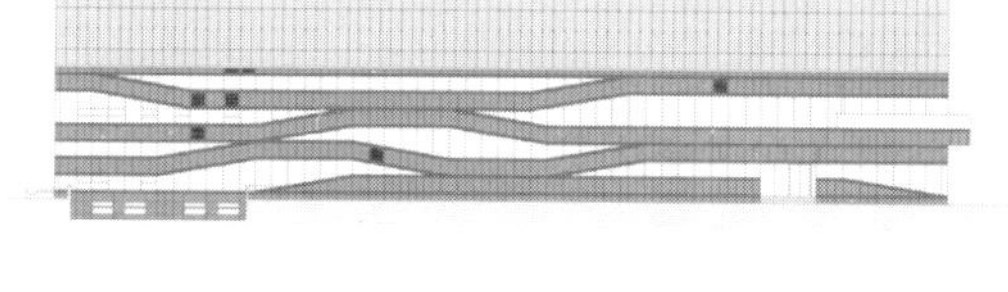

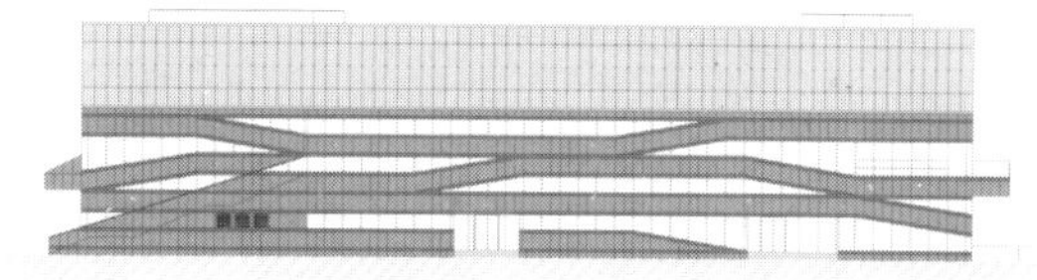

立面图

透视图

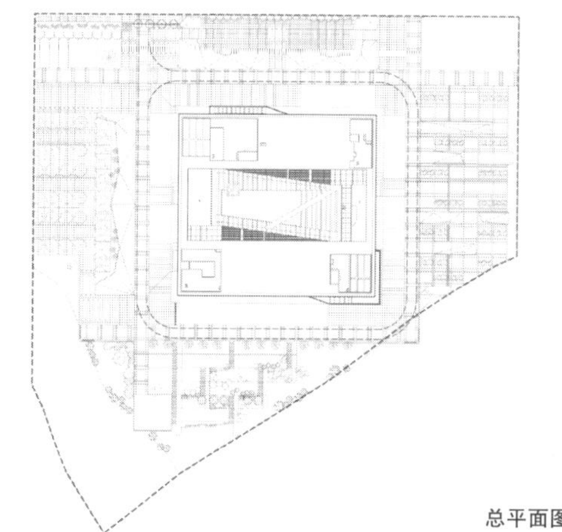

总平面图

富阳市文化中心设计

ARCHITECTURAL DESIGN OF CULTURE CENTER, FUYANG

富阳——一座典型的江南山水城市，境内山清水秀，素有“天下佳山水，古今推富春”之美誉。市区距离东北侧杭州市37km，同时位于富春江—新安江—千岛湖这条国家级黄金旅游线上，具有极佳的区位条件。

得天独厚的环境条件、丰富的文化内涵，强大的财富实力成为富阳城市发展的资本和特色。参照城市总体规划，未来的富阳市将形成沿江的三大功能中心，即老城的商贸中心和交通枢纽，东洲的休闲旅游中心、特色工业基地和预留研发中心，鹿山的行政中心、文化旅游和体育中心。各中心之间互补，形成城市带状中心，服务全市。

设 计 者：孙彤宇　俞　泳　陈　奕
工程规模：建筑面积181 266m^2
设计阶段：方案设计
委托单位：富阳市规划局

鸟瞰图

效果图

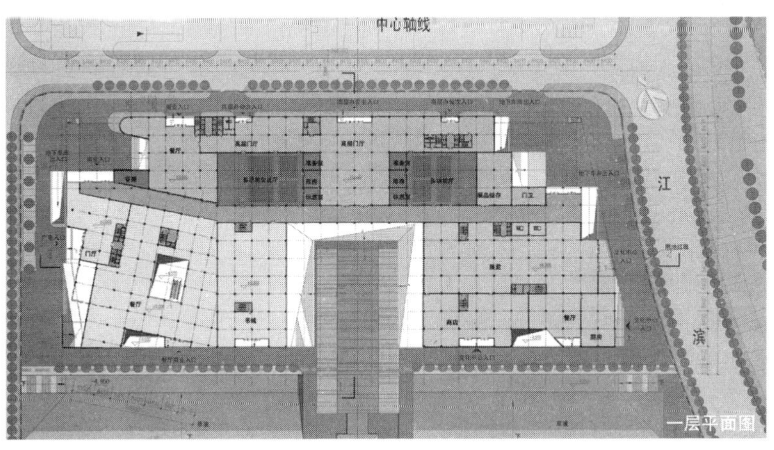

一层平面图

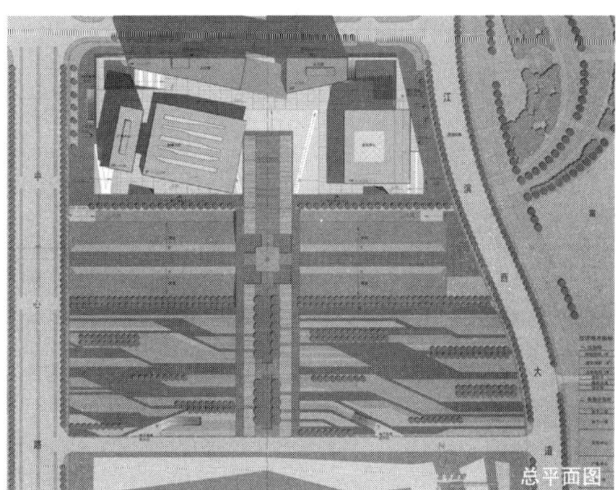

总平面图

灵石县社会福利中心

LINGSHI SOCIAL WELFARE CENTER

建筑群体以简洁、完整的体块及表皮，适度提炼山西当地古典建筑的构成元素)——坡顶、墙体、门窗等，以期达到现代材料、理性手法及古典韵味，三者结合，塑造别具风格的建筑形象。立面设计追求简洁明朗的总体效果，既符合现今的时代气息又蕴含传统的建筑意向。

充分利用地形，利用基地原有的处于不同标高的层面，将私密性的老年生活休闲空间与非私密性的商业服务及办公空间区分开来。设计中将两部分别设置，将敬老院的住宿部分布置于地势较高，受道路杂音影响较小的地块南端，商业办公布置于地块的北端，同时也可为南部生活区域阻隔一定的噪声影响。考虑到公共配套设施的需要便利于服务两个区域，设计中将餐厅、厨房、医疗、办公接待等功能用房布置于住宿功能区域的东西轴中间位置。

住宿楼之间由建筑与廊道围合而成的院落空间由人工雕琢的园林小品景观、休闲活动空间构成。以景观、休闲、活动三种功能为设计的目的依据，创造不同的景观视觉感受。

设 计 者：鲁晨海　刘 欢

工程规模：建筑面积16250m^2

设计阶段：方案设计

委托单位：灵石县民政局

鸟瞰图

效果图

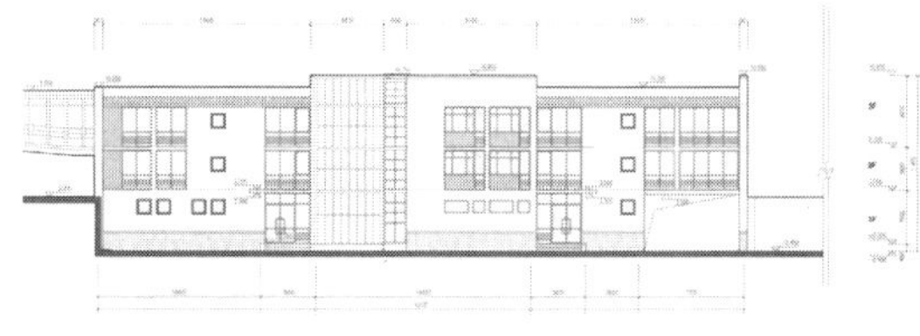

立面图

剖面图

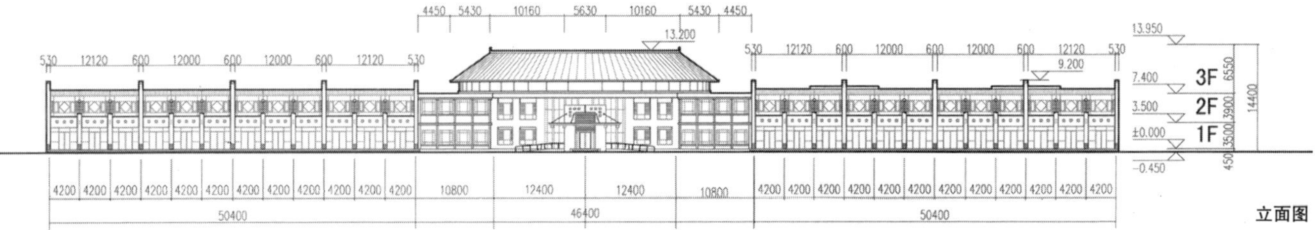

立面图

龟兹文化中心

CULTURAL CENTER , QIUCI

龟兹文化中心, 是一座将城市文化基础设施的博物馆、群众艺术馆和档案馆等作“三位一体”组合的城市综合体建筑，位于丝绸之路重镇的新疆库车县，即古代著名的龟兹文化所在地。场地选址在库车新城的东北，北面和西面紧邻城市道路，西面跨路有一处大型市民休闲广场。总建筑面积13000m^2，主体建筑地上三层，地下一层。

由于三馆合一，占地面积少得多，空间非常紧凑，建筑外表面积相对很小，并充分利用地下空间，再加上发挥混凝土在承重、维护和装饰上的塑型潜力，取代因环保而禁用的传统生土材料，并尽量少用饰面材料以应对常见的沙尘气候，故本工程显著地适应于环境气候，节约了土地资源，降低了建筑能耗，减少了投资规模，将对国内小城市文化综合体建设产生积极影响。

本设计充分考虑了作为发展中的小城市文化综合体的多功能性，当地两千年来印度–中亚佛教、伊斯兰教和汉文化在此交汇的多元、多样性，以及龟兹古今多民族建筑艺术的多义性，把不同文明阶段的美学元素加以提炼整合，象征性地表达在现代结构和材料的构成逻辑之中，在文化和技术两个方面都体现了可持续建造的理念和手段。

设 计 者：常　青　张　鹏　刘　伟　严　何

工程规模：总用地面积21300m^2；总建筑面积13466m^2

设计阶段：方案设计 扩初设计 施工图设计

委托单位：新疆维吾尔自治区库车县人民政府

鸟瞰图

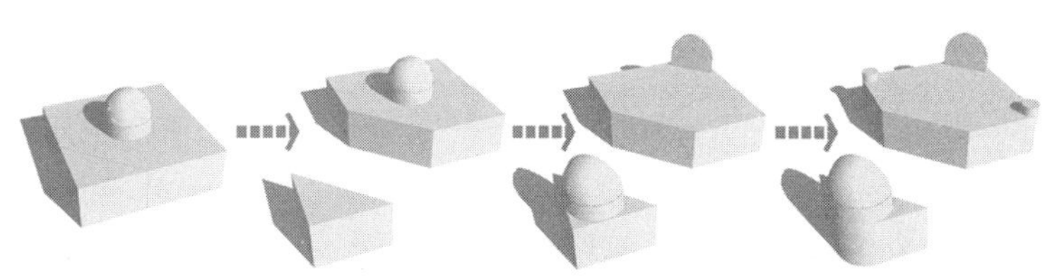

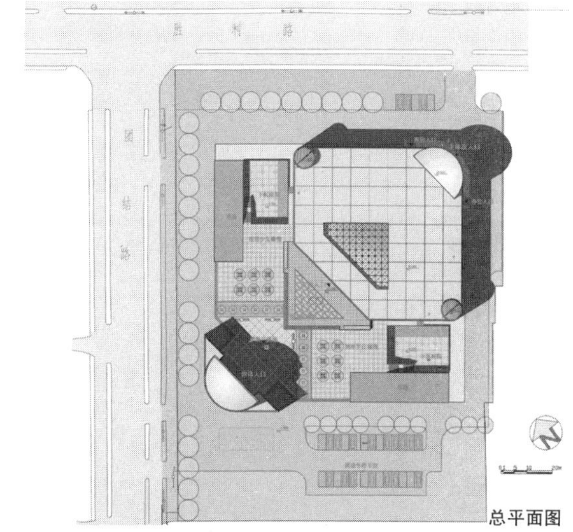
总平面图

效果图

立面图

河南农业大学新校区总体规划

THE PLANNING DESIGN OF COLLEGE CAMPUS, HENAN

河南农业大学新校区位于郑州市东部新郑新区龙子湖校园区的东北部，占地面积约107hm^2，建筑面积为704 220m^2。

校园建筑群以教学区为核心，围绕布置行政办公与学术交流区、体育运动区 、转基因实验基地、学生生活区、生活服务及后勤服务区。校园分为三大区域：南部行政办公区、内环教学中心区很外环生活运动区，结合这些功能设想以及校园内外的绿化景观体系，规划了“对外资源共享带”、“水系景观自然生长带”和“生活服务带”。

以图书馆作为新校区的主要标志性建筑物，结合绿化景观和文化广场构成校园规划结构的中心；以五类院系组团和公共教学组团作为核心区的教学建筑族群体系，加强中心区域的凝聚感。围绕整个教学区的环形道路是新校园的主要交通道路，使各功能区相对独立、完整，同时又将各功能区串联起来，形成有机的路网结构，提高道路的通行效率。基地的西侧为龙子湖景观区，其他各院校均围绕龙子湖呈放射状分布。因此，在主轴线的垂直方向设计了一条朝向龙子湖的视线通廊。它自校园西门起，穿过教学中心区，途经图书馆前广场，向东到达运动场。这两条相互垂直的轴线有效地控制了整个校园的空间规划，并与龙子湖紧密地联系起来。

设 计 者：徐　甘　张颖锫
工程规模：建筑面积704 220m^2
设计阶段：方案设计
委托单位：河南农业大学

整体鸟瞰图

图书馆透视图

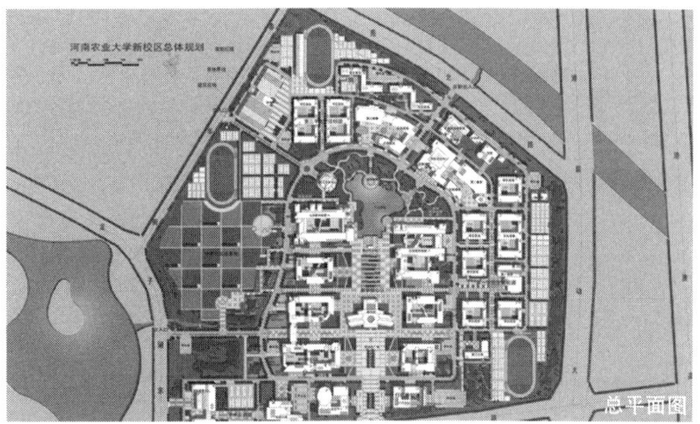

总平面图

院系组团透视图

学生宿舍透视图

公共教学楼透视图

常熟明珠小学及幼儿园

MINGZHU SCHOOL & KINDERGARTEN, CHANGSHU

本工程用地呈楔形，小学（小学综合楼、风雨操场）和幼儿园各占南北一翼。小学部分包括教学及教辅用房、行政办公、食堂、风雨操场等辅助用房，建筑面积约22 000m^2。幼儿园由生活、服务、供应用房组成，建筑面积约10 000m^2。

方案力求创造一个灵活多变、富有朝气的新型空间。通过错落的具有象征性的建筑形象，传承时代精神、启迪学生智慧。

小学教学区以一个多层次的、富有个性的开放中庭为中心。教学区入口4层通高的门廊，配合直通二层的大台阶，寓意“通向知识的大门”。通过不同楼梯的组合，创造了若干看与被看、交流与游戏的小角落，既可以举行临时集会，又可为小范围的学生活动提供有趣、安全的开放空间。教学楼立面注重单元重复中的变化，南面走廊，配合出挑的各色阳台板，形成活泼、多变的效果。北面强调规整大窗之中的错落划分。

幼儿园沿一直一曲两个方向布置活动室和卧室，形成曲尺状布局，沿街的连续弧墙衍生出有趣的灰空间，在实体和院落之间切换，契合了幼儿活泼好动的游戏心理。教室的锯齿形布置从内部与外部为每个班级创造一个属于自己的可驻留空间。

设 计 者：谢振宇　张建龙　周　旋　胡军锋
工程规模：建筑面积32 000m^2
设计阶段：方案设计
委托单位：常熟市教育局

鸟瞰图

平面图

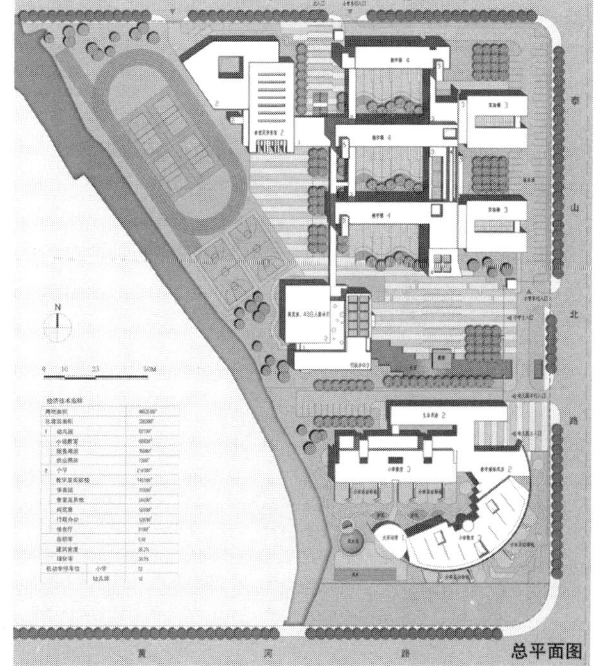

总平面图

小学内景

常熟市第七中学

NO.7 MIDDLE SCHOOL,CHANGSHU

常熟第七中学拟建于常熟市北干道虞山北路西侧，南临联珠路，与市外国语学校隔路相望。总用地面积4.38hm²。

项目位于虞山镇改造旧城区，设计中既要考虑中学整体布局、空间及交通的关系，又要兼顾开发时对城市整体的影响。

本项目分为三大功能片区，教学综合区由一栋包括了行政办公、图书实验、专业教室的综合楼和3栋普通教学楼组成，体育运动区则包括东侧的篮球场、250m标准跑道小型足球场和一座室内体育馆。生活辅助区则由基地西北角的学生宿舍、自行车库、食堂、变配电等功能组成。这三大部分相对独立，通过统一的坡顶造型组织，在建筑形象上形成一个高低错落、前后穿插的整体。

设 计 者：谢振宇　张建龙　胡军锋　周　旋
工程规模：建筑面积30 000m²
设计阶段：方案设计
委托单位：常熟市教育局

鸟瞰图

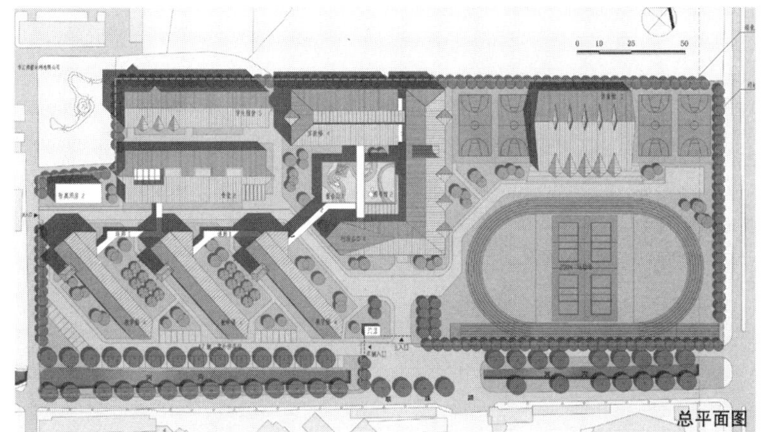
总平面图

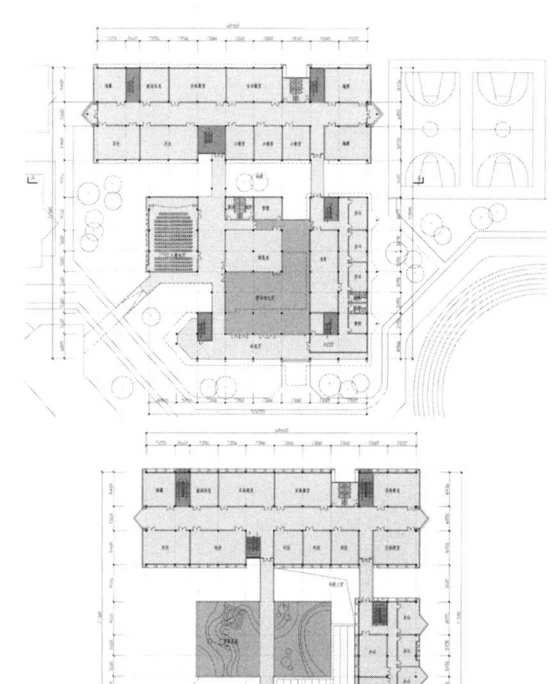
平面图

透视图

援非小学方案设计

AID AFRICA PRIMARY SCHOOL PROJECT DESIGN

设计力图以中国结的概念充分表达中非“友谊一和平一发展一合作”的深刻主题，实现中国特色与非洲传统、历史感与现代感、技术性与艺术性、统一性与灵活性、生态性与经济性的高度统一，对非洲国家的教育、经济、社会生活等诸方面产生持久的积极影响。

建筑以不断重复的教室单元强化视觉冲击力，单元通过不同的拼接方式适应不同地形及学校 规模，从而保持100所学校统一的视觉形象。建筑以双层钢屋架及中国红构架演绎传统中国木构的营建方式。

小型化的形体及双层屋面的房中房体系能很好的适应非洲地区的热带气候条件，实现节能和生态性目标。结构简单易行，可循环重复利用，并力图实现维护结构大量采用当地材料及营建方式，减少运输费用及能耗。方案还对一些简单可行的生态节能措施的可实施性进行了探讨。

设 计 者：徐 风 周韵冰

工程规模：建筑面积1 082m²

设计阶段：方案设计

委托单位：商务部

鸟瞰图

东立面图

南立面图

透视图

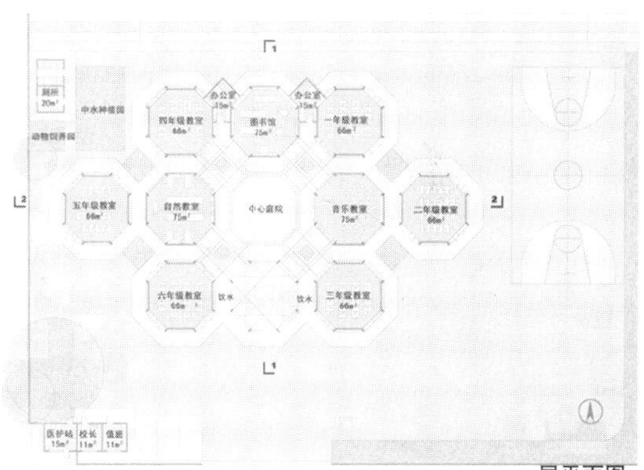

一层平面图

透视图

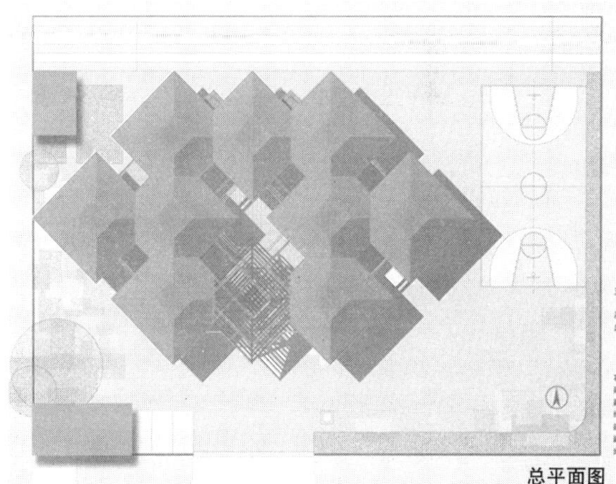

总平面图

张店祥瑞苑小学
XIANGRUIYUAN ELEMENTARY SCHOOL.ZHANGDIAN

学校建设总用地6.39hm^2，招生规模40个班。校园规划布局针对现代小学教学模式的使用特征，分为三大功能区：南部为运动区，中部为教学区，北部为行政、生活区。主入口设于北侧的居住区道路上，在校区内设置机动车安全环道。两组向对的凹字形教学楼与连接北部入口和南部实验楼的公共通道一起，构成了“X”形的校园主体空间骨架，整个校园路径清晰、流线简达。在校园中央布置的立体活动场所，以其聚合性的公共活动价值与独特的顶棚形象成为学校的标志。此外，设计还在生态性与持续发展方面作了有益探索。

设 计 者：吴长福　黄　怡　边克举　周烨恒
工程规模：建筑面积16 990m^2
设计阶段：方案设计
委托单位：淄博市张店区教育局

鸟瞰图

TJUADI

主入口
家长等候区
餐厅
行政楼
普通教室
普通教室
普通教室
普通教室
次入口
实验器览区
植物角
升旗台
300M运动区
排球
乒乓球
篮球

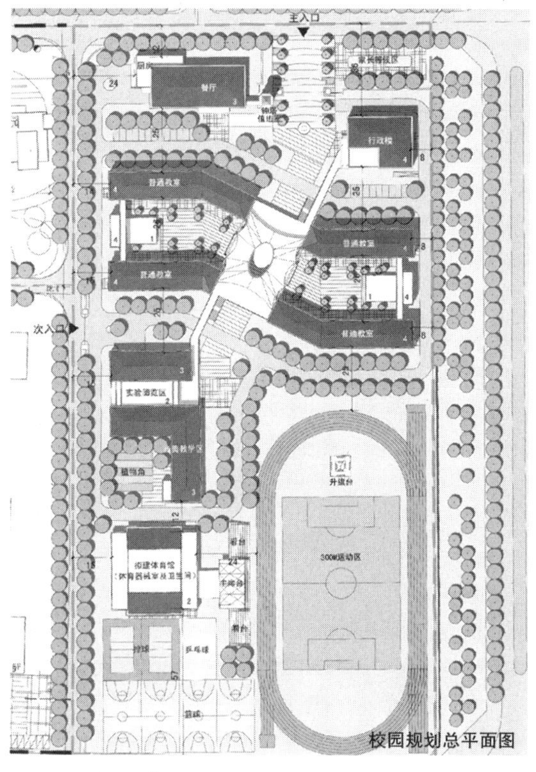

校园规划总平面图

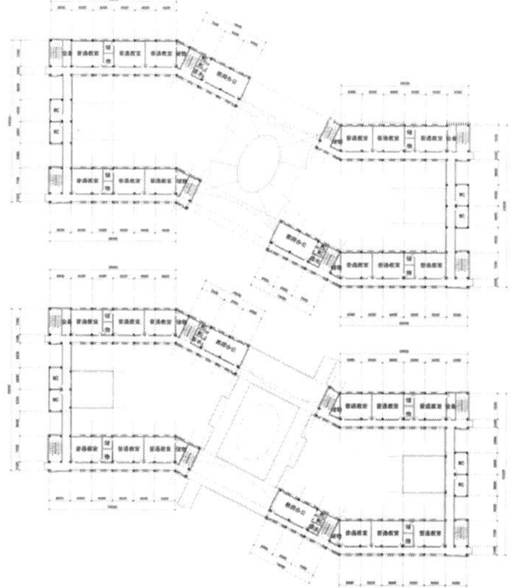

周村三中

3RD MIDDLE SCHOOL, ZHOUCUN

基地北、东及南侧三面临城市道路，总用地66.7hm^2，招生规模72个班。根据建设条件，设计以创造紧凑而富有活力的现代校园为原则，注重学校室内外功能的整合与互动，营造多重层次的开放空间，为学生提供多元化的活动与交往场所。

建筑沿基地西侧与北侧布置，4栋教学楼通过分层出入口及庭院向东侧林荫绿地及操场开放，增强了活动的可达性。教室与行政办公、实验室、体育馆以及食堂等单体建筑均通过二层连廊系统加以贯通，在联系便捷的同时，最大限度地减弱气候变化对学校活动的影响，从而达到“全天候”的使用目标。

设 计 者：吴长福　黄　怡　滬龑喆　徐震鹏　吴　娜　于智超　黄　梦

工程规模：建筑面积41 300m^2

设计阶段：方案设计

委托单位：淄博市周村区教育体育局

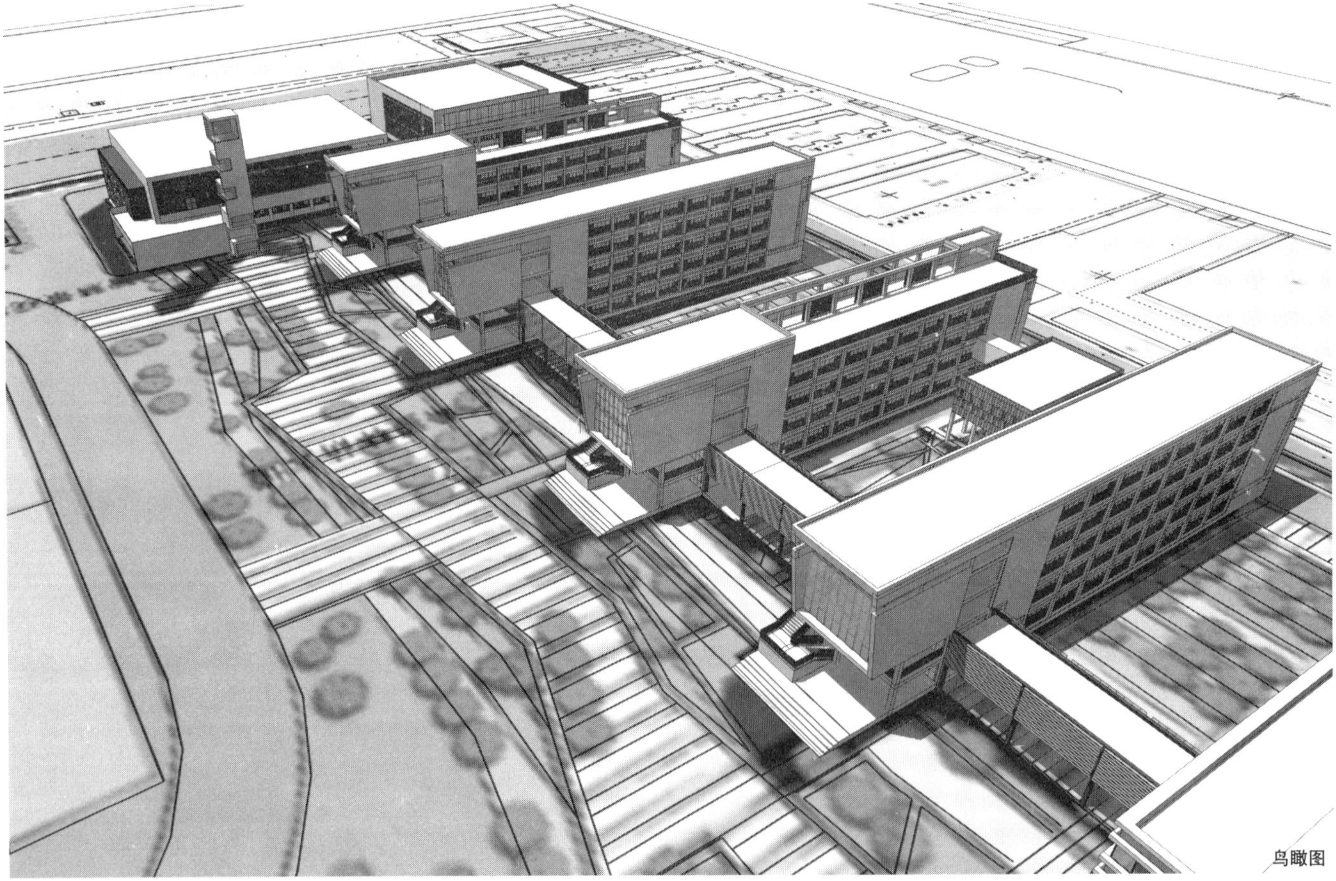

鸟瞰图

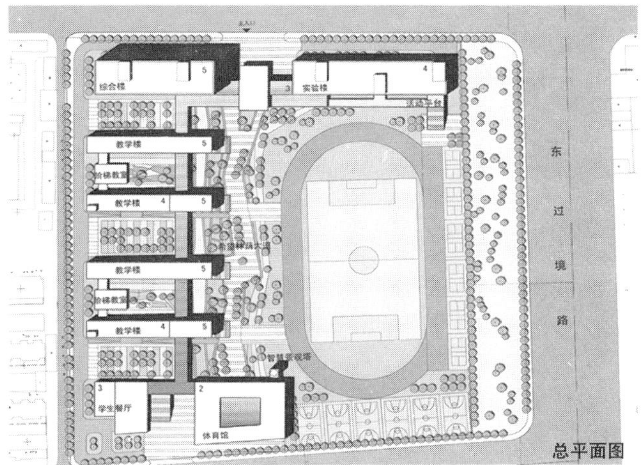

总平面图

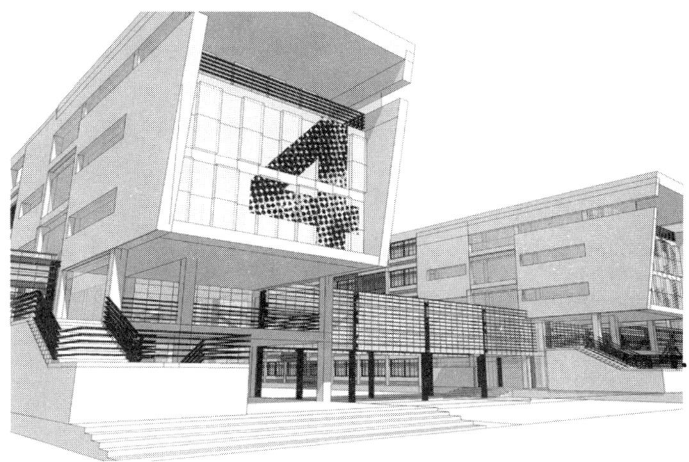

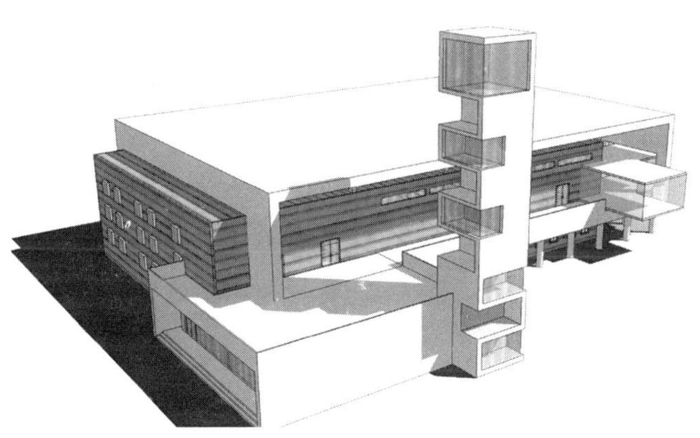

透视图

新郑市老干部活动中心

RETIRED VETERAN'S ACTIVITY CENTER, XINZHENG

基地位于河南省新郑市北部，中华北路和北环城路交叉口的西南角，面积约1.8hm^2。该建筑整合了办公、教学和室内外活动多种空间、闹静、参与者与流线要求差别极大但又相互关联的功能。因此，一栋兼顾“古迹”与“新区”、妥帖布局多样功能与空间并加以表达的建筑，成为这个设计中力求达到的目标。

老干部活动中心采用了两个“L”形体量结合游廊穿插布局的方式来安排活动中心的各种功能。两个L形尽管角度、高度、功能都有所不同，但交通上相互联系形成了一个线性的“环”。而线性空间所具有的不同功能相互干扰小、易于到达的特点满足了该活动中心多功能并置、需避免相互干扰的需要。通过建筑体量在道路转角的退让保持与东北角城市道路交叉口的缓冲关系，以大量绿化既给城市提供了丰富的景观又维护了本建筑内部相对的私密性和安静环境。

从功能出发的空间布局作为一个功能复杂的组合建筑，需要满足从朝向、动静、空间多种不同需求。利用两个体量的穿插巧妙地将不同层高、噪声影响、朝向要求的房间分置，满足了功能需要并且最大限度地集约了面积。

设 计 者：张　鹏　陈　曦　郑君彧
工程规模：用地面积1.8hm^2；新建建筑面积（地下）8071m^2
设计阶段：方案设计
委托单位：新郑市委员会老干部局

透视图

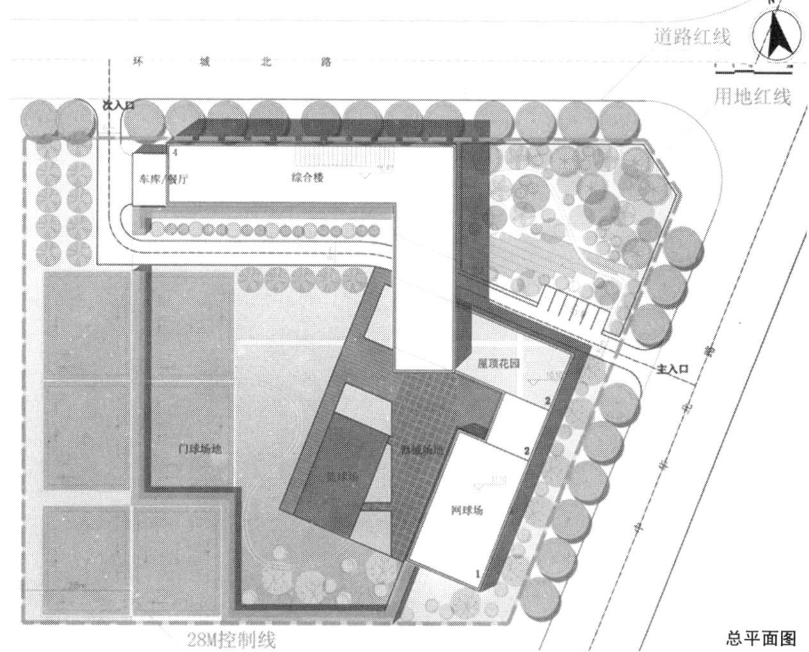

总平面图

透视图

上海财经大学中山北一路369号校区育英楼概念方案设计

CONCEPT ARCHITECTURE DESIGN OF YUYING BUILDING, SHANGHAI

上海财经大学中山北一路369号校区，由于教学培训的需要，拟建一栋主要作为EMBA教育培训的教学综合楼，其建筑功能主要包括教学培训、会议、考试中心、客房住宿、部分商务办公，以及80个停车位的地下车库。

上海财经大学中山北一路369号校区，主要作为研究生教育和经济类人才培训的校园，由于校园场地一级建设基地都不是很宽裕，因此对于建筑在校园内所处的位置，先进行总体的校园空间分析和建筑环境评估，并相应地提供了两个概念方案设计。

设 计 者：钱 锋 汤朔宁 朱 华
工程规模：建筑面积 约21 900m^2；建筑高度约80.00m
设计阶段：方案设计
委托单位：上海财经大学基建处

透视图

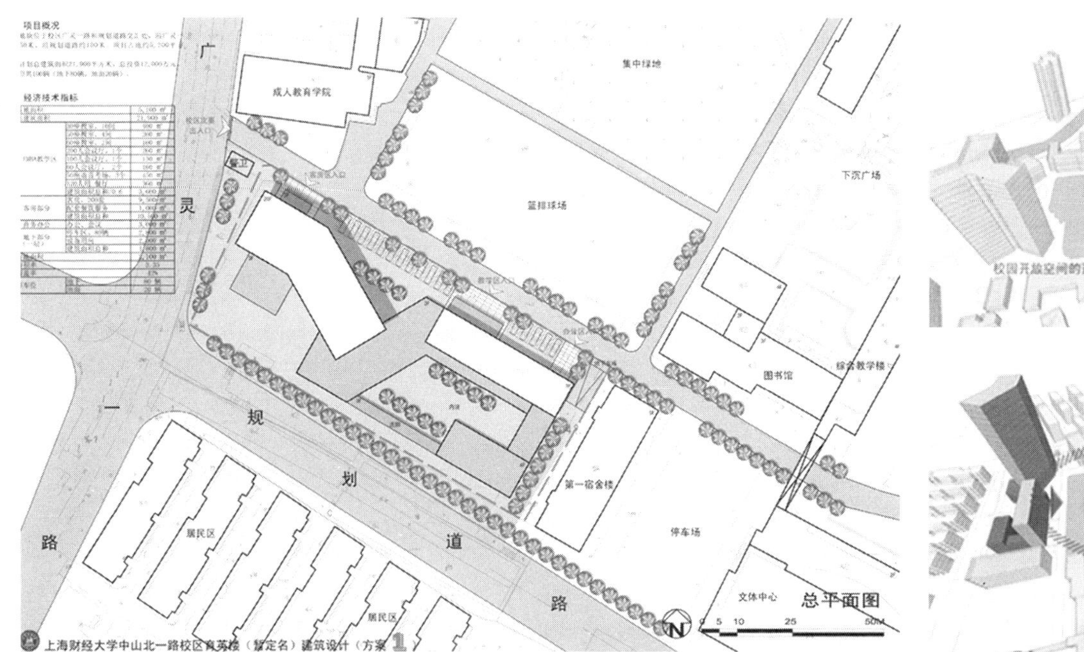

总平面图

上海财经大学中山北一路校区育英楼（暂定名）建筑设计（方案1）

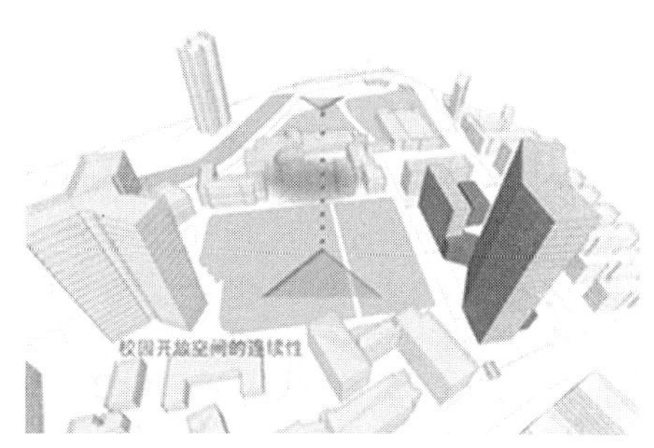

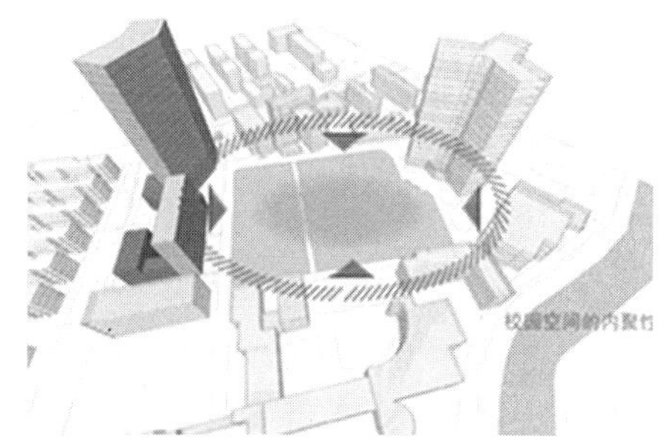

透视图

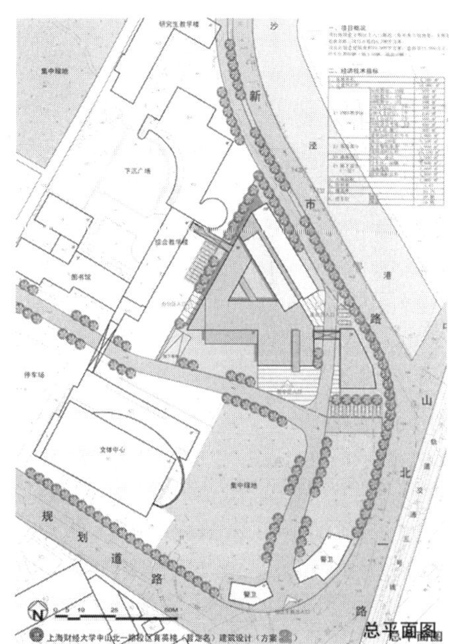

总平面图

上海财经大学中山北一路校区育英楼（暂定名）建筑设计（方案2）

清华大学机械学院及其西侧区域规划设计

THE PLANNING DESIGN OF MECHANICAL ENGINEERING COLLEGE OF TSINGHUA UNIVERSITY & ITS WESTSIDE

基地位于清华大学主教学楼前区，信息学院西侧。东西两侧为校园南北交通干道。规划区域内保留规划道路将基地一分为二。东区建筑规划为“U”字形，西区为“口”字形，分别围合内庭院，为教学和科研提供良好氛围。方案设计构思是用建筑围合庭院空间，营造宁静和谐的学习和研究氛围；并以简洁现代的建筑风格，彰显学府清新淡雅的人文气息。

东区建筑主入口面向信息学院主入口，并尽量后退形成广场，其轴线正对9003大楼，成为三者共用的入口广场，活跃该基地人文气氛。西区建筑主入口面向基地北侧步行道路。东西区建筑通过三层以上的连廊相连，并连接至信息学院，加强形象的整体性。

教学楼北侧7层，南侧局部8层，与信息学院以及基地周边建筑高度呼应，尽量减少巨大体量对环境影响。东西区分别设置地下2层机动车停车库，总计停车632辆，地面停车位33辆为主楼前区服务。

设 计 者：汤朔宁　陈　磊

工程规模：建筑面积85 691m^2，建筑高度34.20m

设计阶段：委托设计（方案）

委托单位：清华大学基建处

透视图

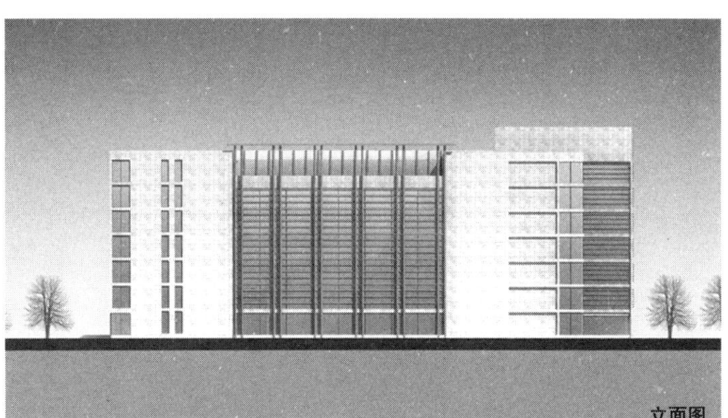

立面图

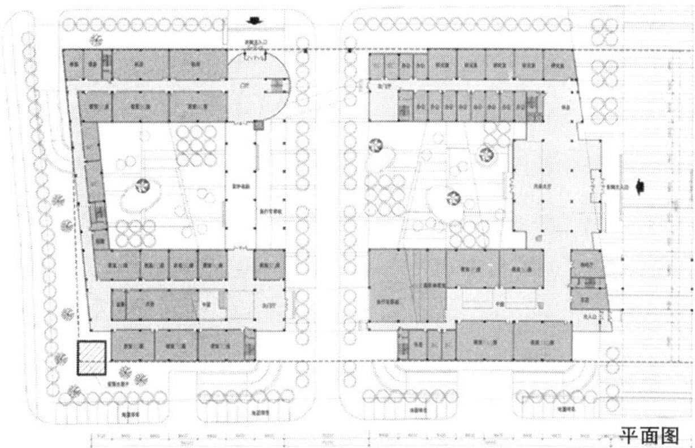

平面图

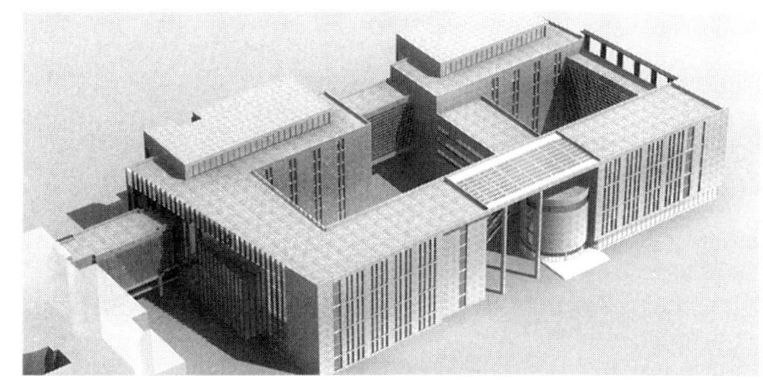

总平面图

透视图

青岛实验中学

EXPERIMENTAL HIGH SCHOOL, TSINDAO

学校位于山东省青岛市浮山新区内鲁信长春花园小区的西南角，西、南面为劲松七路和银川东路，北面临小区主要道路，且与小区的主出入口紧邻。整个校区为东南高、西北低，自然地形最低点为64.95m，最高82.40m,竖向复杂。

总体布局：学校运动场地沿劲松七路布置于地块西侧，避免噪声影响东侧长春花园的居民。主要建筑群布置于地块中部和东部。针对基地较为紧凑的格局，建筑群体采用直线弧线转折结合，形成两大轴线空间。

特色空间：以南北纵轴组织公共教学和办公建筑，形成校园主景广场；以东西横轴贯通主教学楼，围合教学庭院；轴线交点设置钟塔，两轴向尽端设半圆空间，令人过目不忘。行政办公楼前的下沉广场，成为空间核心，可举行多种演出活动。

竖向设计：结合地形，校园形成6种高程；利用南北高差塑造半围合的圆形休闲广场；利用绿阶形成宿舍楼下沉广场，抵消食堂南北高差；利用东西高差形成操场主席台看台。

设 计 者：蔡永洁　李振宇　王志军　陈　燕　张红革

工程规模：建筑面积26 755m^2

设计阶段：方案设计 扩初设计 施工图设计

委托单位：山东鲁信置业有限公司

鸟瞰图

剖面图

剖面图

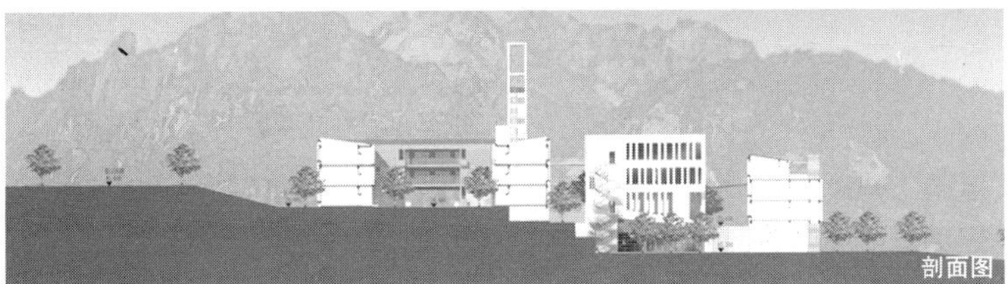
剖面图

透视图

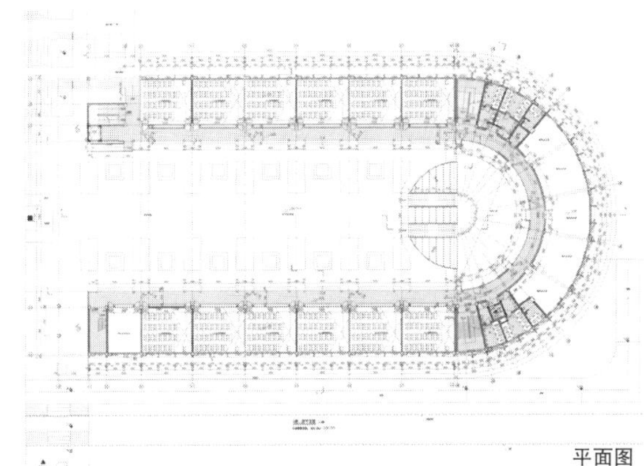
平面图

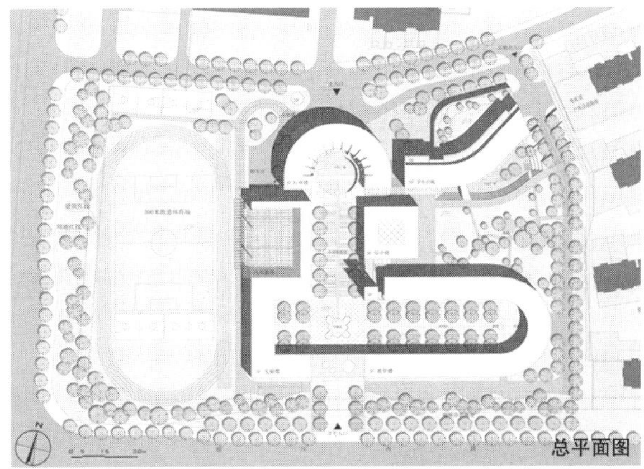
总平面图

透视图

铁岭县高中规划建筑设计

THE PLANNING AND ARCHITECTURAL DESIGN OF TIELING HIGN SCHOOL CAMPUS, TIELING

本项目用地位于铁岭县规划新区东北角，基地西临钟山路，东侧千山路，北接鸭绿江路。规划建设铁岭县高中校园占地面积约为10.5hm²，一期工程建筑面积为44 100m²。高中规模为在校注册学生3000名。

现代的中学教育已经从填鸭式影视校阅转向素质教育，提倡学生的个性培养和多元化发展。这种现代教育理念的转变对当今中学教育建筑的设计和建造提出了新的时代要求，再加上高中学生在年龄、心理和行为模式等方面有其自身的特殊性，因此也使得高中学校建筑在设计和空间塑造上有其自身的专属性。本方案秉持以学生为本的设计思想，力图将高中学校建筑的这种现代性和专属性贯穿在建筑设计的每个细节当中。

绿色生态节能原则意见成为当今建筑设计重要原则，教育建筑也不例外。本方案结合铁岭的气候特征，通过建筑布局、表皮界面和内部空间的综合设计，努力争取自然的采光、通风，利用绿化植被的微气候调节作用，创造舒适宜人的室内学习和办公环境，降低建筑能耗，促进人与建筑的可持续发展。

设 计 者：孙彤宇　俞　泳　陈　奕
工程规模：建筑面积47 595m²
设计阶段：方案设计
委托单位：铁岭市人民政府

鸟瞰图

西南立面图

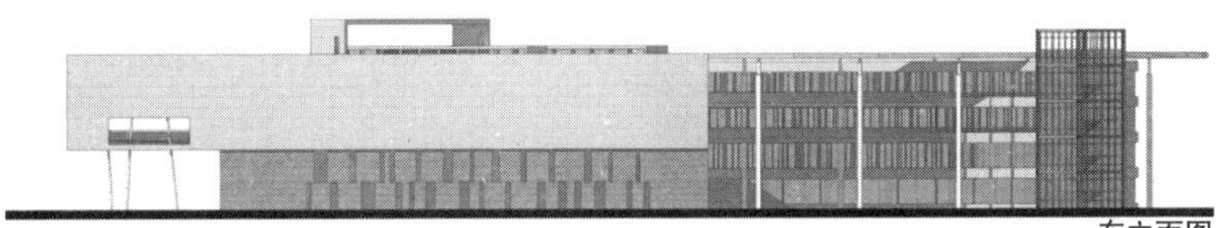
东立面图

总平面图

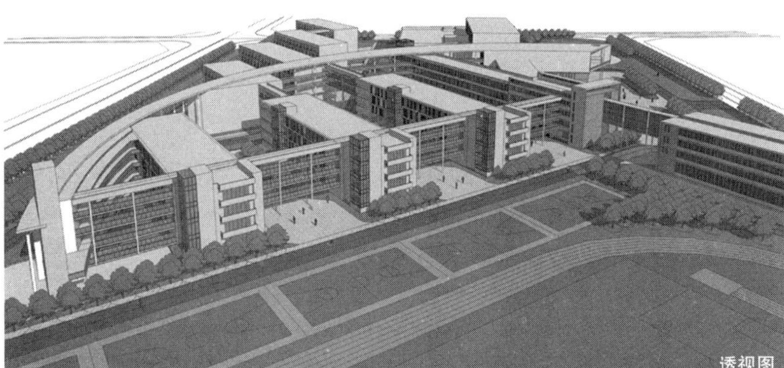
透视图

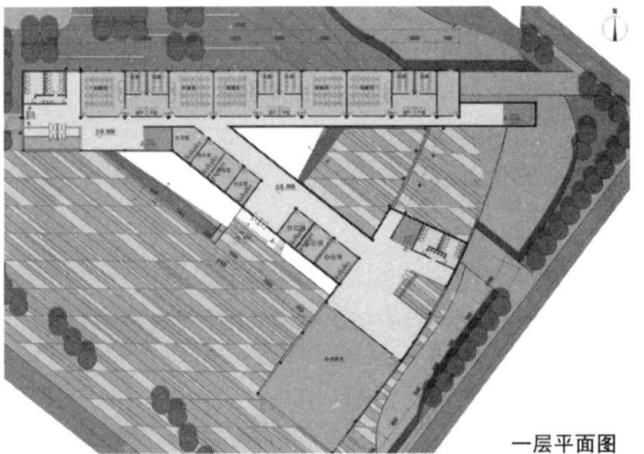
一层平面图

透视图

铁岭县凡河九年制学校规划建筑设计

THE ARCHITECTURE OF NINE-YEAR ELEMENTARY SCHOOL, FANHE, TIELING

凡河九年一贯制学校位于规划新区内，基地左临泰山路，右临黄山路。规划占地92亩。分为初中部和小学部。

用发展的眼光对校园进行全新定位。对校园进行整体设计与规划。空间和建筑布局的开放性，将校园建筑展示并贡献于城市环境，并以自身鲜明的个性和现代学术内涵，影响周边地区的文化属性。“开放性”体现了21世纪学校与社会广泛的联系和交流，并有利于培养学生的责任感和社会活动能力。建筑分区和使用功能的合理性，为学生和教师提供最大限度的方便，提高学习、工作效率。

立足于营造整体校园空间环境，打破传统校园只重建筑单体形式的不足，在这里建筑单体相互作用，构成一个整体的空间，让校园中的每一块用地都成为这一整体空间的一部分，没有“边角料”，建筑的布局在均衡中求变化，在变化中求统一，让学生在校园内的每一处都能感受到学校的气氛。

设 计 者：孙彤宇　俞　泳　陈　奕

工程规模：建筑面积42 053m^2

设计阶段：方案设计

委托单位：铁岭市人民政府

入口透视图

透视图

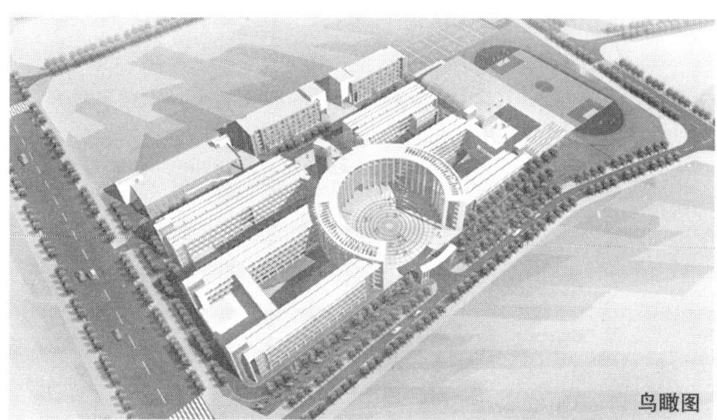
鸟瞰图

透视图

透视图

透视图

许昌职业技术学院体育馆方案设计

THE ARCHITECTURAL DESIGN OF GYMNASIUM IN PROFESSIONAL & TECHNICAL COLLEGE, XUCHANG

许昌职业技术学院体育馆位于该学院的西北角。体育馆建筑由比赛表演馆和训练馆两部分组成，比赛馆设有5000个观众席，其中2915个固定座位，其余为活动座位，可分别满足篮球、排球、手球及体操等国际国内各类比赛项目及文艺演出。同时，结合学校400m田径场及其他体育设施将成为许昌市体育活动中心。结合基地总平面布局，设置了临时停车场。

体育馆建筑平面功能布局合理，满足使用要求，交通流线组织符合消防疏散要求。

体育馆建筑造型反映了建筑内部功能、空间关系和结构系统三者的有机结合，通过建筑立面设计和构造细部处理，以现代建筑风格为基调，采用两个飘逸的屋面将比赛场馆和训练馆两者有机地整合起来；曲面、铝板、玻璃等现代材料的运用，使体育馆建筑的整体风格极具有现代感。

设 计 者：颜宏亮　陈妙芳　邵　征

工程规模：建筑面积15 165m^2

设计阶段：方案设计

委托单位：河南省许昌职业技术学院

透视图

透视图

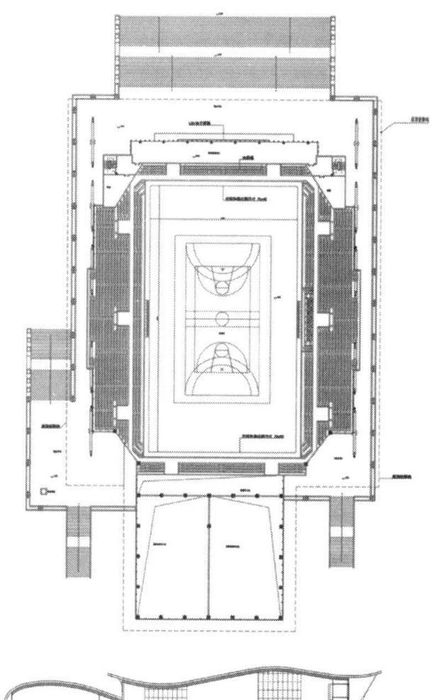

观众厅层平面图

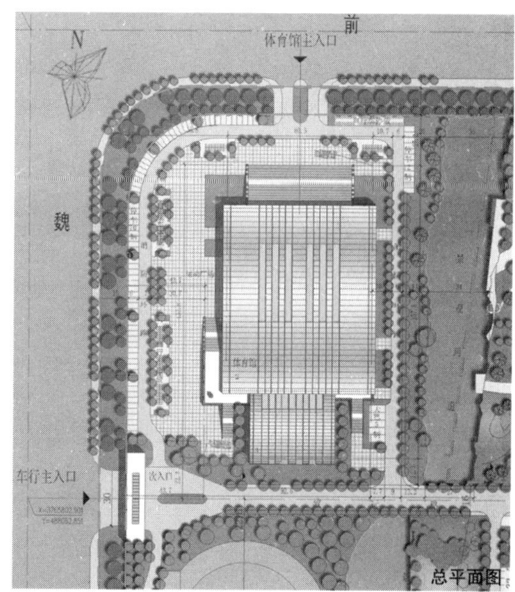

总平面图

安徽财贸学院——合肥职业技术学校

THE LANDSCAPE & ARCHITECTURAL DESIGN OF THE NEW CAMPUS OF AUDIT INSTITUTE, ANHUI

新校区总体规划以“人”为核心，强调环境育人，体现生态化、园林化、现代化、社会化的原则，以“至善”的境界作为追求的终极目标。

（1）以生态环境意识为指导，关注人与自然、人与建筑的互融与共生，尊重自然，结合地形，以高起点的环境艺术及景观设计创造一个现代化的校园环境；

（2）注重校园空间的形态特征和网络结构，有机组织不同层次的领域空间，满足人的不同心理需求；

（3）以“园”作为设计的出发点和结合点，用园林的手法创造环境，营造出雅致的校园学术环境和文化氛围；

（4）发现和挖掘构成校园空间的语言要素，创造出有特色的校园建筑、环境风格，使学生产生强烈的认同感和归属感；

（5）大学校园的形成是一个动态发展的过程，在设计时充分考虑校园空间的可生长性，以适应未来发展的需要；

（6）以开放性的设计理念，确定校园与城市空间的互动关系；

（7）重视对规划、园林、景观、建筑的整体设计，追求设计的同步化与一体性。

设 计 者：戴复东　吴永发　吴　白　彭　杰　王艺平

工程规模：建筑面积51 200m^2

设计阶段：方案设计

委托单位：安徽财贸职业学院

整体鸟瞰图

图书馆

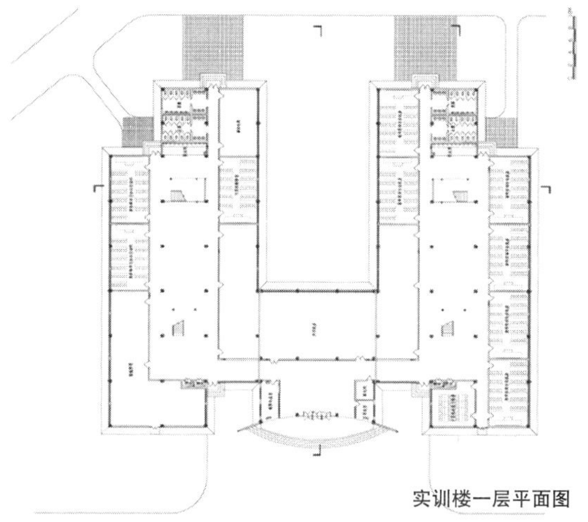
实训楼一层平面图

行政中心

实训楼

饮食服务中心

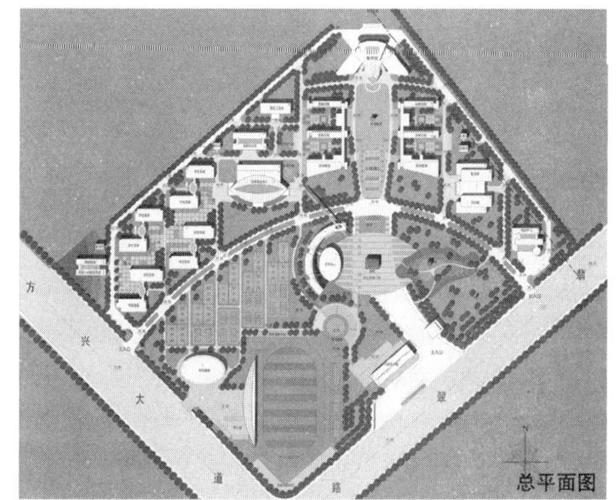

总平面图

安徽审计学院新校区

THE NEW CAMPUS OF ANHUI AUDIT INSTITUTE

安徽省审计学院是顺应安徽高等教育形势的需要，在原安徽审计学校基础上扩建发展的新校区。新校园位于合肥桃花工业园开发区内，合肥大学城西南方，地形呈梯形，南阔北窄，北临方兴大道。规划内容包括总体规划校舍、道路、环境景观：主要单体包括教学楼，图书馆，饮食服务中心，学生宿舍，风雨操场，培训中心，行政科研楼，科技实验楼，学生活动中心等。规划分二期进行，统一规划，分期建设。

设计通过“哑铃式”道路系统，将教学科研区、学生生活区、后勤服务区以及体育活动区有机联系起来，道路分为三级：主干道7m，次干道5m，支道3m。主干道，次干道与支路形成网状连接多点交互的形态，实现了两点之间的多重选择与高效连接，提高了使用效率。道路系统实现了人车分流，车行道路以方便快捷为主，做到通而不畅，人行道路以景观作用为主，在人们的方便行走与驻留观景之间合理取舍。利用建筑架空层和户外场所，充分考虑必要的机动车和非机动车停车位置。考虑到分期实施的需要，结合特定的功能和环境条件，以“鱼脊式”的规划结构构成有特色的空间环境。整个校园随地形走势而起伏，休闲广场自西向东的叠落，体现了校园自西向东的趋势。校园南侧预留道路延伸发展的可能性，体现校园发展的可持续性。

设 计 者：戴复东　吴庐生　吴永发　李国青　秦夏平　吴　白

工程规模：建筑面积82 890m^2

设计阶段：方案设计 扩初设计 施工图设计

委托单位：安徽审计学院

教学楼

学校大门

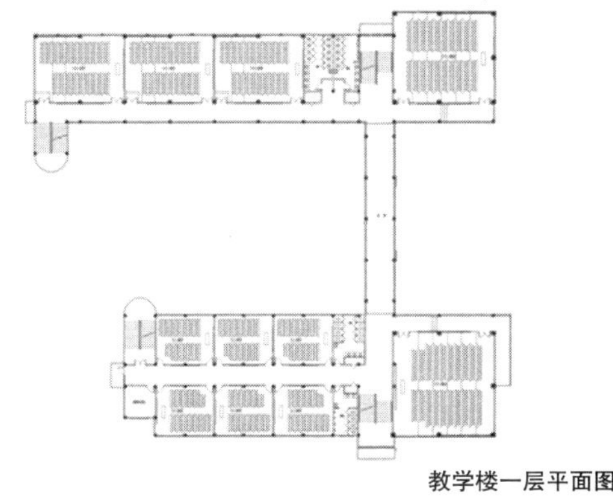

教学楼一层平面图

图书馆

学生宿舍

饮食服务中心

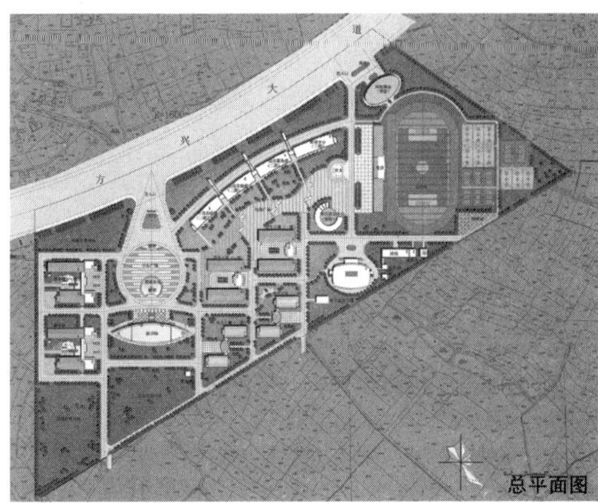

总平面图

皖南医学院新校区总体规划及一期单体设计

THE PLANNING & ARCHITECTURAL DESIGN OF THE NEW CAMPUS OF ANHUI AUDIT INSTITUTE

本校园规划特点如下。

环境考虑：因地制宜，合理利用。具体表现在水系的引入：结合北面原有的水系，开挖基地东南面水系，使新校区形成一个四面环水的自然防护区和独具特色的校园边界景观，同时开挖的土方回填到基地内，有效地取得土方平衡，节约造价。

功能特点：组群布局、分区得当；中心突出，引导全局；轴线控制，有序发展。

空间特色：收放自如，张驰有度，新校区尽量对滨江公园开放，引入景观；庄谐互补，特质强化，总体东面及中轴线上的建筑严谨而富有理性，而西侧临水建筑布置则自由灵活：理性与浪漫相结合，建筑与情感相交融，提高校园品质。

风格体现：传统品格，现代品质。以庭院、白墙深瓦、局部坡顶体现出江南水乡的传统建筑品格，而以现代化的功能、材料、结构艺术形式再现出现代品质。

设 计 者：戴复东　吴庐生　吴永发　金　涛
工程规模：建筑面积210 600m^2
设计阶段：方案设计 扩初设计 施工图设计
委托单位：皖南医学院

效果图

学生公寓

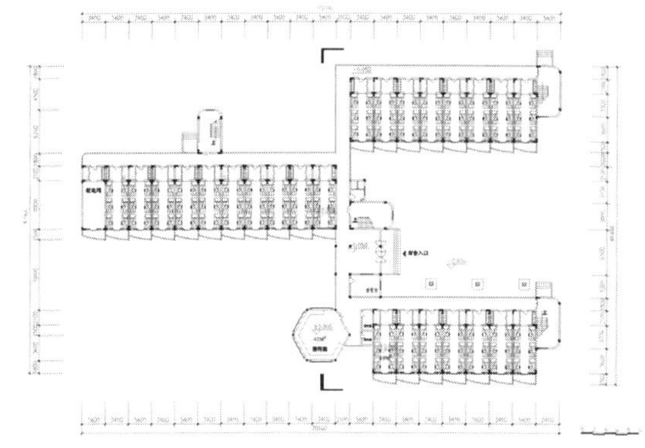
学生宿舍一层平面图

教学楼

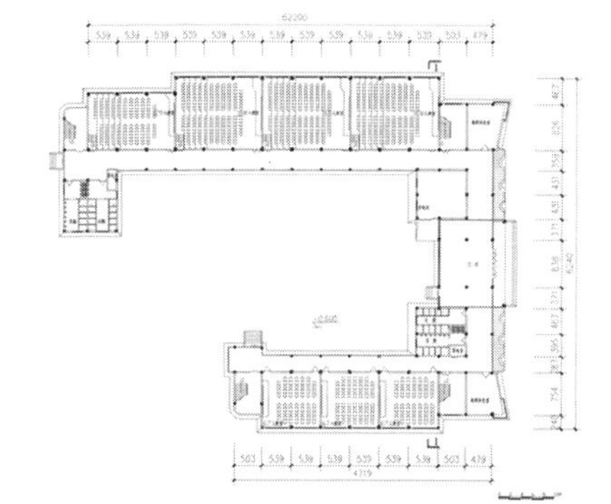
教学楼一层平面图

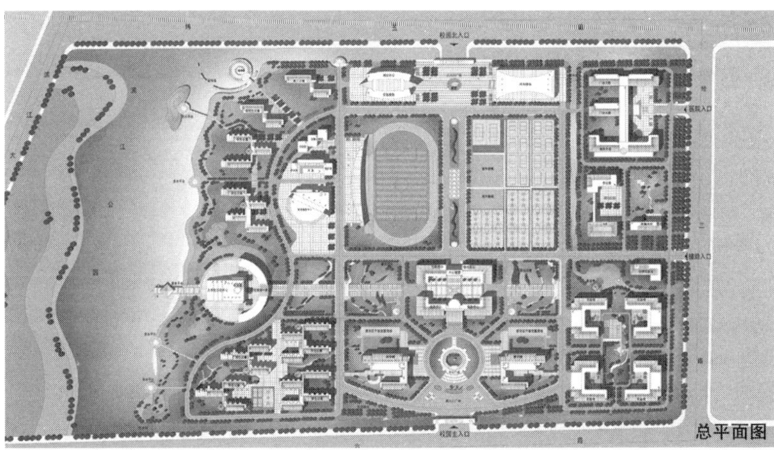

总平面图

整体模型

昭通师范高等专科学校新校区一期建设整体设计

ZHAOTONG TEACHER'S COLLEGE NEW CAMPUS 1ST PHASE HOLISTIC DESIGN

云南昭通师专建筑群设计中，引入建筑策划和城市设计导则的方法，针对大学特征和地域文化，尝试将民族文化的当代转换在建筑学的语境中分为宏观、中观、微观三个层次。

（1）宏观层次——院落与外部空间尺度：以校园核心轴线为依托，从校门到图书馆呈多层递进关系，各空间均以廊道连接，形成多层次多进式院落外部空间系统；对于院落围合的空间尺度进行了总结，采用了主空间80m宽度，200m纵深的选择，既可以进行大型的集会，也可以形成场所感建立两边建筑物之间的对话关系。

（2）中观层次——园林意象与建筑意境：建筑景观一体化-意境的营造不仅仅通过外部空间的开合关系、建筑物之间有机联系生成集群，更试图通过建筑景观一体化的设计来强化园林意象。

（3）微观层次——民族形式与色彩：西部设计上，注重民族文化印象片断的当代抽象化生成和民族色彩的提炼运用于建筑形体的生成。

设 计 者：涂慧君

工程规模：建筑面积186 165m^2

设计阶段：方案设计

委托单位：昭通师范高等专科学校

一期景观方案设计

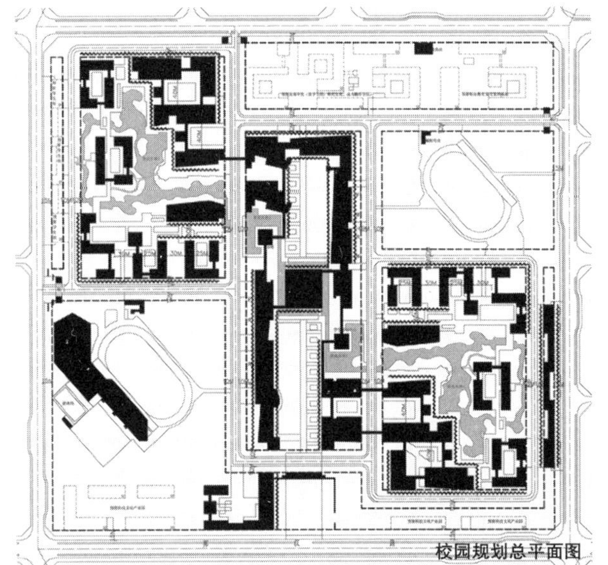
校园规划总平面图

图书馆效果图

数理楼效果图

北京大学体育馆建筑设计

THE ARCHITECTURAL DESIGN OF PEIKING UINIVERSITY'S GYMNASIUM

北京大学体育馆是2008年北京奥运会乒乓球正式比赛馆。同济大学在该项目的国际招投标过程中，一举中标获得设计权。该场馆建于历史悠久的北京大学校园内，建筑物充分尊重北大校园原有历史沿革，取其立意“中国脊”。既象征着中华民族不屈不挠的脊梁精神，也寓意着乒乓球运动在中国体育界的不朽地位。

该体育馆设计可容纳观众7 557人，赛场能同时容纳8张乒乓球台比赛。由于在设计中严格控制场馆空调风速小于0.2m/s，因此它也成为国内唯一的专业乒乓球比赛馆。在随后举行的2008年北京夏季奥运会中，胡锦涛总书记亲临北京大学体育馆观看乒乓球比赛，中国乒乓球健儿也如愿包揽了奥运会的四块乒乓球金牌。

设 计 者：钱 锋 汤朔宁 孙宏亮 陈志宏 朱 华 徐 烨

工程规模：用地面积17 100m^2；总建筑面积26 520m^2

设计阶段：方案设计 扩初设计 施工图设计

委托单位：北京大学基建工程部

室内实景图

室内实景图

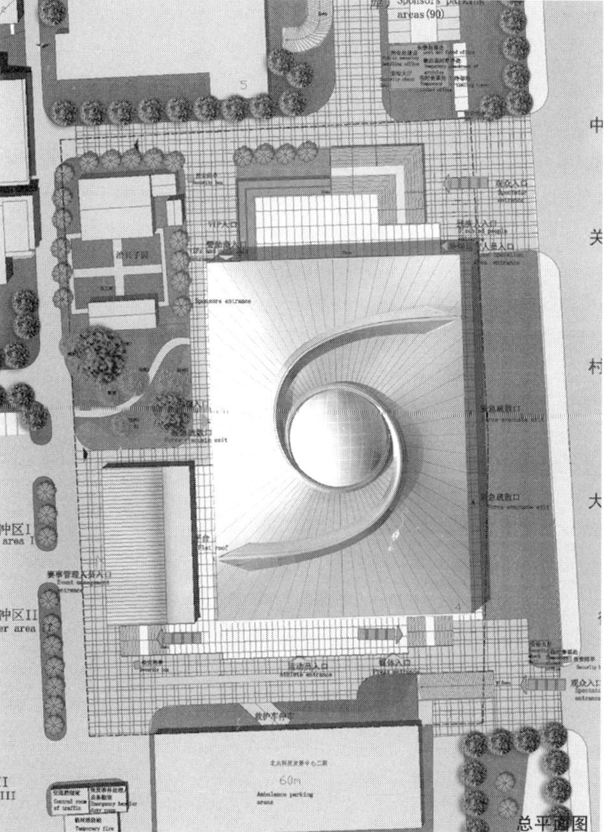
总平面图

实景照片

实景照片

上海水上中心室外跳水池

THE ARCHITECTURAL DESIGN OF SHANGHAI AQUATIC SPORT CENTER, THE OUTDOOR DIVING POOL, SHANGHAI

上海水上中心包括主体育馆，游泳场馆，室外跳水池和新闻服务中心。室外跳水池和主体育馆地快为39.4hm^2，林浦路在两个地块穿过。两个坡道路分割开的核心场馆区地块通过新规划的水道，跨林道，蜿蜒曲折的道路连接成为一个中心水体公园。

建筑形态上为了给整个建筑群体创造出强有力的统一性，重要的是给这三个体育设施一个统一的表现形式。各体育场馆馆根据其不同的大小和稽核形体要求，将通过一致的材料及结构原则将建筑体群构建为一个统一的组群。

结构原则是大跨度的拱，表面以白色，大块面三角形的元素构成。他们沿着拱的内部结构构成了弯曲的表面，这让人联想起风中的白帆。

设 计 者：钱 锋 汤朔宁 朱 华 戴 鸣
工程规模：综合基地面积88 053m^2；建筑高度33.558m；座席4 631席
设计阶段：施工图设计
委托单位：上海市体育局

透视图

透视图

效果图

日照游泳馆

THE ARCHITECTURAL DESIGN OF NATATORIUM, RIZHAO

日照市游泳场馆，位于日照市青岛路以东、山东路以北、日照奥林匹克水上公园内，项目用地面积约20hm^2。

2010年将在日照举办的第二届中国水上运动会，是提升日照城市知名度，打造“水上运动之都”品牌，建设具有国际水准滨海名城的有效载体。为办好此次水运会，建设一座全省乃至全国设施先进、功能完善、适应未来城市发展的现代化专业游泳教学、训练、比赛场馆，既为中国水上运动会乃至今后的各项赛事提供高质量高水平的比赛场馆和水上训练基地，又能满足赛后市民健身、休闲、娱乐等多项服务功能的要求。

该游泳场馆为甲级体育建筑，主要由游泳馆（水球馆）、跳水馆（花样游泳馆）、训练馆、水上康复中心组成。

设 计 者：钱　锋　汤朔宁　朱　华　徐　烨

工程规模：建筑面积30 992m^2；建筑高度23.84m，座席3 257席

设计阶段：方案设计 扩初设计 施工图设计

委托单位：日照市规划局

鸟瞰图

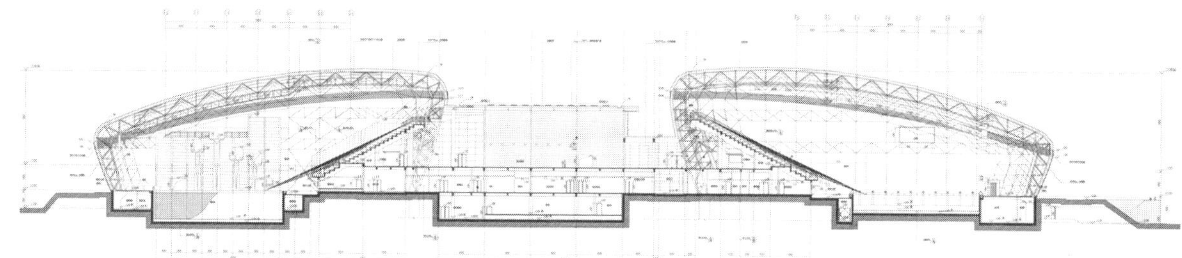

剖面图

总平面图

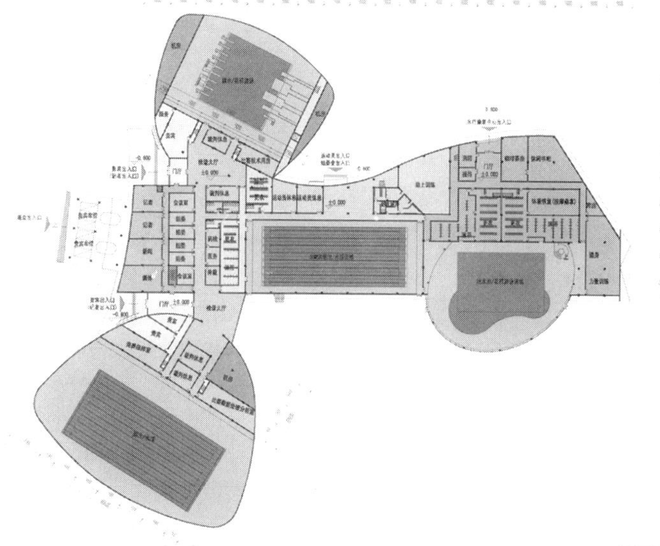

一层平面图

透视图

济宁市文体中心体育场

THE ARCHITECTURAL DESIGN OF MAIN STADIUM OF SPORT CENTER, JINING

济宁市文体中心建设用地位于山东省济宁市城区南部，总用地约28.02hm^2（包括多功能馆、游泳馆、能源中心等设施），基地现状基本为平地，西侧为济宁市教育功能区，该区域建成后将形成济宁市的文体中心。本工程为文体中心一期体育场项目，位于该地块西面部分，用地面积15.79hm^2，含热身训练场以及相应的辅助设施，具备承接省级综合性运动会和国家级多个单项比赛的能力。体育场方案设计由罗昂建筑设计咨询有限公司完成，本版设计是在原已确定方案的基础上根据批文调整修改而成，包括体育场地块的规划设计及体育场单体建筑设计。

体育场平面为椭圆形，长轴236m，短轴215m，屋面为椭圆环行，环行屋面东、西面最大进深45.37m，金属屋面高38.56m。场地露天面积为22 937m^2，全场可容纳观众34 318人（其中固定看台30 694席，活动看台3 624席）。体育场的外形非常完整紧凑，建筑的屋顶一直延伸到体育场的二层，将建筑包裹起来；在二层空间，通过开放环通的平台设计，将空间继续延伸，玻璃外墙选材延用屋面的材质做到统一完整性。屋面设计由钢结构框架外包裹铝板而成。铝板形状为三角形，组成“钻石”设计元素。铝板结构上有另一层穿孔铝板表皮包裹，穿孔密度由下往上逐渐加大。这种新型体育中心的建筑形象，不仅作为生态建筑，也作为新的济宁的标志为济宁市的建设增添新的气息，成为济宁市独具个性的标志性建筑。

设 计 者：钱　锋　汤朔宁　刘宏伟　戴　鸣

工程规模：建筑面积52 795m^2；建筑高度38.56m（钢结构最高点）；座席34 318席（其中固定看台30 694席，活动看台3 624席）

设计阶段：方案设计 扩初设计 施工图设计

委托单位：济宁市文体中心筹建处

鸟瞰图

透视图

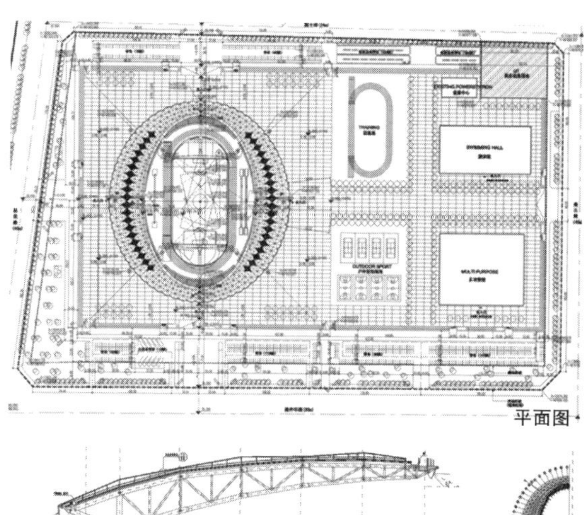

平面图

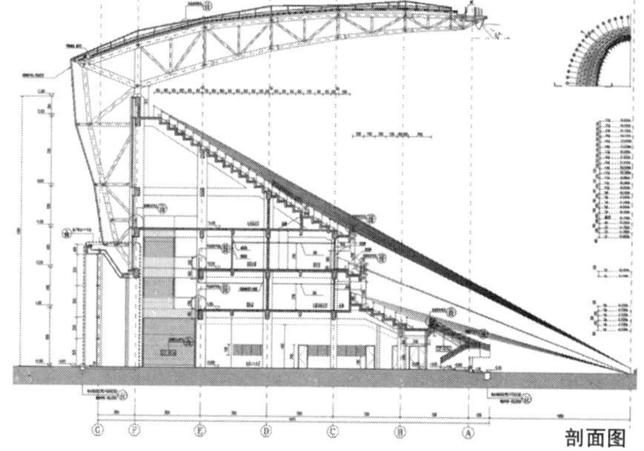

剖面图

透视图

寿光市市民健身中心体育场项目设计

THE ARCHITECTURAL DESIGN OF STADIUM FOR CITIZEN CENTER, SHOUGUANG

寿光市市民健身中心体育场，位于寿光市南环路南侧，尧河路以西。规划用地面积约35.5hm^2。它是寿光市重要的公共活动场所和寿光市“城市客厅”的重要组成部分。该设计除了满足体育功能 ，还应具备举办大型文艺演出等功能。作为寿光市标志性建筑物，体育中心功能齐全、设施完备、结构合理，具有举办大型运动会的能力。

本设计的理念是“生命之源，城市之光”。生命之源——生命在于运动，生命因运动而精彩。寿光市市民健身中心体育场，象征着整个城市勃勃生机的活力源泉。体育运动的全民开展，是一个城市经济发展的重要基和保障之一；城市之光——城市最先沐浴阳光的地方。寿光市市民健身中心体育场，位于寿光市的东城区，处于城市最先沐浴到阳光的地方之一，象征着城市活力的开始，同时隐喻孕育的新希望。

设 计 者：钱 锋 汤朔宁 朱 华 朱 烨

工程规模：建筑面积46 972m^2；建筑高度38.33m；座席28 917席

设计阶段：方案设计 扩初设计 施工图设计

委托单位：寿光市城市基础设施建设投资管理中心

透视图

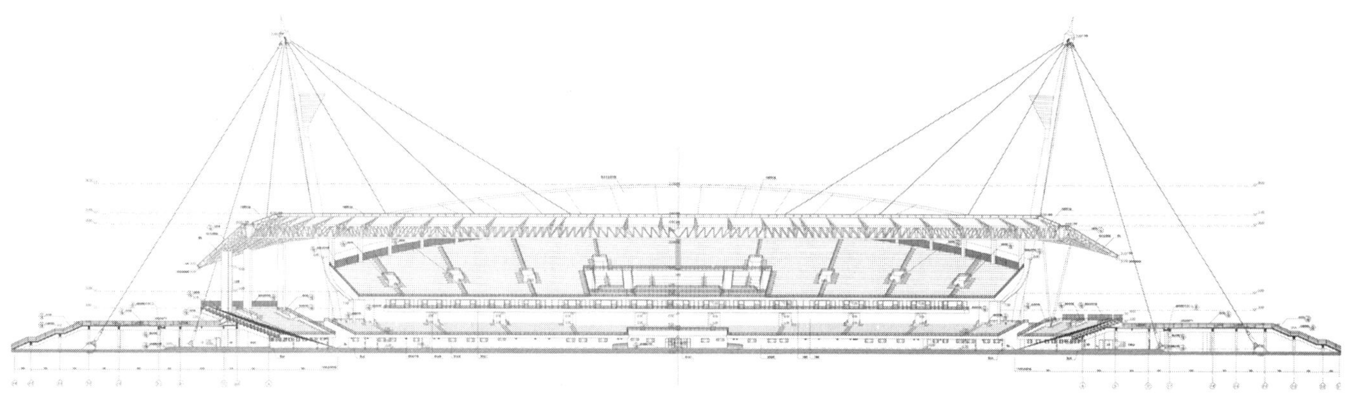

剖面图

鸟瞰图

莱芜市体育馆

THE ARCHITECTURAL DESIGN OF GYMNASIUM, LAIWU

莱芜市体育馆是市委、市政府为全市人民所办的十件实事之一，也是为了迎接第十一界全国运动会（2009年）而规划建设的。体育馆位于莱芜市高新技术产业开发区北部，凤凰路以西。凤凰路是连接济莱青高速路、高新区的南北景观大道，是高新区的中轴线，周边教育资源丰富，有莱芜职业技术学院、莱芜一中、莱芜市高级技工学校等。

体育馆的建成将丰富地块的综合功能，促进周边区域的有机发展，加强主城区的聚合力，为“体育+休闲旅游+展览”的综合发展指明方向，有利于城市经济文化和自然环境的和谐发展。

设 计 者：钱 锋 汤朔宁 朱 华
工程规模：建筑面积13 580m^2；建筑高度20.40m；座席5 000席
设计阶段：方案设计
委托单位：莱芜市体育局

鸟瞰图

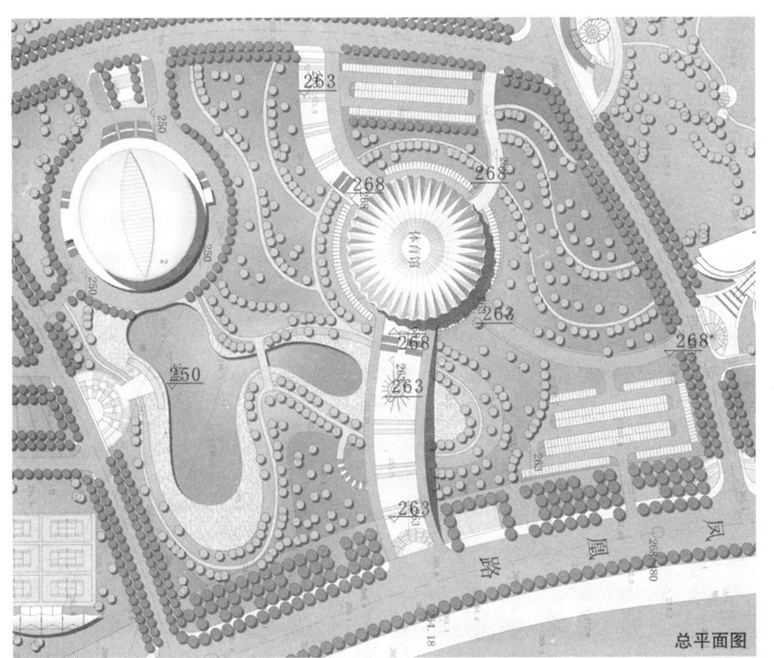

总平面图

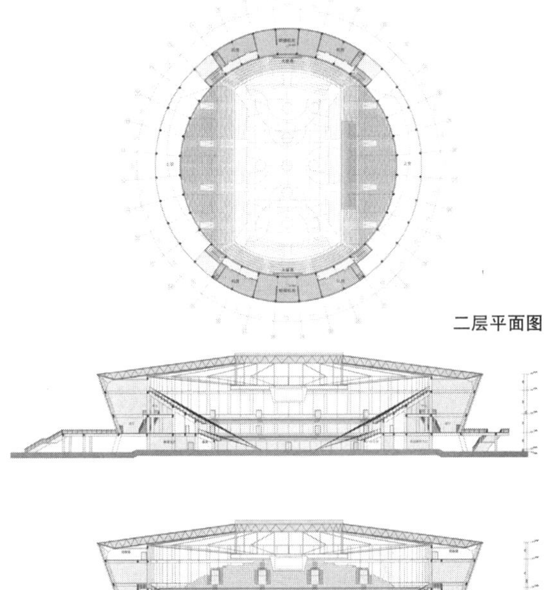

二层平面图

剖面图

透视图

盱眙县体育中心（一场一馆）设计

THE ARCHITECTURAL DESIGN OF SPORTS CENTER, XUYI

盱眙县体育中心基地东侧为都梁大道北段，西侧为规划路，南侧为东湖北路，北侧为甘泉西路。基地总面积15.8hm^2。

项目定位为满足市级以上大型竞技活动和社会综合性活动以及省级单项比赛的要求；满足全民健身活动的要求，成为对外交流的重要窗口和城市建设的标志性建筑，建成具有先进水平和现代化气息的综合体育中心。

盱眙体育中心分为四大区：体育建筑区、广场区、体育活动区、景观公园区。其中，体育竞技区拟建一座可容纳16 000名观众，能承办省级田径、足球比赛的中型体育场；一座可容纳4 500人，能承办省级赛事的综合性体育馆和拟建一座训练游泳馆；以及相关竞技体育项目的训练场地、广场、停车等配套设施。景观公园区包括平时对群众开放的健身广场和休闲娱乐为主的主体公园。体育活动区包括4个网球场，5个篮球场，4个羽毛球场。体育场在基地当中偏东，体育馆在西，形成呼应，围合成的北向的主要入口广场，机动车停车场在体育场的南侧。

设计者：钱　锋　汤朔宁　朱　华　徐　烨

工程规模：体育场——建筑面积42 234m^2；建筑高度32.77m；座席16 765席

体育馆——建筑面积12 495m^2；建筑高度24.37m；座席4 552席

设计阶段：方案设计 扩初设计 施工图设计

委托单位：盱眙县城建举县战略指挥部

鸟瞰图

总平面图

透视图

盱眙县奥体中心游泳馆设计

NATATORIUM OF OLYMPIC SPORTS CENTER, XUYI

盱眙县体育中心基地东侧为都梁大道北段，西侧为规划路，南侧为东湖北路，北侧为甘泉西路。基地总面积15.8hm^2，其中游泳馆基地面积约为3hm^2（包括其南侧的市民活动场地）。

项目定位为满足市级以上大型竞技活动和社会综合性活动以及省级单项比赛的要求；满足全民健身活动的要求，成为对外交流的重要窗口和城市建设的标志性建筑，建成具有先进水平和现代化气息的综合体育中心。

该游泳馆建成后将成为盱眙体育中心的重要组成部分，与正在兴建的体育场与体育馆一起为满足大型竞技活动和全民健身需求的总体定位服务。作为可开启屋盖在国内体育中心项目中的创新使用，该体育馆将形成鲜明的标志性形象，并为市民提供完美的水上活动体验。

设 计 者：钱　锋　汤朔宁　陈　磊
工程规模：建筑面积12385m^2；建筑高度24.392m；座席637席（其中固定看台150席，活动看台487席）
设计阶段：方案设计 扩初设计 施工图设计
委托单位：盱眙县城建举县战略指挥部

鸟瞰图

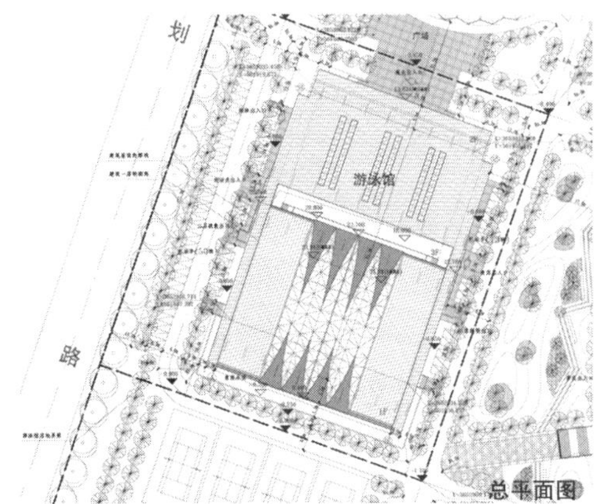

总平面图

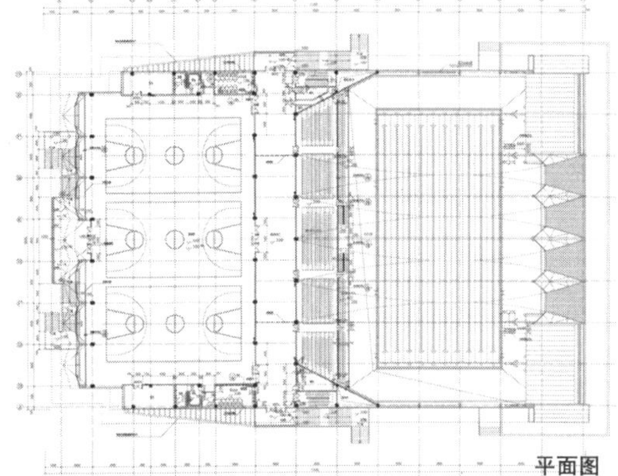
平面图

透视图

嘉兴体育馆

THE ARCHITECTURAL DESIGN OF GYMNASIUM, JIAXING

嘉兴体育馆建设地点位于嘉兴市中环南路南侧，昌盛路西侧，嘉兴学院梁林校区内，用地面积6.20hm^2，总建筑面积18892m^2。主体建筑地上4层，地下1层，檐口高度23.450m。建筑一层±0.000标高，相当于绝对标高3.650m。该馆以“启航”为设计理念，以航船的造型诠释了嘉兴学院的建设与发展，象征了嘉兴市的历史与革命传统。

作为浙江省2010年省运会比赛用馆，体育馆功能包括比赛馆、训练馆及游泳馆三个部分，馆内外设置完善的无障碍设施，并依照国家及浙江省公共建筑节能标准进行节能设计，赛后将为嘉兴学院日常的体育教学训练以及嘉兴市群众文体活动提供舒适理想的场所。

比赛馆和训练馆为地上大空间一层、局部四层钢筋混凝土框架结构；游泳馆为地下一层，地上大空间一层、局部二层钢筋混凝土框架结构。屋面为大跨度钢结构屋盖，采用平面桁架形式，屋盖水平投影约为140m×82m。

设 计 者：钱 锋 汤朔宁 陈 磊

工程规模：建筑面积18892m^2；建筑高度23.450m（檐口高度）；座席5850席（其中固定看台4320席，活动看台1530席）

设计阶段：方案设计 扩初设计 施工图设计

委托单位：嘉兴学院

鸟瞰图

透视图

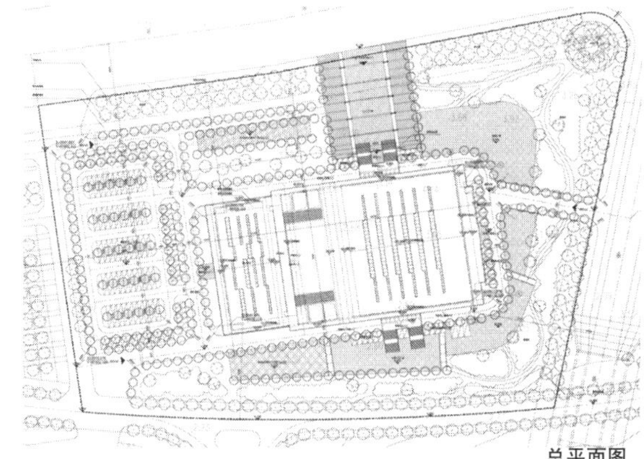

总平面图

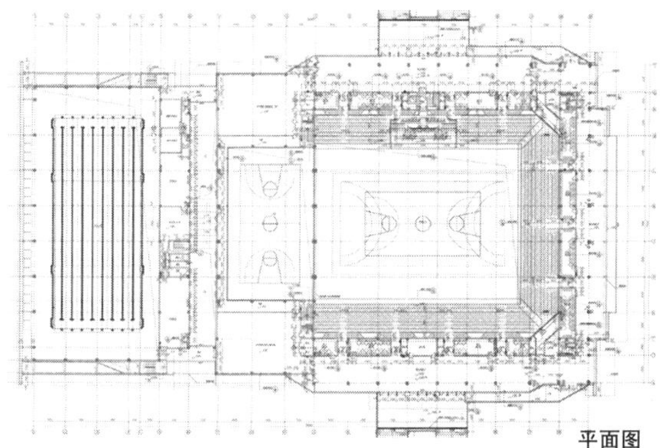

平面图

透视图

莆田市羽毛球馆

THE ARCHITECTURAL DESIGN OF BADMINTON GYM, PUTIAN

莆田市羽毛球馆位于莆田市体育学校内，东园路北侧，延寿路东侧，建设基地面积0.89hm^2。总建筑面积3 922m^2。建筑地上一层，地下一层，屋面檐口高度9.450m。

该羽毛球馆位于道路交叉口，单层高度高，体量大；东侧又紧临重竞技馆这样大体量的场馆，若二者并置不做处理，对道路和城市空间有很大影响。因此对羽毛球馆采用下沉处理，赛场及训练馆标高设置为－5.000m；高出地面部分体量结合西侧、南侧堆土造坡绿化景观设计，很好地坚持了该地块最初做为体育中心绿地的初衷。

羽毛球馆东、北两侧立面则密切呼应重竞技馆，开窗方式以及选材尽量与重竞技馆相似并保留自身特点，富有现代感和鲜明个性。东立面利用金属板及石墙面对比刻画抽象的羽毛形象。

功能布局尊重原内部道路规划。东侧下沉庭院主要是为了采用立体交通，对内外部人流采取自然分流。另一方面也丰富了空间层次，为校园内创造了一处有活力的活动场地。

设 计 者：钱　锋　汤朔宁　陈　磊

工程规模：建筑面积3 922m^2；建筑高度9.450m（檐口高度）；座席225席（其中固定看台85席，活动看台140席）

设计阶段：方案设计 扩初设计 施工图设计

委托单位：莆田市体育局

鸟瞰图

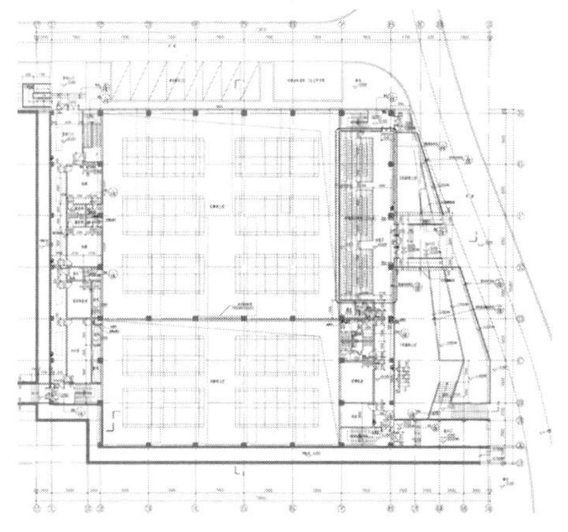

一层平面图

鸟瞰图

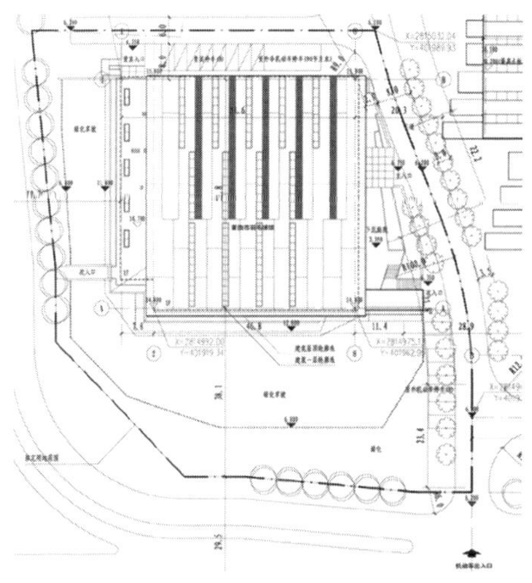

总平面图

莆田市重竞技馆

THE ARCHITECTURAL DESIGN OF GYMNASIUM, PUTIAN

莆田市重竞技馆位于莆田市体育学校内，东园路北侧，延寿路东侧，建设基地面积2.12hm^2。该馆是一座能承办国家级举重、武术、体操等比赛的综合体育馆，总建筑面积14 608m^2。

重竞技馆采用向上内收的体量，谦和含蓄的造型，既反映重竞技馆稳定、坚固的个性特征，同时力争减小大体量对基地周边的影响，和谐融入环境之中；长条状屋面板平行排列，继而弯曲连续而下成为建筑立面，端部优雅地前后错动，如涓涓流水，又如琴键音韵，屋面墙面浑然一体，旨在借简洁现代的造型语言突出公共建筑的重要地位，也反映体育运动瞬间连续变化的运动美。

在设计中根据基地特点及环境情况，力图创造出空间跨度合理、空间形式自由，富有现代感和鲜明个性的建筑造型。非对称、灵活的平面设计与对称、规矩的正立面反映理性功能主义和庄严的建筑形式感的完美结合。

设 计 者：钱 锋 汤朔宁 徐 烨
工程规模：建筑面积14 433m^2
设计阶段：方案设计 扩初设计 施工图设计
委托单位：莆田市体育局

鸟瞰图

透视图

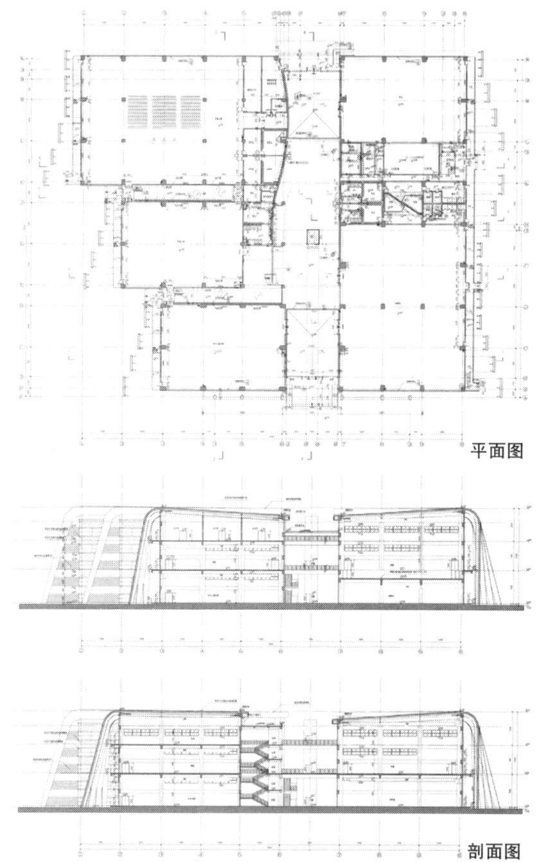

平面图

剖面图

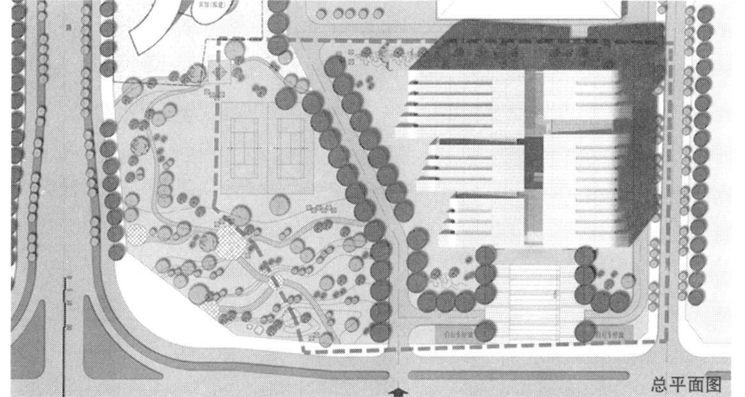

总平面图

透视图

河北清河张氏祖庭

THE FAMILY TEMPLE OF CLAN ZHANG , HEBEI

本方案以“挥公享堂”作为张氏祖庭的主体建筑形象。

“挥公享堂”的设计构思，欲将对远古张氏5000年史诗的想象力抒发出来。因此，本方案摒弃了仿古大屋顶的常见做法，而是以黄河流域原始社会的酋长金字塔状建筑为原型，又以上古“明堂”的“亚”字型布局为基础，再配以独特的张氏谱石碑林，形成了古朴、宏大、庄严、神圣的历史场景感和纪念性效果，使现代与远古形成一种跨越时空的交融，建成后将成为世界上独一无二的氏族纪念圣地。

本方案演绎上古祭祖建筑的“品”字形古风，华夏“张氏祖庭”为300m×200m南北纵向伸展的序列空间，由北面的200m×200m的大庭和南面两个100m×100m的小庭组成。大堂“挥公享堂”位于北面大庭的中央；谱石碑林（张氏谱系柱阵）位于南面的两个小庭中央。小庭南侧入口为古风双门阙，大庭北侧有北阙。整个祖庭四角有望楼。祖庭整体布局气势恢宏、古朴庄重、秩序井然，将远逝的历史记忆与晚近的现代感完美结合，体现了“古韵新风”的寓意。

设 计 者：常 青 刘涤宇 刘 伟 尧 云

工程规模：建筑面积11000m^2

设计阶段：方案设计 扩初设计 施工图设计

委托单位：河北省清河县规划局

鸟瞰图

透视图

透视图

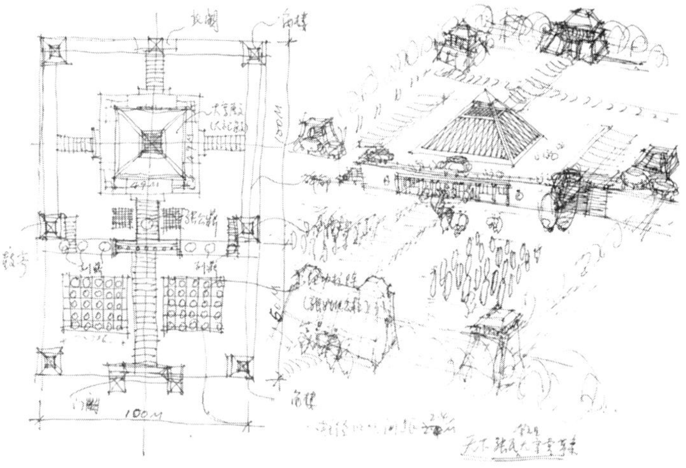

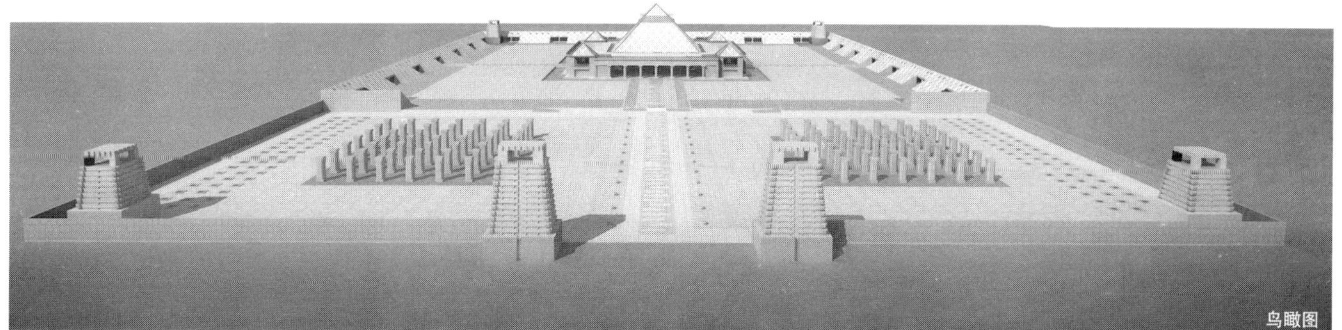
鸟瞰图

珠海梅溪牌坊——陈芳故居旅游区附属建筑

ADDITIONAL DESIGN OF THE FORMER RESIDENCE OF CHENFANG, ZHUHAI

本次设计以“延承”和“共生”为主要设计准则，通过对新建筑所处历史环境进行全面而深入的分析，提取其布局、形体与材料的主要特征并予以片段式的继承与应用，同时保持新旧建筑间的“和而不同”，充分体现对文物建筑的尊重、对现代功能的适应和对现存建筑与材料的利用。本设计严格保证陈芳故居本身的独立性及其所在基地的完整性。客栈平面沿梅溪旅游路展开，结合旅游区入口设置。同时，对基地内近年的新建筑尽可能进行适应性的再利用。

较高等级的岭南传统民居通常以合院的形式存在。与北方四合院不同的是，由于当地炎热潮湿的气候，在这里院落通常都已缩小为天井，以利遮阳。同时，岭南传统民居的室内空间通常较为高敞，便于通风。高大的围墙，窄小的天井，形成了独特的空间效果。合院的空间特征，中厅的公共性与趣味性，活动发生场所的区别。在本设计中，继承了这种基本建筑形态并将其作为设计的原型，通过对传统的同构与异质化处理完成新建筑设计。岭南传统民居在群落布局上通常有狭长的前院将各组院落相连，各组院落之间设有避弄，又称冷巷，具有通风遮阳功能。本设计在总平面布局中保留了这两个基本的空间要素，抑扬有致的空间收放节奏，内园与廊道的视线联系。

设计者：常　青　张　鹏　刘　旻　王　隽　舒畅雪
工程规模：占地面积12 263m^2；建筑面积7 366m^2
设计阶段：方案设计
委托单位：珠海梅溪牌坊旅游区

鸟瞰图

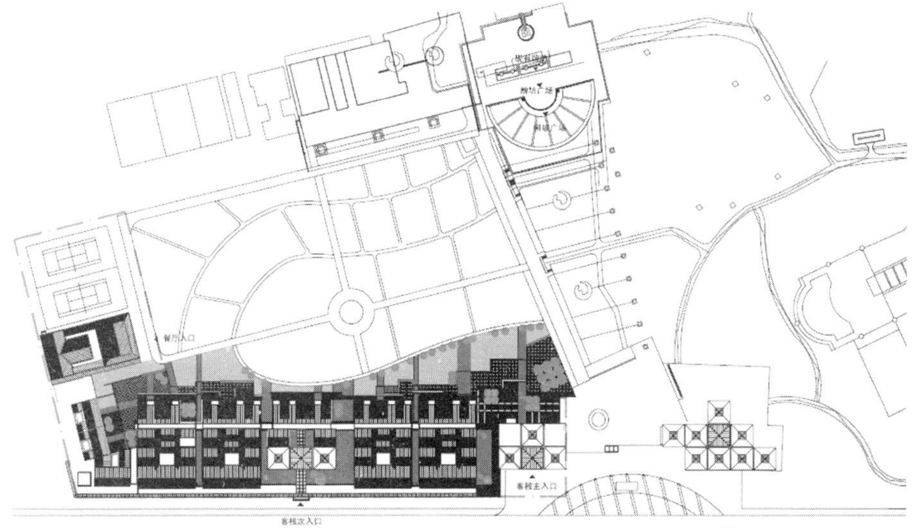

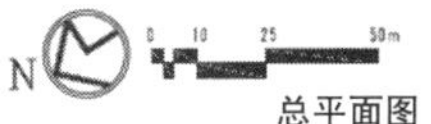

总平面图

效果图

河南省襄城县乾明寺及寺前广场

REHABILITATION DESIGN OF QIANMING TEMPLE, HENAN

本项目复原重建乾明寺中的山门、地藏殿、千佛阁、文峰塔、塔林，对其他历史建筑提出修缮建议，并对寺前广场进行设计。

以整旧如故的原则，复原乾明寺兴旺盛期的整体历史风貌，突出“中州第一禅林”、“背影寺”、“背山塔”、“背台戏”、“乾明节场”等项目特色和策划概念。主要包括：按纵、横方向拓宽和延展寺院整体空间，恢复历史纵轴线的景观特色；按时代风格重建山门、地藏殿、千佛殿、塔林及文峰塔，对现存其他建筑进行修复和整饬；重建寺外以可演“背台戏”戏场为中心的庙会广场，为襄城传统民俗活动创造一个极具地方特色的空间场所；按当地传统民居风格建造寺前街，作为乾明寺文物建设性控制地段的观光附属空间；充分利用当地资源，在确保宗教建筑形制完整性和风格年代准确性基础上，采用当地石材、青砖及砌筑、铺设工艺完成该项工程。

设 计 者：常 青 刘 伟 齐 莹
工程规模：新增建筑面积1271m^2；寺前广场1280m^2
设计阶段：方案设计 扩初设计 施工图设计
委托单位：河南襄城县山头店乡人民政府

鸟瞰图

N
4 10 20M
山门(重建)
钟楼(重建)
天王殿(修缮)
地藏殿(重建)
中佛殿
观音殿(修缮)
佛阁(重建)
鼓楼(重建)
碑廊(新建)
小山门(修缮)
三佛殿(修缮)
僧舍(整修)
经济技术指标
寺院用地面积：17033.3平方米
新增建筑面积：440平方米
其中： 佛阁建筑面积：237.8平方米
地藏殿建筑面积：99.8平方米
山门建筑面积：95.5平方米

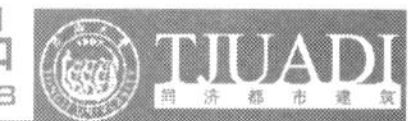

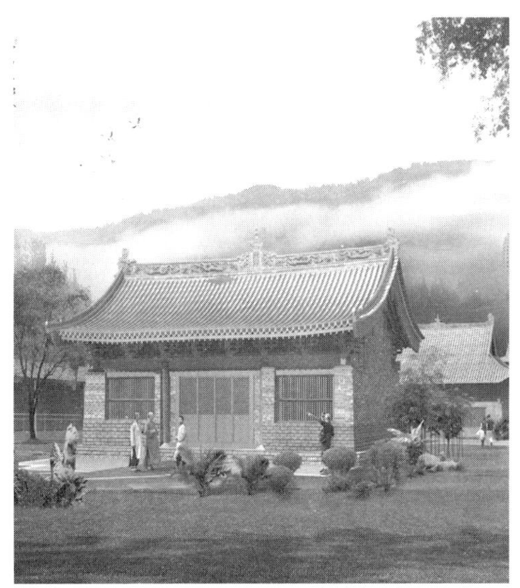

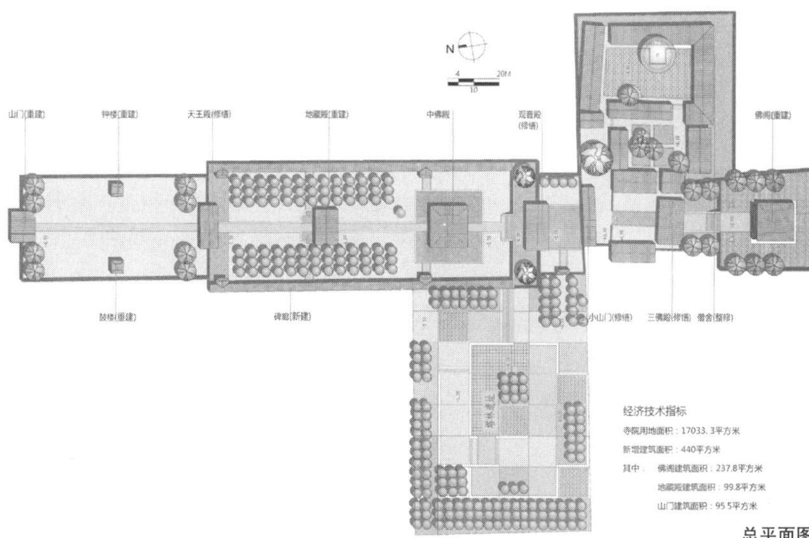

总平面图

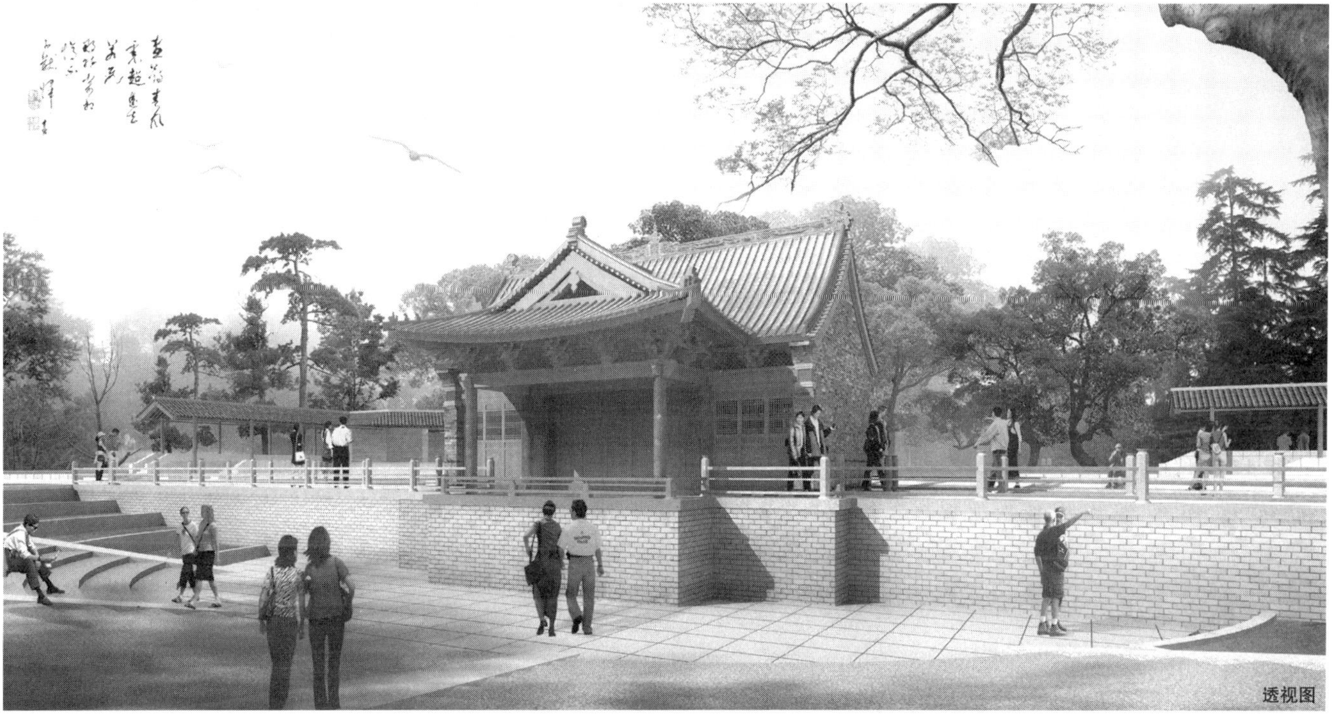

透视图

上海方塔园外缘环境整饬（妈祖文化景点修景）

A SUPPLEMENT DESIGN OF THE FANGTA GARDEN, SHANGHAI

方塔园天妃殿外部景观整饬设计的基本原则可以概括为两句话：尊重现状，最小干预；因地制宜，补缺拾遗。

循着方塔园围而不死、隔而不断、辗转穿插、飘逸潇散的设计思路，本设计严格在原儿童游乐场的范围内进行天妃宫院的补景规划布局，保留用地内的景观建筑、绿化和大树，只对个别有影响的树种进行移栽。

在方塔园主入口东侧道旁的土山中开出嵌道，在保留的原游乐场西墙上开出通往宫门的豁口；在天妃大殿轴线北侧以蹬道形式跨越土山，其后加建寝殿，作为展示性空间；殿后北界墙中间段做成照壁，并形成整个宫院的祭祀纵轴；东、西两侧分别布置宫门、戏台、观厢和游廊，构成民俗表演空间的横轴；二者共同构成妈祖文化仪式的场景氛围。

对于补景的新建筑风格采取了“新旧可识别”的设计策略，寝殿作为天妃大殿的附属体，分龛供奉海内外赠予的各种天妃塑像。造型完全按天妃大殿歇山上部的悬山做法进行形态控制。除寝殿外，天妃宫院内所有其他新建建筑均采用“古韵新风”的手法，即单面斜屋顶和钢木梁柱承重结构，黛顶（彩钢压型板）粉墙，与方塔园主入口大门在立意和手法上有密切呼应的关系。

设计者：常　青　刘　伟
工程规模：用地面积3700m^2；补景建筑面积970m^2
设计阶段：方案设计
委托单位：上海方塔图

鸟瞰图

透视图

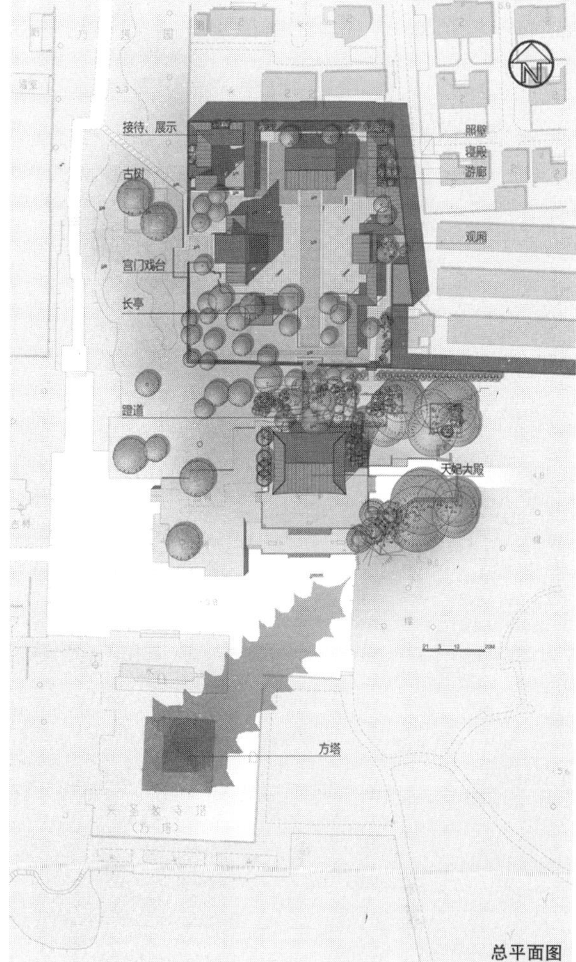

总平面图

剖面图

大华清水湾花园三期历史建筑移位保护和再生

THE TRANSLOCATION, REHABILITATION AND CONSERVATION OF HISTORIC BUILDING IN QINGSHUIWAN RESIDENTIAL AREA

清水湾历史建筑高2层，回字形平面，占地面积约635m²，东南两面为苏州河环绕，周边建筑已经被开发商拆平，将来这里会成为具"滨河景观"的高级住宅区。该建筑最鲜明的特色为其中西合璧样式。这幢建筑被决策保留之前，已空置相当长的时间。建筑的内部，特别是水平支撑结构几乎已完全损毁。建筑整体外观则保存较完整。

历史建筑的原砖木结构既无法满足建筑正常使用要求，更加不能满足移位需要。设计中决定以新结构形成"新胆"，历史墙体附着其上的方式，新老结构被整合在一起。在设计中，坚持了以下原则：①建筑遗存的历史价值和艺术价值，包括遗存部分的原物和原貌、立面风貌和平面形制，历经百年所形成的痕迹带来的沧桑感，应予以最大限度的保留和最妥善的保护；②新增部分，包括承接体和内部新结构应充分考虑与遗存部分的关系，这种关系包括结构的对位和适应性、空间上的有机结合和适用性、形态上的文脉与可识别性；③新增部分在材料选择、建筑手法上，应充分体现时代特征和建筑师的参与度；由于建筑遗存的外立面风貌是保护的重点，新增部分在外观上应起到衬托的作用。

设 计 者：常　青　张　鹏　卢文胜　刘　旻　郑君彧
工程规模：原面积1069m²；新建面积（地下）1200m²
设计阶段：方案设计 扩初设计 施工图设计
委托单位：上海华运房地产开发有限公司

透视图

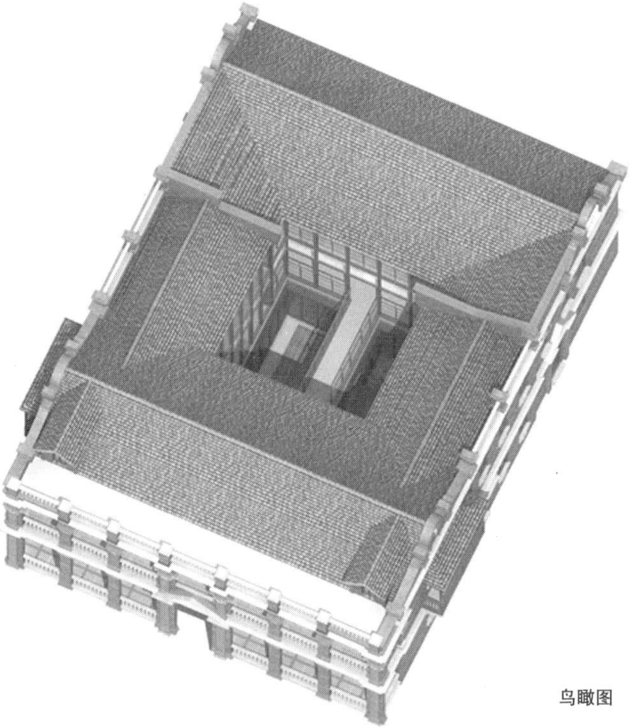

鸟瞰图

透视图

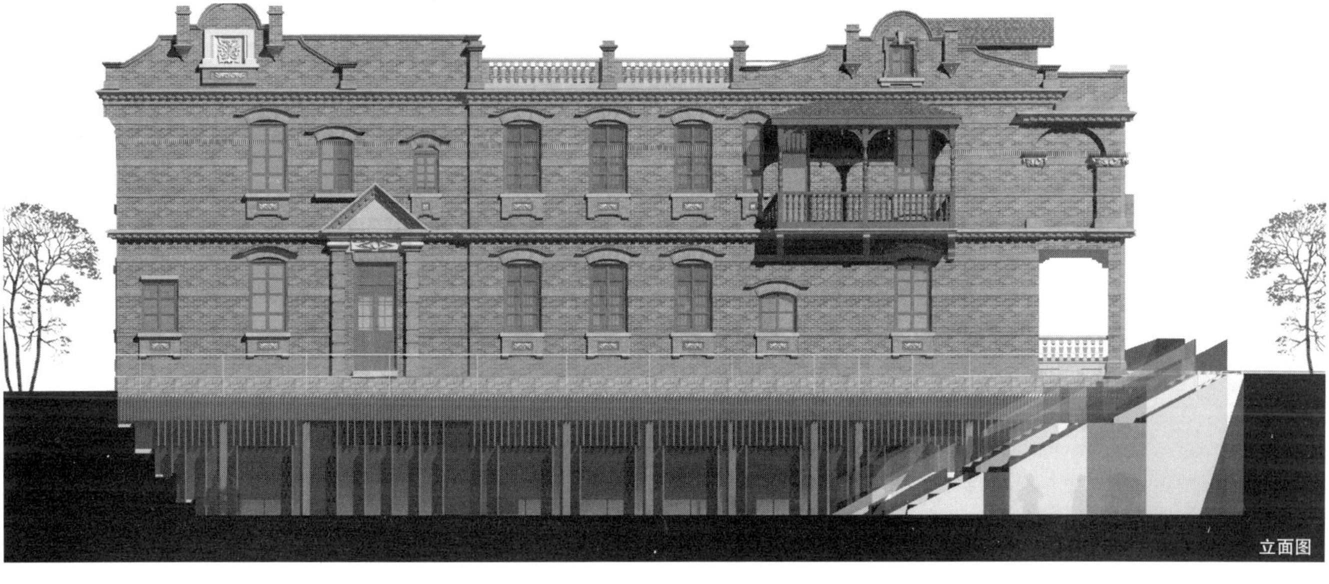

立面图

池州府学-百子庵历史地段修建性详细规划

CONSTRUCTION DETAILED PLANNING OF THE HISTORIC DISTRICT, PREFECTURAL SCHOOL--BAIZI NUNNERY AREA IN CHIZHOU

府学-百子庵历史地段位于池州市历史城区东北隅，地段内历史文化资源类型丰富，有古城墙遗址、府学古建筑群等文物古迹，有百子庵、传统民居等传统建筑，有四合院宿舍、教工之家、大礼堂等近现代校园建筑，有府学巷等传统街巷，还有古树、古井、古墓、古建筑构件等。整个历史地段内历史氛围极其浓厚，有较高的历史文化价值和保护开发潜力。

设计要求以抢救保护文物古迹、恢复古城传统风貌为目的，同时要挖掘地区文化内涵、塑造街区特色景观。设计运用显性-隐性空间结构理念：认为在城市显性的空间结构体系之上，往往叠合着一层由历史要素组成的隐性空间结构体系。规划设计需要对城市重要景观节点的外部空间强化其在体系上的系列构成，建立景观在城市形象方面多层次的体系，并且打破层次体系的树形结构，创建半网络结构的景观节点体系。本着人本主义的态度塑造场所空间，形成复合、多层次、多样的空间景观，并使城市形态的历史隐性结构得以创造性的发扬。

设计通过修缮大成门、泮池等原府学内的历史遗迹，按传统建筑形制恢复重建位于府学空间中轴线上的重要建筑——大成殿及府学其他附属建筑，形成一条由府学传统建筑组成的景观轴线，重现池州府学的历史风貌。同时，整合形成古城墙遗址景观带、历史风貌景观带和四片主要功能片区（古城墙遗址公园片区、府学-博物馆片区、观音寺传统商业片区、百子庵传统商业片区）的城市结构。

设 计 者：孙光临　张　松　刘　彬　缪　洁　刘祖健　周　杰
工程规模：规划用地349 200m^2；规划建筑面积333 000m^2
设计阶段：修建性详细规划
委托单位：池州市规划局

鸟瞰图

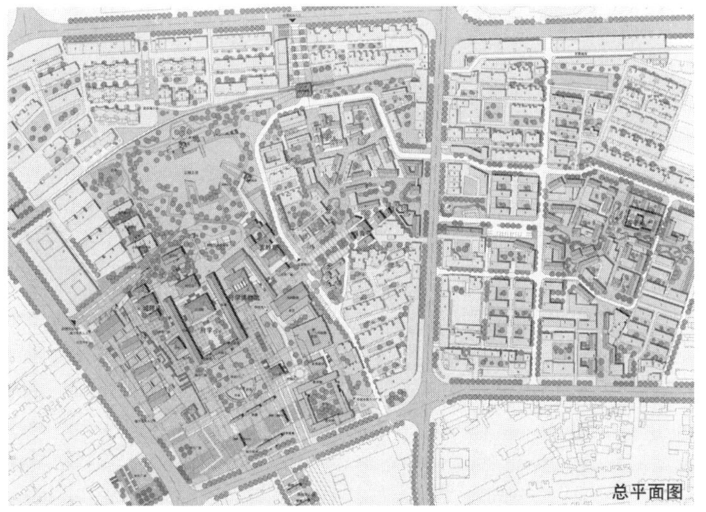
总平面图

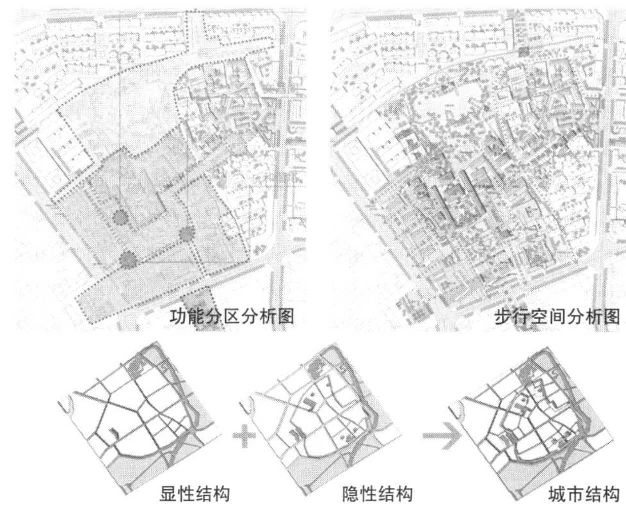
功能分区分析图

步行空间分析图

显性结构

隐性结构

城市结构

沿街长江路商业区和戏台透视图

大成殿复原效果透视图

古城墙遗址公园透视图

遗址公园局部透视图

广县古城

GUANGXIAN ANCIENT CITY

以青州——汉代广县城的历史为线索，整合有关汉代考古研究的历史资料，在规划中完整地展示汉代城市的历史风貌特征，再现青州历史上"广县城"在该区域曾有的历史标识。基于整合青州市悠久的历史脉络、深厚的文脉和独特的地理脉络，从城市资源再生与城市文化创意的角度出发，"广县古城"规划的历史文化主轴，是体现"汉风文化"。"古城"的城市功能定位为建立居住、旅游、观光农业、副食品加工、影视拍摄以及相关服务等一体化的多功能城市社区。

本次"广县古城"概念规划按照各个主要部分的不同功能，大致划分为：居住生活区、以"广县古城"核心区、"汉文化园"展示区、综合管理服务区和生态绿廊（湿地）保护区等五个类型的功能区。

"广县古城"文化展示与居住旅游核心区，采取"斗城"的布局格式。中央为汉代文化展示馆，街坊采取"井田制"式的闾里格局。"古城"四面按"四象"辟青龙、朱雀、白虎和玄武四门。"古城"中的公共广场空间，则按汉代"市井"形态规划。

设 计 者：鲁晨海　刘　欢

工程规模：基地面积260hm^2

设计阶段：修建性详细规划 方案设计

委托单位：青州市规划局

鸟瞰图

效果图

效果图

剖面图

意库创意园区——天津红桥区外贸地毯厂改造项目

YICOO CREATIVE PARK—RENOVATION OF OLD FACTORY

本项目是天津市第一个以创意设计为主题的创意产业园，在天津市政府提倡循环经济、节约资源的前提下，“通过旧工业区厂房改造方式，达到功能置换，提高附加值”为目的的试点园区。

改造项目位于天津市红桥区湘潭道的原外贸地毯厂厂区，基地面积约为49 900m²，分为A，B，C，D四个区，主要建筑集中在A区和B区，建筑面积为24 500m²，C区和D区主要为环境改造，面积约为17 300m²。空间上，保持工业建筑原有的组合，增加可供展览、举办活动的公共空间、景观空间；景观加入水体元素以调和与环境的关系，提高园区办公、展示的文化品质。

园区现已建成，并逐步发展成为广告设计、工业设计、影视创作为主，集合展览、办公、商业、休闲功能的创意产业基地。开发商通过区内活动、园区公约、奖励与资助等形式激发创意能力，并以展览、商业合作等形式推动创意的市场价值转化。作为红桥区创意孵化园，在强调创意产业经营的同时，更强调对创意产业培养，为创意产业的发展创造条件。

设 计 者：李兴无　李　嵘　王　华　师任远
工程规模：建筑面积41 800m²
设计阶段：方案设计
委托单位：天津市建苑房地产开发有限公司

实景透视图

TJUADI
同济都市建筑

YICOO

总平面图

B2

MYGIA

THE HONGQIAO
YICOO
IDEA
CREATIVE IDEA
意库创意园

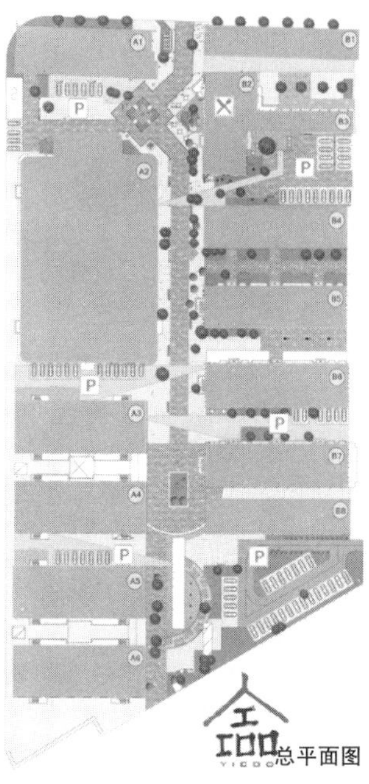

实景透视图

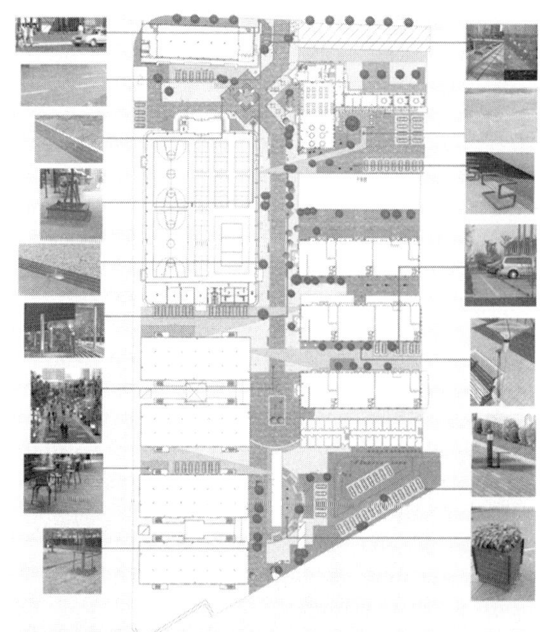

上海纺发纪蕴路仓库装饰装修项目与总体改建项目

THE ADORMENT & REFORMATION PROGRAM OF FANGFA ROAD STOREHOUSE, SHANGHAI

该建筑群为工业历史建筑遗存，设计师以可持续发展的城市更新理念，因地制宜、灵活通用的空间组手法对其进行改造更新，力求达到整旧如旧、新旧对比的建筑形象。

深入分析现状，仔细研究业主未来的使用要求后，对不同的建筑元素进行艺术、美学和历史价值的定性，选择性的保留与改建。

1#仓库：基本保持原状，仅对外墙进行清理、更换部分门窗；在建筑顶部加建两层；新建部分使用钢结构。2#仓库：保留原结构，更换外墙和屋顶；建筑北侧内部隔出一层夹层作办公用，夹层部分的新结构与现有结构脱开；南侧继续保留大空间，作为开放式展厅使用；屋顶中间采用部分玻璃顶，以满足通风和采光需求；屋架结构向南加建一跨，形成标志性灰空间，覆盖联系轻轨站和观光塔之间的连廊。3#仓库：在建筑内部增加两层夹层，结构独立。两栋单体内部各设置一个小中庭，为房间提供充足的通风和采光。4#仓库：基本保持原状。建筑内部以钢结构增加两个夹层，平面沿中轴设置楼梯、采光天井、厕所以及其他服务设施。中轴两侧形成通用的大空间。5#仓库：三栋屋顶部分拆除，通过钢结构在三栋建筑上部构建一个长条形玻璃空间，作为生活配套设施使用。

设 计 者：李麟学　宫少飞　刘　旸　赵振富

工程规模：建筑面积39 154m^2

设计阶段：施工图设计

委托单位：上海纺织发展总公司

鸟瞰图

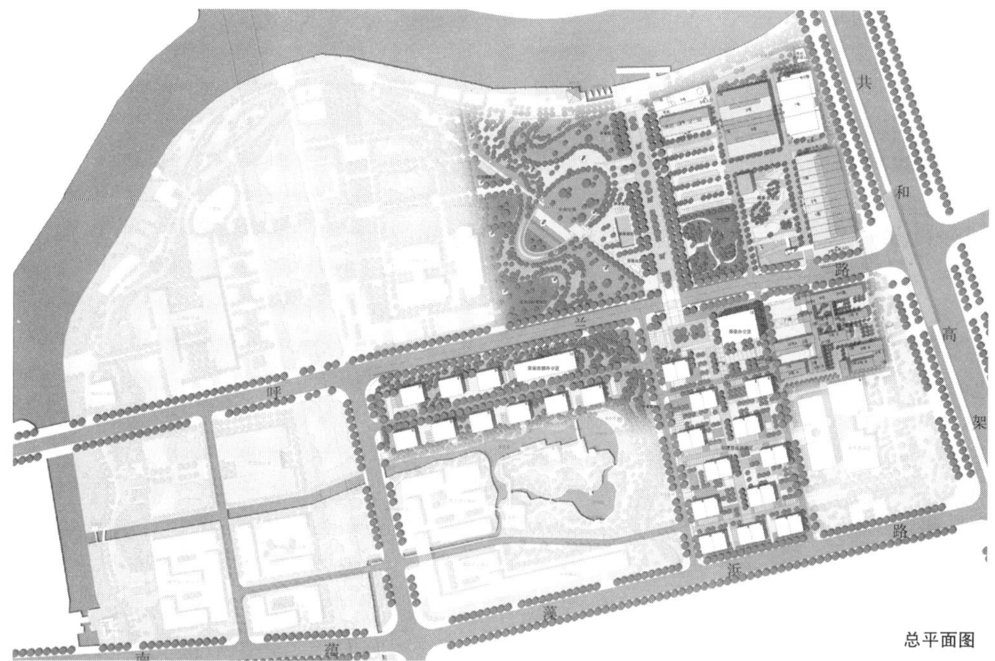

总平面图

透视图

扬州珍园街坊改造规划设计

THE PLANNING DESIGN OF YANGZHEN NEIGHBORS REFORMATION, YANGZHOU

珍园周边位于扬州市老城区中心的文昌西路与小秦淮河交叉点的西北地段，总用地面积13 057m^2。该地段为扬州市政府招待所用地。珍园是扬州市著名私家园林，属市级文物保护单位，位于用地中部；地段东临小秦淮河，河边地面与珍园周边地形有3m左右高差，其余都很平整。本地块位于城市重要历史建筑及商贸活动地段，因此既要严格从地上到地下做好古建保护，在城市中，同时又要较好地进行保护性开发。以扬州传统街巷的空间尺度作为珍园街坊的规划骨架，使新建的珍园坊街区与原有传统城市机理平稳过渡，风格上与扬州传统城市风貌相协调，将该地段作为扬州地域文化的浓缩和再现。

本案注重改造后珍园街区空间的完整性，结合出入口、道路及人流组织，将珍园街坊规划为“两线、三场、四片、一园、一带”空间格局。整个街坊形成以南北、东西轴线道路和广场为骨架、以院落为核心、以街巷为脉络的层次分明、完整而丰富的有机整体，既能满足现代商业、餐饮、休闲、接待的功能需求，又能与扬州传统城市街巷空间相协调的空间形态有机统一。

设 计 者：戴复东　吴庐生　胡仁茂　李国青　王艺平　彭　杰　梁　峰　胡　涛
工程规模：建筑面积21 177m^2
设计阶段：方案设计 扩初设计 施工图设计
委托单位：扬州市扬子江置业有限责任公司

鸟瞰图

透视图

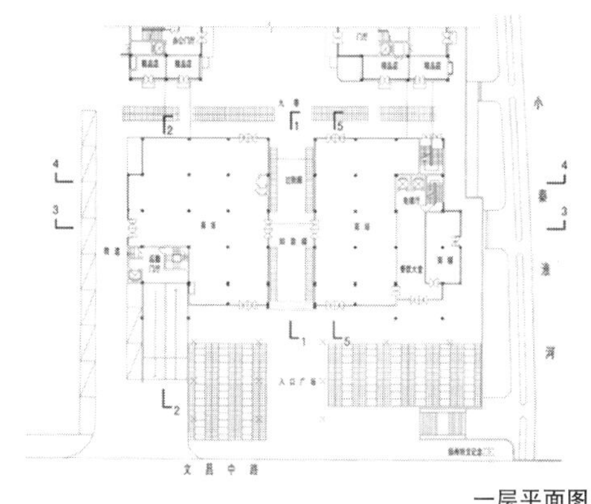

一层平面图

透视图

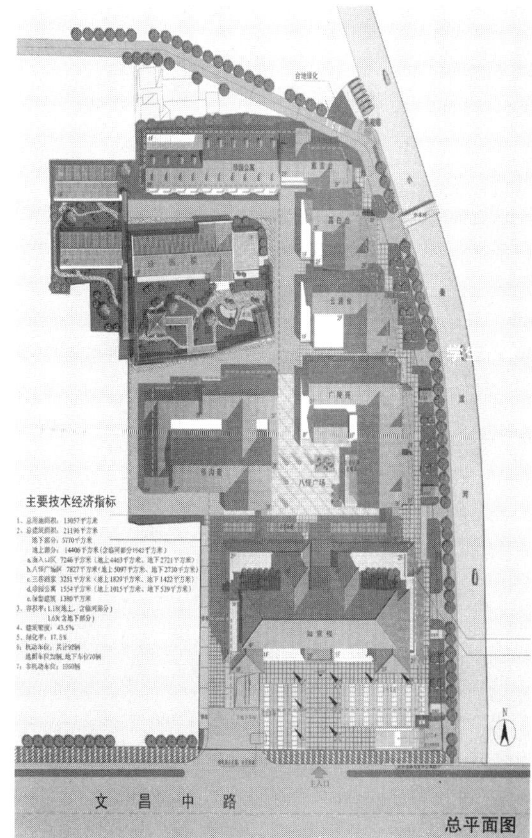

总平面图

南王村“城中村”改造地块方案设计

THE ARCHITECTURAL DESIGN OF “VILLAGE RENOVATION” IN NANWANG VILLAGE

南王村“城中村”改造地块项目位于潍坊市昌乐县水库东路东侧昌盛街北侧，规划总用地面积251.6亩，合167 865m^2。总规划地上建筑面积约240 000m^2。强调全区建设的整体性，注重均好性原则，强化组团概念，营造具有场所感到领域空间。

方案设计在区内的住宅布局中采用连排式小高层布置在西北两翼，中间布置多层住宅，并点缀点式高层，形成丰富的群体形象，将住宅群体带融入自然环境之中。在沿城市道路一线布置1—2层商业服务设施，在昌盛街主入口布置中心会所。在基地内东南部布置一个6班幼儿园。环通式车行路和三个出口将小区联系成为一个整体；南北向延伸的中心景观轴竖贯基地中部；由车行路和步行中心景观区自然分割住宅组团。

以经济、适用的三室二厅和二室一厅为主力房。景观系统主要特征为：一心二轴三节点，多项渗透。一心，即为本次规划设计设置的中心水景绿化，在基地中部贯穿南北，构成休闲景观中心；二轴，分别为由小区南入口和西入口引发的两根视觉景观走廊；三节点，分别为精心设计的入口大门及入口广场节点，结合会所和商业公建将大门景观设计成一个入口“空间”；多项渗透，为中心集中景区向多个组团绿化中心的渗透，一次达到步移景异，迷离不尽的景观意向，并实现推窗见景的均好目标。

设 计 者：徐　甘　李熙万　万闻悟
工程规模：建筑面积240 000m^2
设计阶段：修建性详细规划 方案设计
委托单位：潍坊中远置业有限公司

鸟瞰图

总平面图

透视图

青岛市薛家岛安子居住区项目

PROJECT OF XUEJIADAO ANZI RESIDENTIAL AREA, TSINGDAO

整个地块的规划构架力求统一，建筑空间与道路相互配合协调，构成景观的统一。小区入口考虑对景，创造开放和优雅的入口形象。高层建筑基本平行或垂直于道路布置，让沿街处留出相应的空间。各建筑之间考虑一定的对位关系，避免在不同角度形成建筑重叠而有“钢筋混凝土森林”的感觉。整体布局结合日照分析、地下停车、绿化布置、空中限高和消防要求等。

地块1中通过环形的结构最大限度地利用土地，除西南角落的一栋楼，其他5栋高层自然围合成一个大组团。组团中间结合水景自然构成较为开放的腹地绿化景观空间，共布置有6栋高层住宅。其中，2栋24层一梯五户，1栋26层一梯四户，2栋28层一梯四户和1栋30层一梯六户。在西南角落26层住宅底部设置1层的社区服务用房。在地块中间开放绿地内，设置2层的滨水会所，与小区北入口形成对景。

地块2由于用地形状面宽大，进深小，根据其特点在地块内以并列的方式布置2栋高层住宅。建筑靠近北侧道路平行布置，最大限度扩大绿化用地。

设 计 者：李振宇　虞艳萍

工程规模：建筑面积86 500m^2

设计阶段：方案设计

委托单位：青岛金泽华帝房地产有限公司

鸟瞰图

总平面图

透视图

单体透视图

青岛浮山香苑修建性详细规划设计

THE PLANNING DESIGN OF FUSHAN XIANGYUAN, TSINGDAO

本项目位于山东省青岛市市北区。浮山香苑以嗅觉文化为设计理念进行规划，从点、线、面三个层面，围绕“香”，以闻香、品香、识香为线索，结合健身、休闲和生态等市民参与活动，打造市北区一个特色香化工程。

浮山香苑基地占地面积约55.7hm^2，东临城市主干道银川西路，西北面是规划路，东北面与拟建中的浮山生态住区毗邻，西北面与规划路相隔是已建成住宅区。基地地势高差较大，东西较低，中部较高，最大高差近100m。基地内植物生长状况良好。规划原则是充分保护原生态环境，因地制宜规划景点和交通。规划结构以“一环七景十二香园”为框架，形成园中园结构。一环为七彩健身环：总长4 220m，近十分之一马拉松，其中包含保留青石道路1 526m。七景：百花园、香花培育园、智能程控喷香园、种植体验园、品香登高园、嗅觉经济创意园和嗅觉文化园；十二香园：腊梅园、山茶园、玫瑰园、牡丹园、樱花海、薰衣草园、青岛百合园、茉莉园、菊园、兰谷和荷塘。

设 计 者：李振宇　卢　斌
工程规模：占地面积55.7hm^2
设计阶段：方案设计
委托单位：青岛浮山商贸区管理委员会

鸟瞰图

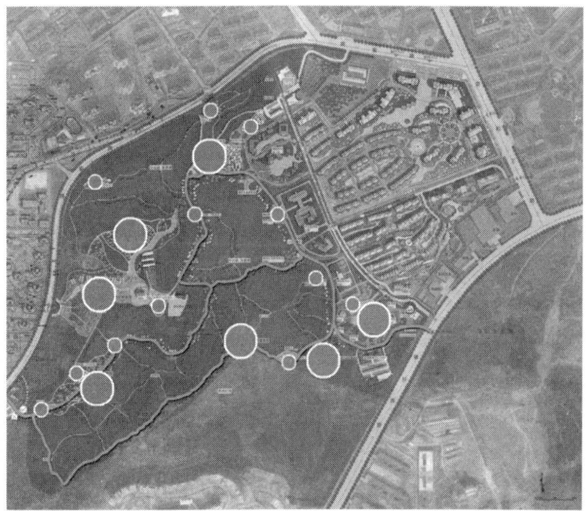

透视图

鸟瞰图

剖面图

青岛浮山“山水香园”

FUSHAN “SHAN SHUI XIANG YUAN”, TSINGDAO

规划用地位于银川路和市南市北区界以北，劲松三路以西，同安路以南，徐家东山埠西村地界以东。现状用地西南高、东北低，高差起伏较大。区内有多条自然冲沟和一天然水库，并有采石留下的石坑。总占地面积23.82hm^2。

从城市空间上分析，居住小区位于沿银川路住宅区西端，紧邻市北区政府项目浮山香苑，地块本身自然环境优势明显，而且作为人工环境－自然环境的过渡，对于项目必然提出不同一般居住区规划的设计要求。综合考虑之下，“尊重自然，观山引水，顺应地形，局部改造，高处造低，低处造高，密而通视，借景透景”成为这次规划的基本思想。

“尊重自然，观山引水”－珍惜现有的罕见的自然资源，把小区的规划融合到整个浮山的自然环境之中，利用各种设计手法（借景、透景、改造等）最大限度地将现存的山体及水景变成为本小区的组成部分，同时也要避免规划本身不当从而破坏自然生态环境的可能。

“顺应地形，局部改造”－用地内地形较为复杂，一般坡度的山地有利于住区空间的塑造，应该加以利用，局部结合地下车库进行改造，尽可能地做到减少土方量，保护自然和节约成本。

设 计 者：李振宇　卢　斌

工程规模：建筑面积217200m^2

设计阶段：方案设计

委托单位：青岛城市建设集团股份有限公司

鸟瞰图

透视图

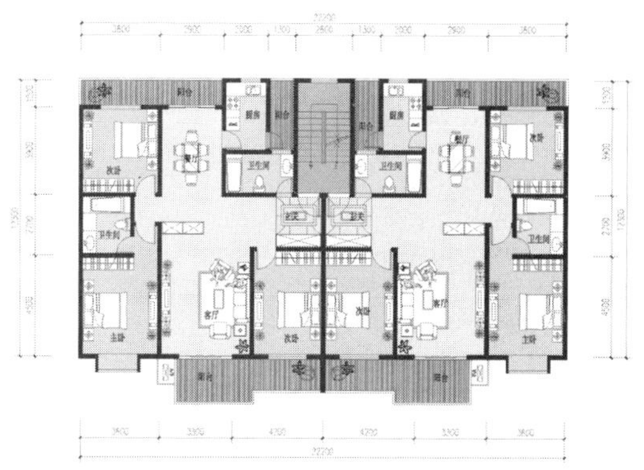

剖面图

透视图

总平面图

苏州穹窿山樱花山庄

QIONGLONG CHEERY VILLA IN, SUZHOU

项目位于苏州城西南，国家级森林公园穹隆山风景区内。拟建设集休闲、旅游、度假为一体的高标准度假服务设施，内容包括一个会所和四种房型共14套度假别墅型客房。

总体布局：根据项目功能构成，合理布置会所和度假别墅型客房(含A、B、C和VIP四种类型)，适度分区。

朝向与景向：会所建筑长轴沿南北方向布置，主要空间均向东北方向的开阔景观展开。位于建筑北端的餐厅和茶楼部分，既拥有360° 的优越景观，也处在东、西两个方向道路轴线的交汇处，具有地标的作用。A、B、C三种度假别墅结合山地坡向错落布置，保证每个单元的良好景向。VIP别墅位于基地东南角，同时拥有朝南和朝东两个方向的绝佳视野。

建筑风格与造型：穹隆山会所的总体建筑风格与造型以现代风格为主，在细部、材料、色彩等方面适当体现传统风格与地方性。在建筑空间处理上强调对地形的尊重，以及室内外空间的穿插和渗透。建筑以坡屋顶为主，坡屋顶与平屋顶结合，满足建筑空间和造型的具体要求。主要材料和色彩为：暖色的毛石墙面、白色的粉刷墙面、深灰色瓦屋面、大面积透明玻璃幕墙和深色金属檐口及窗框。

设 计 者：卢济威　王　一　王　翔　钟　时

工程规模：用地面积20 028m^2；建筑面积6 000m^2

设计阶段：方案设计

委托单位：苏州茂盛旅游文化发展有限公司

鸟瞰图

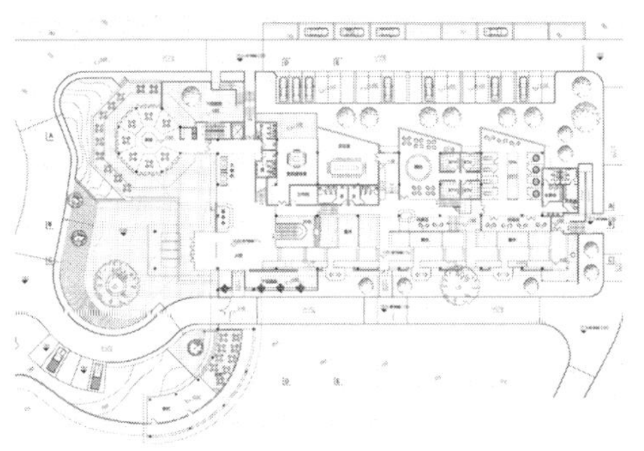

一层平面图

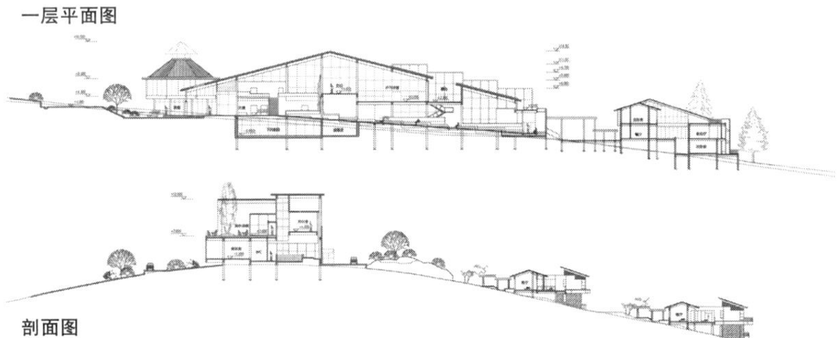

剖面图

透视图

山东临沂德居商住项目概念方案

DEJU COMMERCIAL AND RESIDENTIAL AREA, LINYI, SHANDONG

本项目位于临沂市新城区南坊片区A05-30-01地块，属于临沂新行政中心的规划范畴。规划地块分为东西两块，中间夹着规划中的市政厅，共同组成一扇形平面，环绕在圆形中心水景广场南侧，并位于市政府大楼—市政厅—文化长廊的中轴线两端，地理位置十分优越。

整个地块的规划构架力求统一，正中求变，建筑空间与景观相互协调，相互依存。各建筑单体之间形成适宜的对位关系，避免在不同角度形成建筑重叠，造成“钢筋混凝土森林”的感觉。整体布局结合日照间距、绿化布置、空中限高和消防要求等。

考虑到设计任务书、容积率、地块形状等多因素的影响和制约，首先将地块分成住宅与商业两块，商业地块面向市政厅，其内街与市政厅裙房共同构成沿街商业带，高耸而别致的酒店式公寓位于地块角部，直面1.5km长的文化长廊。住宅地块由两列共7栋高楼组成，共同包围起中心绿化，在容积率要求较高的情况下，高效而合理地利用了土地，为小区居民提供舒适宜人的室外活动空间。

设 计 者：李振宇　卢　斌

工程规模：建筑面积223 279m^2

设计阶段：方案设计

委托单位：山东德居房地产开发有限公司

鸟瞰图

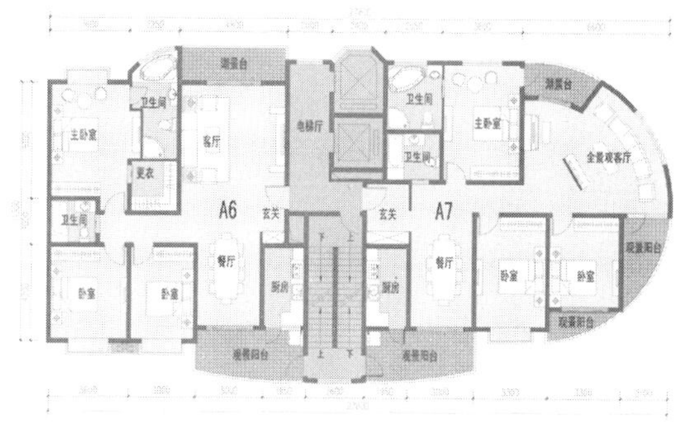

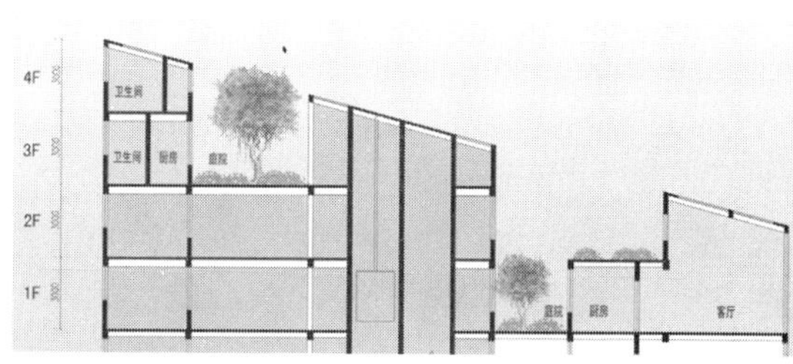

透视图

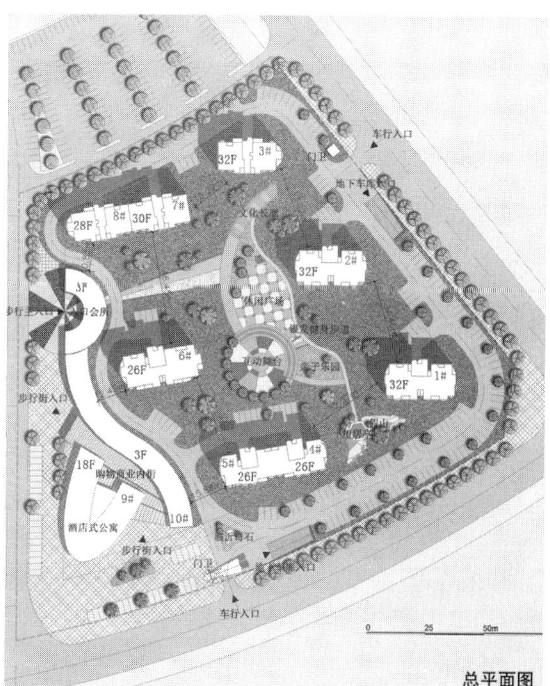

总平面图

静升镇村民安置小区

JINGSHEN RELOCATION COMMUNITY

在古镇文化遗产历史与自然环境风貌保护优先的前提下，严格控制本次规划范围内的整体布局、建筑高度、建筑造型、建筑风格、建筑材料、建筑色彩与建筑质感，保证与静升古镇历史风貌环境相协调。

充分利用现有的自然环境特色，保护静升河岸的地形地貌和绿化植被的生态环境特色。保护规划范围内的地下水资源，加强小区的生态绿化，尽量采用适宜静升镇区域生态环境的、适地适生的乡土绿化树种。采取自然生长形态设计绿化种植配量方式，并充分反映静升镇的绿色文化内涵。

总体布局根据南北两块台地及东高西低的地势走向，按照地形分区而灵活布局。从功能布局上来看，共分成三个区域：居住区、商业区和历史遗迹保护区。其中，商业区充分利用南北台地的地形高差，以东西走向构成带状的商业步行街。

设 计 者：鲁晨海　刘　欢
工程规模：基地面积16.55hm^2
设计阶段：修建性详细规划 方案设计
委托单位：静升镇人民政府

鸟瞰图

透视图

透视图

立面图

立面图

立面图

鹤翔山庄

HEXIANG VILLA

总体布局分为：道家文化体验区、酒店综合服务区、酒店客房区、康乐娱乐休闲区和辅助后勤服务区等五个主要区域。本次方案设计以历史文脉、自然生态机制、传统园林肌理、基地独特环境和建筑使用特性为切入点，考虑到鹤翔山庄的使用特性及规范要求，结合其自然环境空间、依靠青城山山水形貌之势，创建一个功能齐全、规范合理，具有道家养生文化境界的超星级度假休闲、会议商务接待场所。

设计突出体现鹤翔山庄所在地域的历史与生态的主题景观意象，因地制宜地利用现有遗存的古树名木打造具有古典园林韵味的主题空间，以现代建筑的设计手法融合川西乡土建筑特色展现鹤翔山庄自己独特的建筑主题形象，从而创造出充分体现道家思想精神和养生文化的静虚境界。

设 计 者：鲁晨海　刘　欢

工程规模：建筑面积31 800m^2

设计阶段：方案设计

委托单位：中国农业银行四川分行

鸟瞰图

鸟瞰图

总平面图

杭州丁桥观筑社区建筑设计

THE ARCHITECTURAL DESIGN OF GUANZHU COMMUNITY, HANGZHOU

该项目设计以一种现代装饰艺术的建筑风格同自然亲和的居住环境相结合，贯彻以人为本的朴实思维，遵循“生态、宜人、贵雅价值”的设计原则，注重建筑科技的应用，建筑文化的体现，显示出精英建筑的个性并产生归属感，实现人与人、人与自然、人与建筑之间的和谐统一。

设计注重协调周边城市关系，弱化北侧城市高速路的影响，创造与丁桥大型居住社区相协调并具有文化内涵的城市新地标形象，塑造“宜居”的丰富内部景观，使设计为项目增添文化氛围和艺术气质而创造价值；建筑组群的端庄布局与注重丰富情景的主题景观花园整合为一；设计充分利用地上/地下空间的建筑/景观一体化设计，构筑区内丰富变化的景观空间和人性化的使用环境；依托公共设施（社区/会所/运动……）的特点进行布局，形成合理而富有个性的社区环境，营造面向城市和社区的公共设施和面向社区内部的主题景观花园和运动设施。

设计者：庄　宇　黄　凯　赵　川　牛　涛　张瑞雪
工程规模：建筑面积117 048m^2
设计阶段：方案设计
委托单位：杭州天联房地产有限公司

主入口透视图

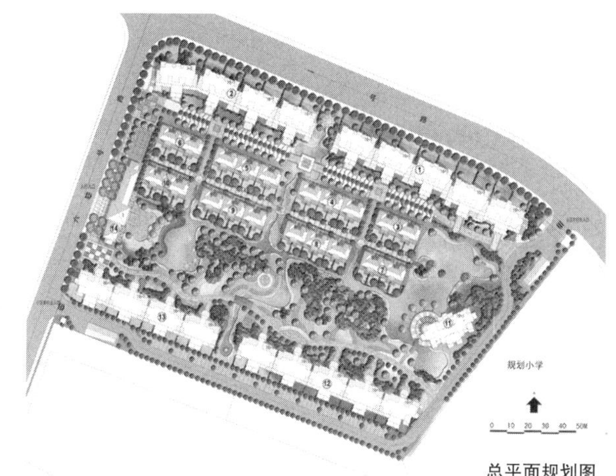

总平面规划图

透视图

透视图

香堤·水岸街区建筑设计

THE ARCHITECTURAL DESIGN OF RIVERFRONT BLOCK, HANGZHOU

香堤·水岸位于杭州市中心新湖墅板块，总占地面积约3.3万m^2，总建筑面积约8.8万m^2，南至小河，北至桃源路，西至登云路，东至规划道路，紧依杭州市2007年重点改造项目——小河直街历史街区。天阳·上河用一种“现代”的眼光去总结“传统”，通过人工坡地的方式，逐级抬高小区地势，丰富了景观的层次，增加了视觉效果上的含蓄和美感，颇有乡村居住的情调。板式高层、小高层和双叠联排巧妙形成围合式的空间布局，自然形成封闭的社区氛围，对内在实现社区的静谧氛围的同时又放大了中心空间。住宅的立面与造型设计融入了中国传统的居住风格与杭州民居色彩的“白墙黛瓦”，将传统的建筑语汇抽象再构成，塑造基于风貌保护要求的现代住区新形象。

设 计 者：庄 宇 黄 凯 张 莹 于健辉 张瑞雪

工程规模：建筑面积88 000m^2

设计阶段：方案设计

委托单位：杭州天阳投资发展有限公司

透视图

总平面图

透视图

河南省军区郑东新区经济适用房住宅小区规划方案设计

THE PLANNING DESIGN OF ECONOMICAL & APPLICABLE RESIDENTIAL AREA, ZHENGDONGDISTRICT, HENAN

基地位于河南省郑州市郑东新区，规划用地约124 370m²，总建筑面积约182 360m²。小区规划立足于高起点、高品位、高水准，强调贯彻“以人为本”、“可持续发展的和谐社会”和“生态文化”的时代理念，充分利用地块的地理优势和自然环境优势，营造一处布局合理、功能齐备、环境优美，同时兼具生态和人文理念的现代小区。小区的总体布局通过不同形体的住宅及配套公建，在线型、朝向、高低错落等方面简洁而富有变化；绿地与水系景观带的穿插渗透，以打破住宅小区兵营式布局，创造气韵生动的小区总体风貌和富有韵律、错落有致的住宅组团布局模式。

建筑造型为简约现代风格，精致的细部处理，体现具有中原地区特色的现代居住建筑风格。设计结合当地气候及日照条件，采用太阳能庭院照明和太阳能光热系统。

设 计 者：颜宏亮　陈妙芳　张　波　邵　征

工程规模：建筑面积182 360m²

设计阶段：方案设计

委托单位：河南省军区郑东新区经济适用住房建设指挥部

鸟瞰图

入口透视图

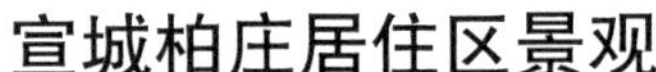

宣城柏庄居住区景观

LANDSCAPE DESIGN OF BOZHUANG RESIDENTIAL DISTRICT LANDSCAPE, XUANCHENG

宣城柏庄由南北两个居住社区组成，住宅除北部安置区为多层建筑外其余均为高层建筑。现状地形平缓，是一大型居住区景观规划设计。该项目紧密结合地产营销，景观整体风格定位于地中海度假风格，在满足社区生活需求的基础上，营造闲适、浪漫的社区生活氛围，提升整个社区的居住品质。

该区景观绿地分为南北两个不同的特色分区。在设施布局和景点塑造中，强调均好性和互动性，力求通过景观设计做到户户有景，并能增进邻里交流。北区提取海岸元素：湾、港、岛等，以中心湖区为主，采用绿岛、谷地、林海、花海等写意的手法营造多样的海岸度假景观，形成威尼斯花船、马拉加林海、摩纳哥港湾、克里特神岛、阳光海岸等特色景区。其中，阳光海岸为北区的核心景观区，巧妙利用地下车库高差形成的三级跌水瀑布，成为湖区的视觉焦点。南区提取意大利台地园中地形和小水景元素，营造多样的丘陵度假景观，形成水绿山海、克宫吐翠、石榴溢香、朗特流芳、枫丹承露等特色景区。其中，水绿山海为南区核心景观，由草坪剧场、艺术长廊、百花台地园组成，是南区大型的开放空间和活动健身场地。

设 计 者：孙 颖 李瑞冬 陆 曦 胡 玎 刘永新 应 佳 朱黎霞 谢 俊 黄兆辉

工程规模：25.9hm^2

设计阶段：方案设计

委托单位：宣城柏庄置业有限公司

总平面图

透视图

透视图

湘潭湘银熙城居住区景观

LANDSCAPE DESIGN OF XICHENG RESIDENTIAL DISTIRCT LANDSCAPE, XIANGTAN

熙城（B地块）为湘潭市湘银熙城由A，B，C三个地块组成，其中B地块为居住社区，住宅均为高层建筑。该区现状地形复杂，场地高差达3～12m，景观绿地主要由南北两条谷地形成。该项目景观设计在满足社区生活需求的基础上，与社区营销紧密结合，景观设计主题取源于北美纳帕溪谷，力求营造出营销策划中诉求的南加州坡地生活社区氛围。

该居住区景观绿地由公共绿地和宅间绿地二级系统组成，在设计中突出生态理念，水绿交融，结合现状地形与住宅、会所、出入口、地下车库等社区设施，重点营造出“容谷”和“绿谷”两条坡、谷结合的公共绿地。其中，“容谷”利用自然地形，形成跌落式雨水花园，以此联系小区主入口、中心会所及宅间绿地；“绿谷”则在坡地绿化中植入游泳池、健身场地、篮球场等运动设施，形成小区内主要的健身运动场所。同时，在设施布局和景点塑造中，强调均好性和互动性，力求通过景观设计做到户户有景，并能增进邻里交流。

住区景点塑造上充分突出坡谷概念，强调水体、植被和地形结合的造景功能，形成滴翠、溢彩、沐雨、泌香、濯樱、溅玉、浣纱、洗绿等水绿交融的特色景点。

设 计 者：李瑞冬　胡　玎　孙　颖　朱黎霞　梁文波　刘永新　谢　俊　江佳玉　詹明珠　王　越

工程规模：10.82hm^2

设计阶段：方案设计 扩初设计 施工图设计

委托单位：湘潭湘银房地产开发有限责任公司

总平面图

透视图

透视图

大同南三环居住区景观设计

LANDSCAPE DESIGN OF RESIDENTIAL DISTRICT LANDSCAPE IN THE 3RD CIRCLE, DATONG

作为大同市大型的居民安置住区，该项目景观设计以注重功能、突出形象、兼顾经济为设计目标，综合住区的规划结构、建筑布局、外立面风格等，力图通过现代手段与材料，展现中国北方古城古建古园的韵味与特色，营建一个亲切、舒适、安全、古朴、具有归属感的社区。

该项目在设计理念上遵循同构古城文化，延续城市肌理，以后现代主义中国园林为景观风格，从而在景观结构上形成东部“园”、”坊”与西部“街”、“坊”的空间格局。

在路网结构上，通过景观设计整合减少核心景观区的穿越性车行道路，合并部分邻里空间的入口数量，优化路网结构，形成坊里制，使中心景观最大化。在活动场地和休憩设施布局上，因地制宜，将地下建筑部分凸出地面的设施和人行出入口等车库附属建筑成为景观系统的一部分，形成景观的主要构景元素。

在景观建筑物和构筑物设计方面，在选用青灰色调、举折屋顶、厚重山墙、凸起屋脊与垂脊、悬鱼、回字纹门窗棂等大同传统建筑元素的基础上，通过现代材料和手法，映像同构，在风格上延续其神韵和精髓。

设 计 者：李瑞冬　胡　玎　朱黎霞　李　伟　江佳玉

工程规模：15.40hm^2

设计阶段：方案设计 扩初设计 施工图设计

委托单位：大同城市发展开发有限责任公司

鸟瞰图

鸟瞰图

总平面图

上海浦东新区竹园中心绿地

LANDSCAPE DESIGN OF ZHUYUAN PARK, PUDONG, SHANGHAI

竹园中心绿地位于上海浦东新区杨高路（世纪大道–浦建路）商务、文化走廊段，北至浦电路，南至张家浜，西至东方路，东至竹林路。基地周边地块以商贸办公为主，南侧为浦东软件园。基地内需配套建设约10000m^{2}的商业及管理服务辅助用房及约26500m^{2}的地下人防建筑。

作为浦东新区的大型开放式绿地，竹园中心绿地以能满足周边商务办公人群和浦东新区陆家嘴功能区的休闲使用功能为建设目标，并兼具商务绿地、滨河绿地、地下空间综合开发绿地的职能。

该绿地设计以四维的景观体系为理念，即景观、生态、文化、行为四位一体。从而形成如下的空间格局：①建筑与绿地的有机融合；②通过空间组织，地上地下结合，地形与绿化结合，形成人车分行、竖向并行的道路交通体系；③营造于周边商务区鸟瞰下的绿地第五立面；④结合地下建筑空间的覆土需求，通过地形塑造，增加绿地的空间进深感和景观层次性；⑤结合轴线的组织与商务休闲建筑的布局，构筑公园的中心。

竹园中心绿地在功能上主要由入口广场区、商务休闲区、密林游憩区、滨水休闲区、健身活动区、自然游赏区等六大区域组成。

设 计 者：李瑞冬　胡　玎　李　伟　朱黎霞　刘永新　谢　俊　王　越　黄兆辉　王雪飞
工程规模：9.45hm^2
设计阶段：方案设计 扩初设计 施工图设计
委托单位：上海陆家嘴金融贸易区联合发展有限公司

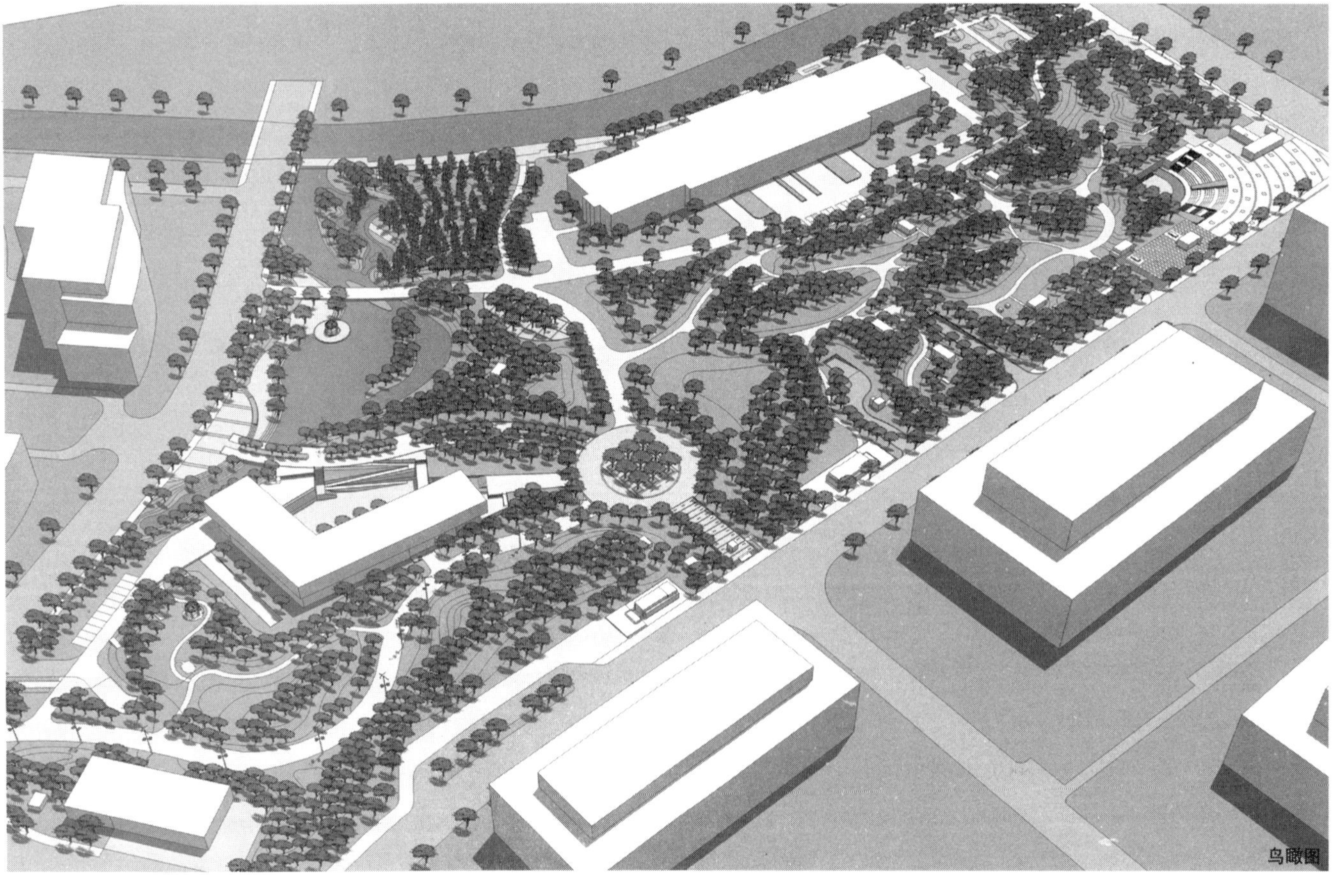

鸟瞰图

实景照片

总平面图

山西阳城县走马岭森林公园入口广场

LANDSCAPE DESIGN OF FOREST PARK ENTRANCE PLAZA, YANGCHENG, SHANXI

阳城走马岭森林公园入口广场是阳城城市南北中心轴线的重要节点。基地地形内陷，东南高，西北低，河流贯穿通过，用地条件恶劣。规划以四维的景观体系为理念，即景观、生态、文化、生活，四位一体，实现建筑与绿地的有机融合；商业与游憩的相辅相成；空间与文化的相互包容；景观与地脉的传承共生；生态与生活的和谐统一。走马岭森林公园入口广场藉此成为一个市级开放式公园，具有休闲公园、滨河绿地、地下空间综合开发三大特征，成为阳城建设人本主义城市空间体系的核心。

建筑设计因地制宜，延续城市轴线，连接森林公园入口，将广场空间抬起，下部形成商业空间。河流横贯其中，景观穿插，空间变化。下部建筑为钢筋混凝土框架结构，空间分为三个部分，车库与南、北商业空间，平面与周边公园空间形成内外交错，景观融合的一体化格局，交通流线清晰顺畅。建筑外观含蓄，屋顶为景观广场与草坪绿化。立面为自然石材与玻璃。

建筑与景观的完美结合，结构、节能、环保的有机结合，使本项目成为景观建筑的一次有益创新尝试。

设 计 者：李 伟 胡 玎 刘永新 李瑞冬 梁文波 朱黎霞 江佳玉 黄兆辉 陆 曦

工程规模：规划面积44 064m^2；建筑面积22 192m^2

设计阶段：方案设计 扩初设计 施工图设计

委托单位：阳城县走马岭森林公园工程项目部

总平面图

景观平台
森林公园入口
景观平台
广场空间
市民广场
商业空间
商业空间
商业空间
车行通道
商业空间
商业空间
景观空间
景观空间
西小河
市民广场
入口空间
景观空间
商业空间
人行道
金阳街府南路交点
景观空间
商业空间
车库
西小河

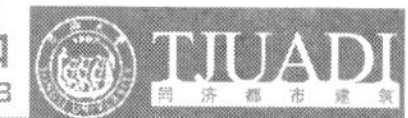

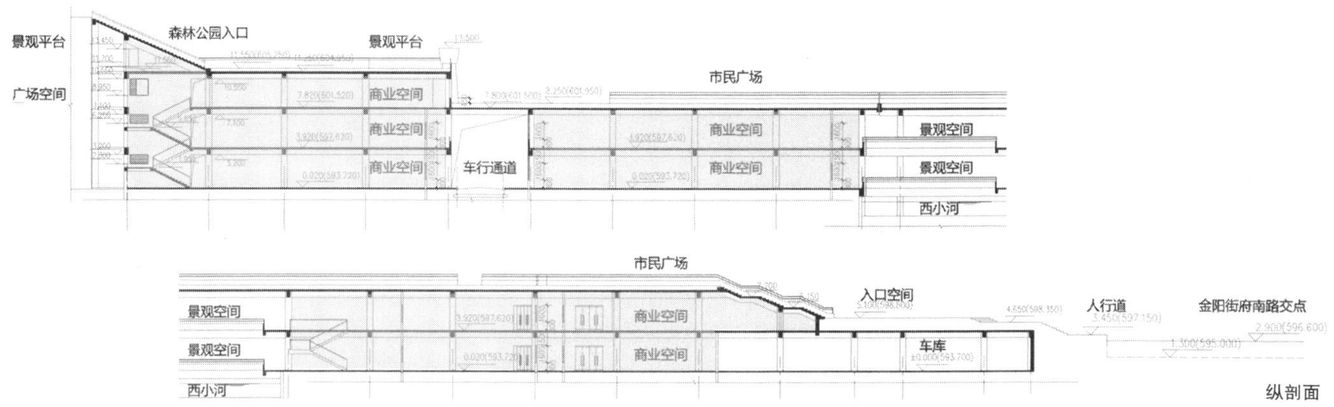

纵剖面

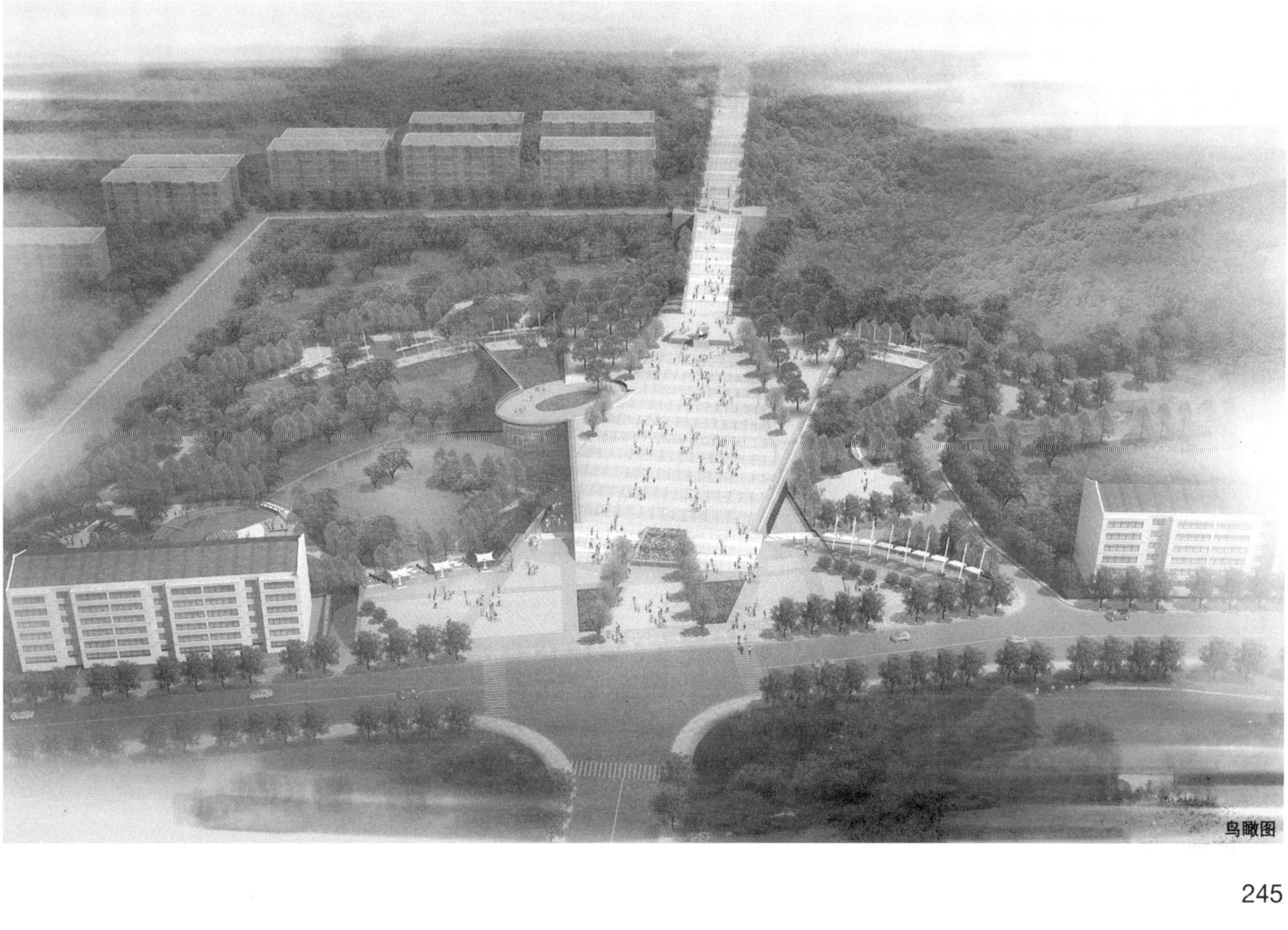

鸟瞰图

曹安国际商圈曹安公路沿线景观设计

LANDSCAPE DESIGN OF CAO AN ROAD

曹安路及周边地区定位为全球采购中心，改造前的曹安路是一条典型的商贸型道路，兼具交通和商业贸易两种聚散需求不同的功能，在约2km区段上逐渐集聚了轻纺市场、上海国际鞋城等十余座大规模卖场。交通整治是该项目面对的基础问题之一。项目着重研究不同交通组织方式、不同的停车方式，权衡其在节约用地、分解交通流等方面的利弊后，提出了四点设计策略：

（1）整合室外场地功能，形成一体化的布局方式。

（2）梳理交通，增设辅道、机动车停车专用通道，分流物流、车流与人流，采用绿岛式集中停车场和绿廊式分散停车带相结合的方式绿化停车场。

（3）整合空间，尽可能扩大步行走廊和商业步行休闲空间的宽度，形成连续宜人的绿色步行空间。

（4）一体化的景观标识，强化曹安公路整体景观形象。

改造完成后的曹安路，人流车流互不干扰，提高了外部空间的使用效率，并形成连续宜人的绿色步行空间，形象统一，为曹安全球采购中心的进一步发展奠定了良好的环境基础。

设 计 者：胡　玎　李瑞冬　李丹丹　孙　颖　江佳玉　谢　俊　王　越　黄兆辉

工程规模：13.68hm^2

设计阶段：方案设计 扩初设计 施工图设计

委托单位：上海市嘉定区真新街道办事处

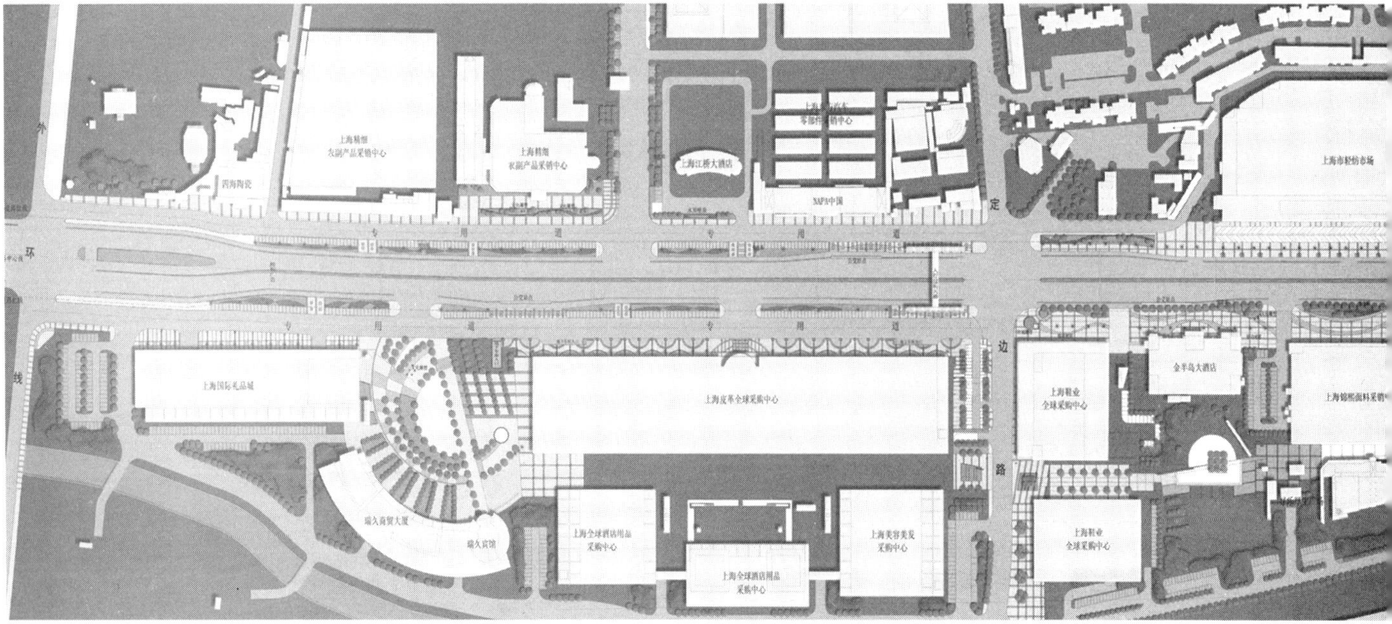

透视图

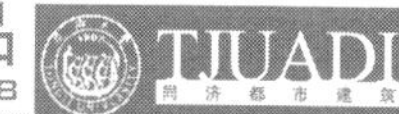

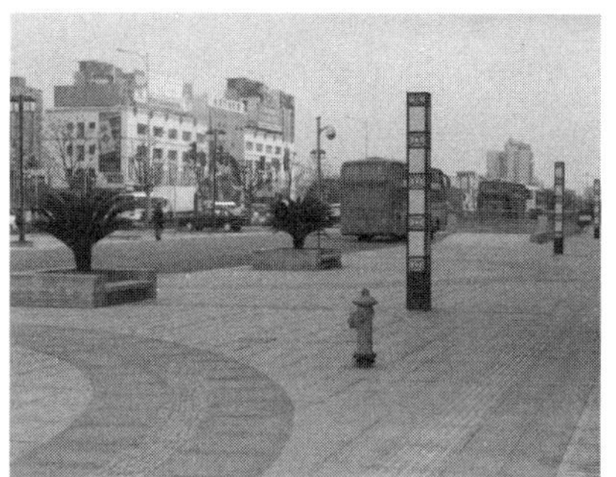

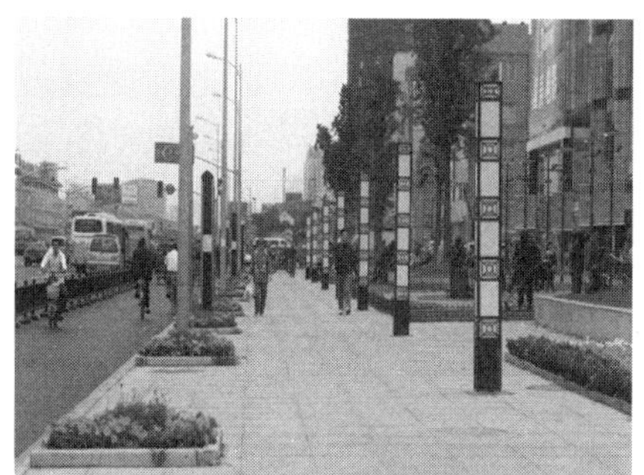

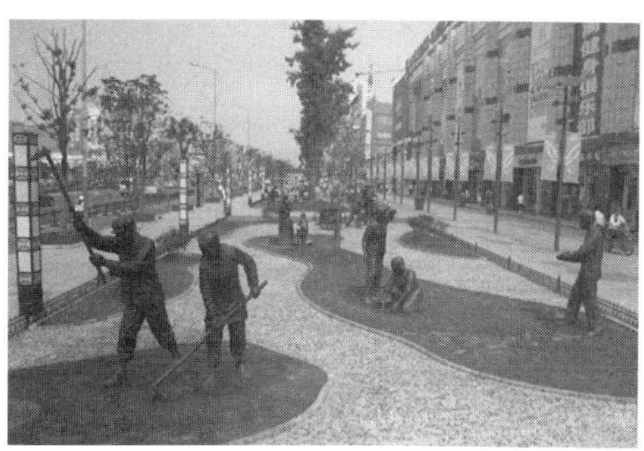

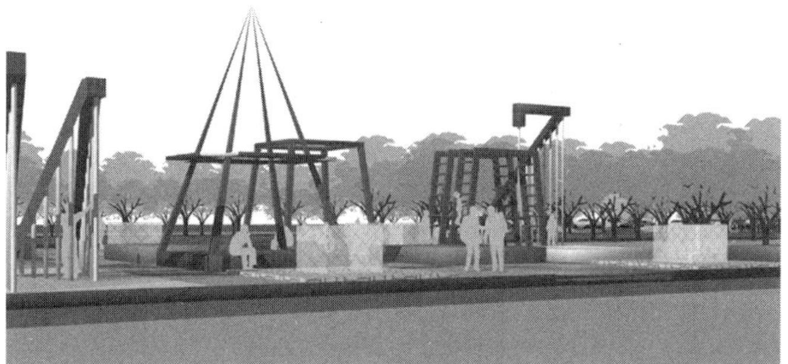

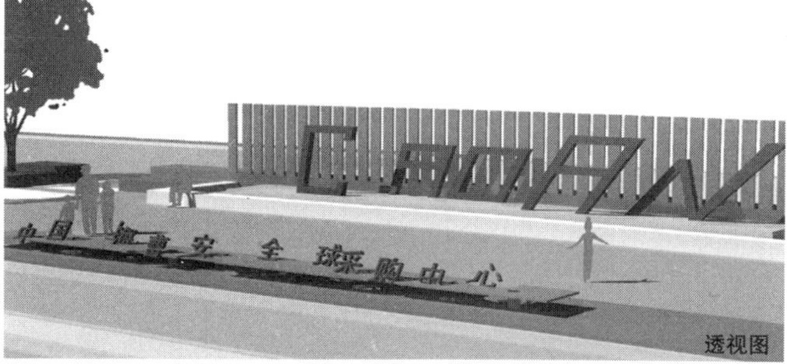

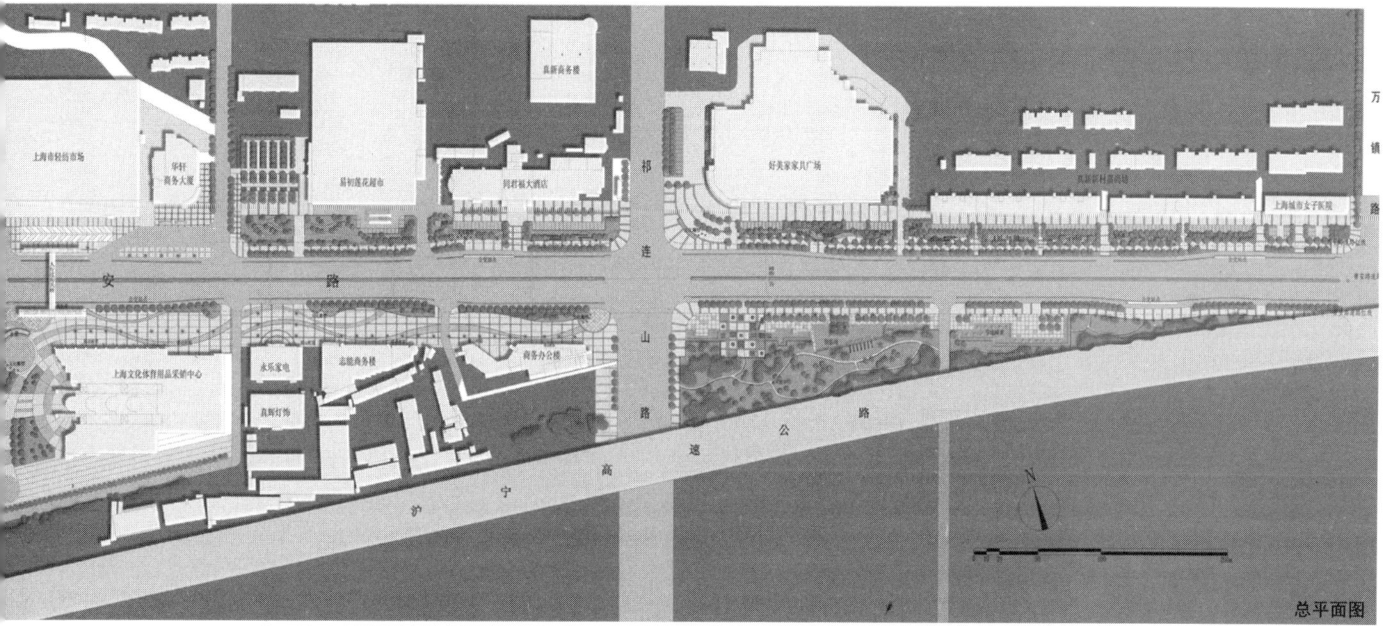
上海市轻纺市场
华轩商务大厦
易初莲花超市
真新商务楼
好美家家具广场
上海城市女子医院
永乐家电
志能商务楼
商务办公楼
上海文化体育用品采购中心
真辉灯饰
祁连山路
沪宁高速公路
万镇路
N

总平面图

黄河口生态旅游区游船码头

ARCHITECTURAL DESIGN OF THE PORT IN YELLOW RIVER ESTUARY

东营黄河口生态旅游区游船码头位于自然保护区内部，面向黄河，远眺大海。设计充分反应这一独特的向心张力，在体量、景观、公共空间与流线多方面,与周边地貌和景观和谐共存。并突出建筑的标志性、生态性、技术性、实用性、协调性。设计强调设计的完整性，两个透明的玻璃体由四个核心筒支撑、给人以强烈的震撼。作为黄河下游的第一幢建筑、诠释着技术与艺术的完美融合。自然风景优美、地理位置优越。保护区内动植物种类丰富多样。

基地占地面积约72 000m^2,总建筑面积6 000m^2，建筑檐口高度32m，功能子项包括: 其中包括游船码头5 100m^2、小木屋900m^2，建筑高度32m。项目作为自然保护区旅游开发的核心工程，建成后将成为集侯船、餐饮、观光、展览于一体的综合体，并将成为东营市新的城市名片，体现东营作为沿渤海旅游城市的标志性工程。建筑底层完全架空、全部荷载由4个核心筒体支撑，二层为通高7.5m的展厅、候船、咖啡、贵宾休息等空间。二层屋顶为露天剧场、可以为小型演出、新闻发布会等提供场所。三层为餐饮，设有西餐厅、中餐厅以及包房等。屋顶设观景平台，为游人提供一个观景的制高点。

设 计 者：李麟学　刘　旸　刘　林
工程规模：建筑面积6 000m^2
设计阶段：方案设计 扩初设计 施工图设计
委托单位：山东省东营市旅游开发有限公司

透视图

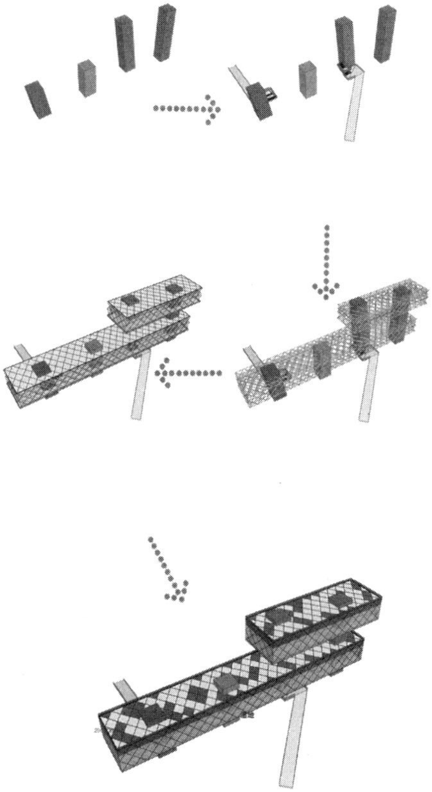

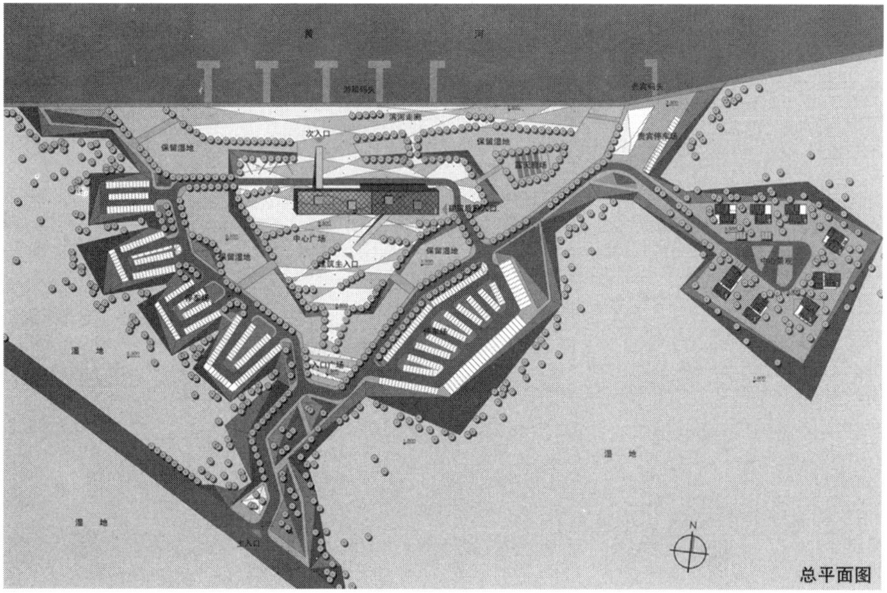

总平面图

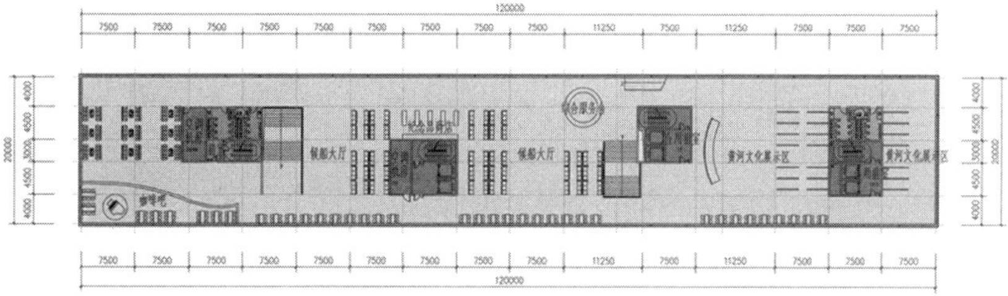

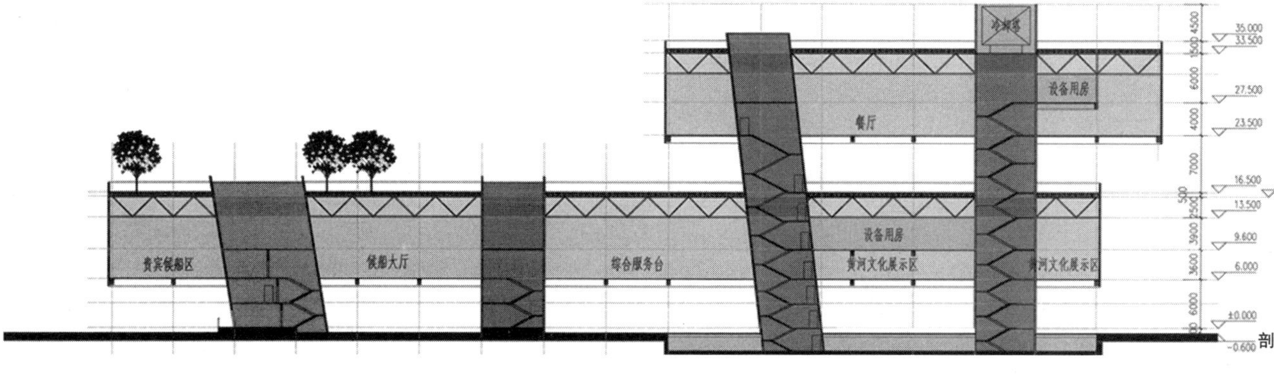

剖面图

郑州新郑国际机场航站楼改扩建项目站前广场绿化工程

LANDSCAPE DESIGN OF SQUARE OF ZHENGZHOU XINZHENG INTERNATIONAL AIRPORT

郑州新郑国际机场地处郑州市东南方向，位于新郑市，距郑州市区直线距离15km，距新郑市区直线距离20km。站前广场由机场景观大道分为南北两部分：南部为现有广场改造，北部为备用停车场，并未规划第二候机楼预留广场。

方案以“天地人和”为主题，突出机场候机楼前广场作为天、地、人三者联系的枢纽，展现中原地区博大精深的历史文化以及人与人、人与自然、人与社会和谐发展的内涵。方案在尊重现状的基础上，保留现有硬质场地，以大尺度、大气简洁的手法营造出具有文化内涵并富有震撼力的广场景观，同时增加两个体现“文”“武”主题的服务设施建筑。

设 计 者：刘滨谊
工程规模：设计面积320 000m²
设计阶段：方案设计 扩初设计 施工图设计
委托单位：河南省郑州新郑国际机场管理有限公司

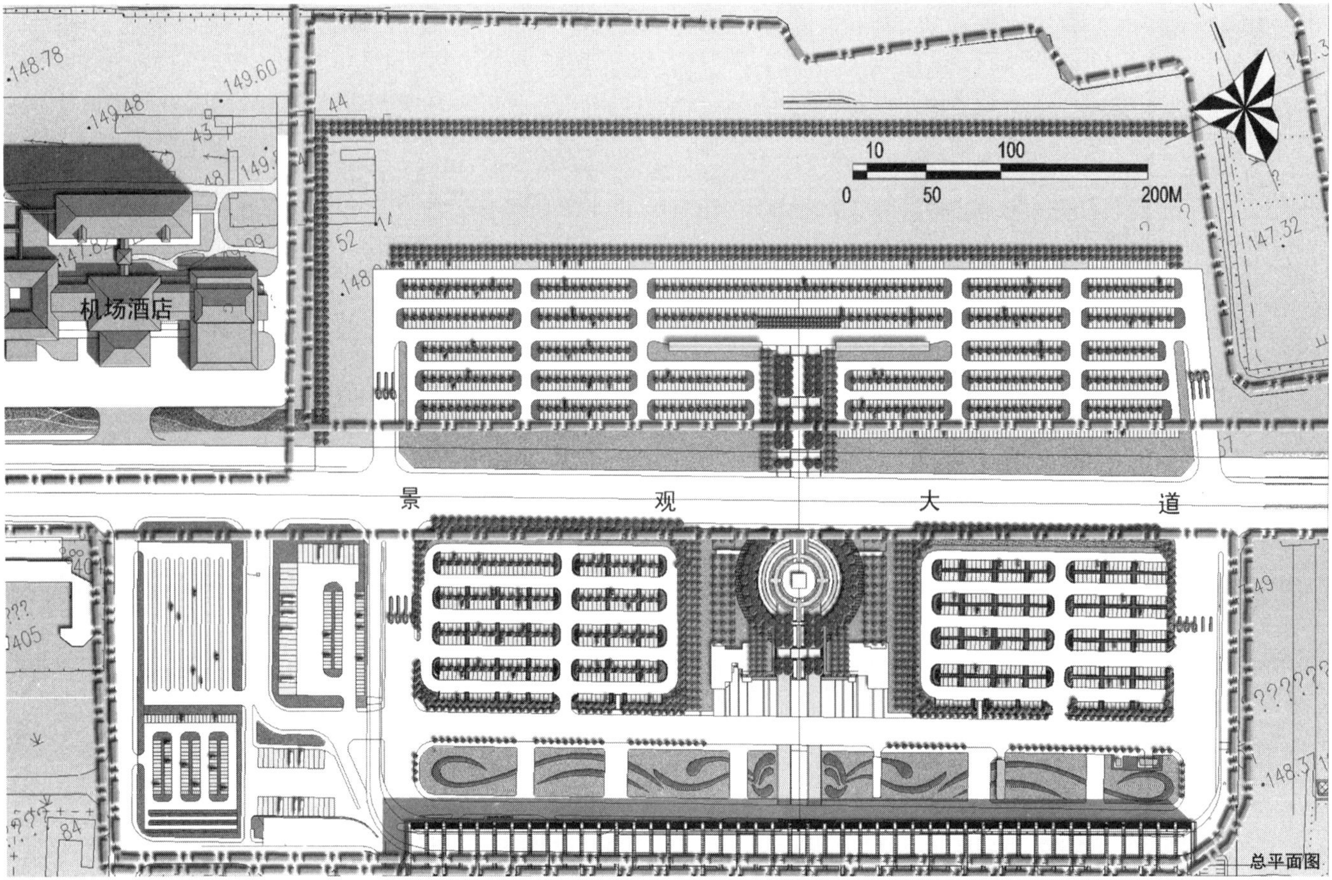

总平面图

鸟瞰图

郑州阳光花苑居住区景观方案设计

LANDSCAPE DESIGN OF SUNLIGHT GARDEN LIVES AN AREA, ZHENGZHOU

本次规划设计项目位于郑州市西南方向。北临中原西路，道路红线60m；东临杏湾路，道路红线30m；南临长城路，道路红线20m；地块西南侧主滨河景观路。周边交通便捷，区位条件良好。本次规划总用地133 570m^2。用地性质主要为居住用地，建筑特征以高层住宅为主，同时含有部分沿街商业设施及幼儿园等公共设施。

整个住区的景观设计元素丰富。草地，土坡，树林，运动设施，林荫小道，硬地广场以及各种户外休闲景观设施穿插于住宅群中，营造了怡人的生活空间。

通过住宅组团相对集中的布局形式以及通过绿化环境、交通流线来营造特色居住空间。以形成错落有致、收放有序、形式多样的三维构图和丰富的空间景观效果。这种空间布局形式的主要特点是通过流动的空间组织，将不同形态的开敞空间结合起来，使每一个住宅单元融入整体景观结构之中，赋予每一个住宅组合单元不同的空间特点和良好的空间视觉景观，增强归属感和可识别性，并为老人、儿童以及不同使用者多样化的生活活动，提供互动空间和交往的机会，创造出安全、舒适、宜人的人居环境。

设 计 者：周向频　董楠楠　陈喆华

工程规模：建筑面积133 570m^2

设计阶段：方案设计 扩初设计

委托单位：郑州煤电长城房产开发投资有限公司

透视图

TJUADI
同济都市建筑

18F
18F
17F
16F
15F
14F
A-1
A2
A-2
A-3
A-3
B-1
B-2
7F
C-1
C-2
7F
7F
C-2
C-1
7F
F-2
E-2
E-2
E-2
E-2
E-2
E-2
E-3
8F
8F
9F
10F
11F
A5
12F
13F
13F

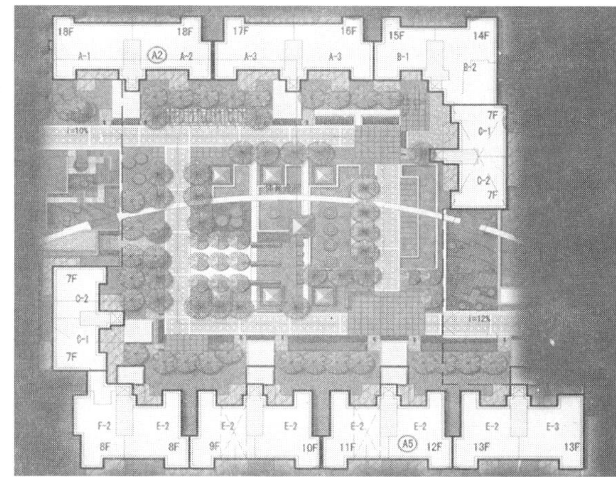

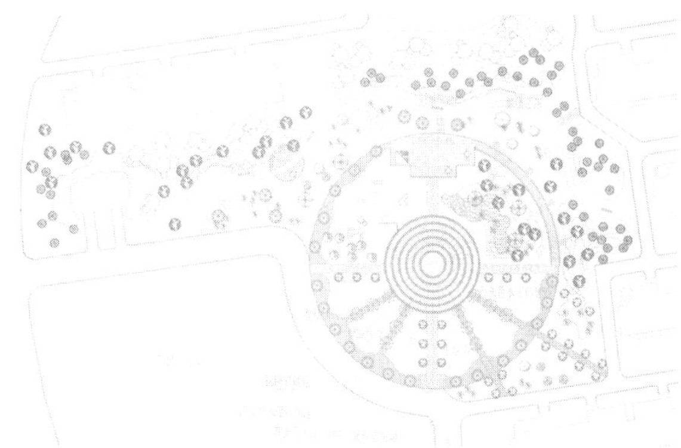

总平面图

鸟瞰图

郑州煤电总部搬迁景观设计方案

LANDSCAPE DESIGN OF THE MOVEMENT OF COAL & ELECTRICITY HEADQUARTERS, ZHENGZHOU

郑州煤炭工业（集团）有限责任公司，创办历史悠久，是国家大型一类企业,国家二级企业,河南省重点企业，2007年强势进入中国工业企业500强。集团总部于2007年10月1日迁入郑州市中原区，希望通过场地景观环境的营造，树立良好的企业形象，创造企业文化和城市品牌，赢得社会效益。基地周边为城市开发用地，现状地形较平缓。总部主体建筑层23层，建成后将会成为地区的视线焦点。方案将此将从入口形象广场、后花园、运动健身区、内庭院、中心绿廊、市政绿化带六个重点区段进行整体的景观设计。

现场地形过于平缓，缺少地形变化，与建筑联系不够。通过人工堆土，制造地形起伏，把基地西侧的市政绿化带建成一条连绵起伏的“山脉”。营造南低北高的地形，让主体建筑有所依靠，形成统一的整体。自然岩层相互叠加、累积、沉淀，埋藏地下经过千万年的变化、结晶，形成价值高昂的矿石，这是大地经过漫长岁月的积累创造出来的奇迹。我们从中提取“层”、“叠”的设计元素，结合郑煤集团从小到大，由弱变强，层层积累，节节升高的企业发展历程，体现郑煤人积极向上的精神。

设 计 者：周向频　董楠楠　陈喆华
工程规模：建筑面积36 548m²
设计阶段：方案设计 扩初设计
委托单位：郑州煤电股份有限公司

鸟瞰图

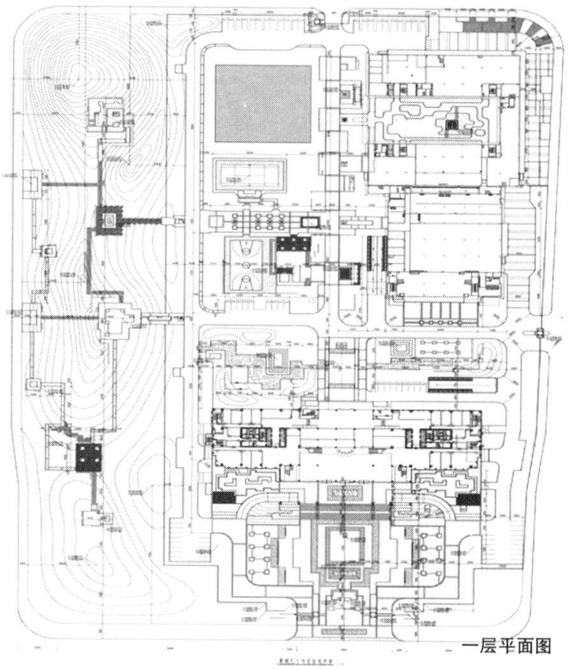
一层平面图

透视图

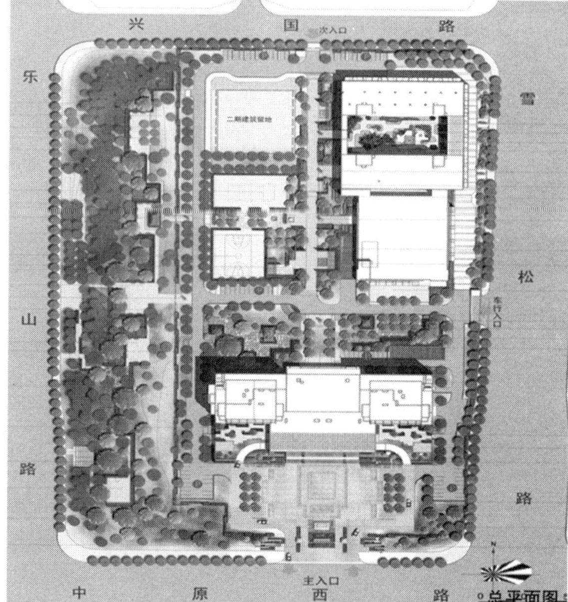

总平面图